5G 丛书

5G 安全技术与标准

5G Security Technologies and Standards

杨志强 粟栗 杨波 齐旻鹏 等 编著

人 民 邮 电 出 版 社
北 京

图书在版编目（CIP）数据

5G安全技术与标准 / 杨志强等编著. -- 北京 : 人民邮电出版社, 2020.10(2023.1重印)
（国之重器出版工程. 5G丛书）
ISBN 978-7-115-54578-7

Ⅰ. ①5… Ⅱ. ①杨… Ⅲ. ①无线电通信－移动网－安全技术 Ⅳ. ①TN929.5

中国版本图书馆CIP数据核字(2020)第146522号

内 容 提 要

5G 以承载万物互联、赋能行业应用为目标，不仅是通信基础设施，还是各行业发展的新动能；开放与融合的特点，使 5G 安全的影响面更广、重要性更高。本书结合 5G 安全技术研究和实践，全面介绍了 5G 安全关键技术与标准，内容涵盖移动通信技术演进及其安全体系、5G 安全标准体系及进展、5G 网络安全需求与挑战、5G 网络安全新技术、面向行业应用的安全方案、5G 安全测评体系、5G 安全未来发展趋势。

本书可供具有一定移动通信技术、网络信息安全技术基础的专业技术人员或管理人员阅读，也可作为高等院校相关专业师生的参考读物。

◆ 编　　著　杨志强　粟　栗　杨　波　齐旻鹏　等
责任编辑　吴娜达
责任印制　杨林杰
◆ 人民邮电出版社出版发行　北京市丰台区成寿寺路 11 号
邮编　100164　电子邮件　315@ptpress.com.cn
网址　http://www.ptpress.com.cn
固安县铭成印刷有限公司印刷
◆ 开本：720×1000　1/16
印张：19.5　2020 年 10 月第 1 版
字数：361 千字　2023 年 1 月河北第 6 次印刷

定价：159.00 元

读者服务热线：(010)81055493　印装质量热线：(010)81055316
反盗版热线：(010)81055315

《国之重器出版工程》编辑委员会

专家委员会委员（按姓氏笔画排列）：

于　全　中国工程院院士
王　越　中国科学院院士、中国工程院院士
王小谟　中国工程院院士
王少萍　“长江学者奖励计划”特聘教授
王建民　清华大学软件学院院长
王哲荣　中国工程院院士
尤肖虎　“长江学者奖励计划”特聘教授
邓玉林　国际宇航科学院院士
邓宗全　中国工程院院士
甘晓华　中国工程院院士
叶培建　人民科学家、中国科学院院士
朱英富　中国工程院院士
朵英贤　中国工程院院士
邬贺铨　中国工程院院士
刘大响　中国工程院院士
刘辛军　“长江学者奖励计划”特聘教授
刘怡昕　中国工程院院士
刘韵洁　中国工程院院士
孙逢春　中国工程院院士
苏东林　中国工程院院士
苏彦庆　“长江学者奖励计划”特聘教授
苏哲子　中国工程院院士
李寿平　国际宇航科学院院士

李伯虎 中国工程院院士

李应红 中国科学院院士

李春明 中国兵器工业集团首席专家

李莹辉 国际宇航科学院院士

李得天 国际宇航科学院院士

李新亚 国家制造强国建设战略咨询委员会委员、中国机械工业联合会副会长

杨绍卿 中国工程院院士

杨德森 中国工程院院士

吴伟仁 中国工程院院士

宋爱国 国家杰出青年科学基金获得者

张　彦 电气电子工程师学会会士、英国工程技术学会会士

张宏科 北京交通大学下一代互联网互联设备国家工程实验室主任

陆　军 中国工程院院士

陆建勋 中国工程院院士

陆燕荪 国家制造强国建设战略咨询委员会委员、原机械工业部副部长

陈　谋 国家杰出青年科学基金获得者

陈一坚 中国工程院院士

陈懋章 中国工程院院士

金东寒 中国工程院院士

周立伟 中国工程院院士

郑纬民　中国工程院院士
郑建华　中国科学院院士
屈贤明　国家制造强国建设战略咨询委员会委员、工业和信息化部智能制造专家咨询委员会副主任
项昌乐　中国工程院院士
赵沁平　中国工程院院士
郝　跃　中国科学院院士
柳百成　中国工程院院士
段海滨　“长江学者奖励计划”特聘教授
侯增广　国家杰出青年科学基金获得者
闻雪友　中国工程院院士
姜会林　中国工程院院士
徐德民　中国工程院院士
唐长红　中国工程院院士
黄　维　中国科学院院士
黄卫东　“长江学者奖励计划”特聘教授
黄先祥　中国工程院院士
康　锐　“长江学者奖励计划”特聘教授
董景辰　工业和信息化部智能制造专家咨询委员会委员
焦宗夏　“长江学者奖励计划”特聘教授
谭春林　航天系统开发总师

序　一

从移动通信技术发明到今天，不过短短的 40 多年，但移动通信给社会带来的改变可以用日新月异来形容。作为这个辉煌历程的亲历者，回顾历史，我们能感受到改变背后的驱动力，首先是以科技创新作为前提，新技术和新工艺让蓝图成为现实、让理论变成可规模化部署和推广的通信产品；更重要的是让通信与社会生产生活大范围、深层次结合，良性互动、相互促进。

国家一直重视信息通信技术的发展和应用创新，将 5G 作为“新基建”的首选。5G 担负着支撑经济社会数字化、网络化、智能化转型和促进经济高质量可持续发展的重任，5G 将与大数据、人工智能、物联网、工业互联网等技术深度融合，全面赋能实体经济，提升垂直行业的技术能力、产品竞争力和服务水平，为千行万业注入发展的新动能，孕育全社会技术创新、产业转型、社会协同的生态，全面增强国家、社会和经济的综合竞争力。

从技术角度来看，5G 的技术特点决定了其安全性要比 4G 及以前的通信技术更复杂：在应对原有网络安全问题之外，5G 系统引入的网络虚拟化技术、服务化架构（Service-Based Architecture，SBA）、边缘计算场景等，都增加了系统开放性，使系统面对更多的安全风险和挑战。

5G 的产业重心将全面向行业应用领域转移，泛物通信是 5G 重点开拓的新生态，面对工业互联网、车联网、物联网、远程医疗这些新的连接类型，安全风险意味着生产和生活秩序、生命安全的威胁，必须从技术、管理、运维、使用等多个维度保障 5G 网络和应用的安全。

网络与信息安全是一个动态发展的过程，任何系统的安全都不是绝对的，会随着技术及应用的发展而不断产生新问题，而安全技术也是在应对挑战中发展的，新一代的信息技术会带来新的安全隐患，但用好新一代信息技术也会有助于发现并消除安全风险；同时，我们也要坚持用科学的方法持续对系统的安全性进行客观的评估，技术与管理并重，保证 5G 系统与应用的安全，让 5G 在加速人类社会信息化的发展中真正发挥价值。

本书的作者有着长期从事移动通信网络及安全技术研究的经验，又深度参与了 3GPP 等国际标准的制定。本书在技术视野的宽广性、技术解释的权威性、技术方案的实用性等方面均有特色，在编写上注重深入浅出、语言平实易懂，同时配有精简和必要的背景知识，相信每一位想了解 5G 安全乃至通信网络安全体系的读者都会从本书中受益。

社会发展和技术进步不会停滞，5G 的未来，首先是万物互联的全连接，随后将是数字孪生的新空间。随着 5G 应用的进一步深入与普及，网络安全技术也将得到更多的检验与完善，网络安全技术将伴随 5G 的发展而提升。服务当下和面向未来，探讨网络和信息安全，既是行业发展的趋势，也是通信技术工作者之责。经济社会生活需要一个更高效、更智慧、更安全的 5G 系统，希望本书能为这一目标的实现起到探路的作用。

中国工程院院士

2020 年 5 月

序 二

5G 作为新一代移动通信技术，其作用已不仅限于信息处理和传递，更成为承载万物智慧连接、激发科技创新活力、升级产业竞争实力、改善经济发展质量的新引擎。这个引擎的澎湃动力，正源源不断地为国家发展、城市治理、企业生产、个人生活水平的提升注入新动能。5G 作为"新基建"的龙头项目，具有重要的战略意义。

移动通信以 10 年一代的规律向前发展。与前 4 代移动通信技术相比，5G 的变革是多方面的，它不仅提供了更大的带宽，而且面向垂直行业应用的需求进行了核心网架构重构。以网络切片、边缘计算为代表的新能力和以服务化架构、云化部署为代表的 ICT 融合技术的引入，在为网络带来灵活性的同时，也极大地加大了网络复杂性，增加了网络安全的风险。同时，随着 5G 与各行各业的深度融合，5G 网络与各应用系统间安全的相互影响的效应可能会被放大，我们需要建立更加可靠的安全管理和保障体系来保证 5G 网络和应用的安全。

习近平总书记指出："没有网络安全就没有国家安全。"5G 网络不仅是通信的基础设施，更是社会各行业的赋能平台。安全对于 5G 网络来说是"乘法效应"，没有安全，5G 就没有产业和未来。

依托 3GPP、ITU、GSMA 等国际标准化组织，全球专家经过多年的共同努力，在制定了 5G 网络标准的同时，也对 5G 的安全系统进行了系统性、全面化的研究和设计，他们的智慧已经凝聚为 5G 安全的系列标准。从标准层面来看，5G 的网络安全体系在 4G 的基础上进行了进一步增强，形成了更为完善的网络安全体系，可以归纳为：更全面的数据安全保护、更丰富的认证机制支持、更严密的用户隐私保护、更灵活的网间信息保护。未来，随着 5G 网络的商用推进，更需要全球各行业秉承开放合作的网络安全理念共同协作，共同提高 5G 网络与业务的安全保障水平。

中国移动通信集团有限公司（以下简称“中国移动”）一直以来高度重视网络的安全工作。中国移动研究院的安全团队不仅深度参与了 3GPP 等国际标准化组织的安全标准制定，而且不断加强与全球产业界的合作和沟通，他们既有开阔的国际视野，也了解运营商的网络发展情况和真实需求。多年来，在标准制定、关键技术研究、安全方案设计、安全测评等工作中取得了丰硕的成果。2G 时代，他们自主研发的防克隆 SIM 卡得到了广泛应用；4G 时代，在他们的努力推动下，3GPP 采纳了我国自主研发的祖冲之（ZUC）密码算法作为国际标准算法之一。

随着 3GPP Release 16 版本 5G 标准的冻结与中国移动 5G 网络的全面建设，我非常高兴地看到中国移动的技术专家们将标准化、产业化中的安全知识、成果和经验加以体系化总结，形成了本书。相信他们的研究成果对读者了解和掌握 5G 安全技术和技能具有重要的参考价值。

本书也是我看到的第一本 5G 安全方面的专业图书，既有原理分析又有方案阐述，深入浅出、易于理解。在此，我向各位读者郑重推荐本书，希望各位读者都能从中受益！

中国移动通信集团有限公司副总经理

2020 年 5 月

前 言

5G 网络是移动通信历史上的一次革命。作为万物互联的关键基础设施以及赋能各行业数字化转型的核心驱动力，5G 网络将会与各行各业形成深度融合，这就使得 5G 网络的安全性更加复杂也显得尤为重要。

5G 网络的安全主要受到 3 个方面因素的影响：一是承载的业务领域更加广泛，5G 将连接从“人与人”扩大到了“人与物”“物与物”，不仅提升了普通用户的通信质量，而且成为万物互联的关键基础设施，其安全性因多样化的应用场景而更加复杂，同时也会带来更加广泛的影响；二是作为促进各行各业数字化转型的核心驱动力，5G 网络将利用边缘计算、网络切片等新技术实现核心能力的开放，网络控制系统与应用的深度融合与对接，在为业务带来灵活性的同时，也增加了安全及信任体系的复杂性；三是网络及 IT 技术的演进引入了新空口、云化部署、虚拟化网元、服务化核心网架构等新技术，新技术需要新的安全保障体系和措施。因此，5G 安全不仅仅是通信网络的问题，更是一个需要产业界共同关注、共同研究的话题。

在 5G 安全方面，各国际、国内标准组织从 2015 年开始进行了大量的研究制定工作。从主体工作上看，ITU 主要负责定义需求与指标，3GPP、ETSI 制定标准，其中 3GPP 定义了 5G 网络的安全框架和技术要求，ETSI 定义了虚拟化安全的相关要求；而 GSMA、NGMN、GTI 等则进行产业推动，其中 GSMA 主要推动安全测评方面，NGMN 主要聚焦产业推动，GTI 则以典型案例推动实施与创新。同时还有很多重要的区域性组织进行技术推动，包括我国的 CCSA、IMT-2020（5G）推进组都在其中起到了重要的作用。可以说，5G 网络的安全框架与技术手段是业内各国专家智慧的结晶，已经形成了一个较为完善的体系。

本书对 5G 网络安全的框架与核心技术进行深入分析，以 3GPP 中的 5G 安全标准为主线，从 5G 网络、基础设施、终端、业务等几个维度进行安全知识的阐述，以期为读者呈现一个完整的 5G 网络安全知识体系，并将这些知识应用到学习和工作中。为了更好地帮助读者理解 5G 和移动通信网络的安全原理，我们在本书的前面几部分还进行了一些通信和安全基础知识的讲述，并以技术演进的视角辅助读者理解 5G 安全技术体系形成的过程。

本书共有 13 章，可以分为 5 个部分。

第一部分（第 1 章），该部分是通信网和 5G 的背景知识，主要介绍移动通信网演进历史与 5G 网络基本架构、新进展与新技术，为 5G 安全的讲解进行背景知识铺垫。

第二部分（第 2、3 章），该部分是通信网安全的基础知识。首先对电信网安全体系的演进过程进行讲述，然后通过对 ITU-T X.805 安全框架的详细分析，阐述通信领域常用的安全分析方法。基于对 1G～5G 中安全框架与安全技术的发展过程的分析，为读者呈现一个通信网安全体系逐步演进的过程。

第三部分（第 4、5 章），分析 5G 面临的安全新需求与新挑战，并从标准化组织工作的角度分析如何在全球范围内讨论这些内容并形成标准。基于前 3 章，首先对 5G 网络面临的安全新挑战进行分析；然后基于 ITU、3GPP、GSMA 等全球标准化组织的工作内容、标准及其演进过程，说明各个组织是如何协同配合工作、共同满足上述需求与解决问题的。

第四部分（第 6～12 章），对 5G 网络中的安全问题进行详解，是本书的主体与核心部分。第 6 章以 3GPP 安全体系为纲，分析 5G 安全的体系架构、安全域、5G 网络的安全流程设计、安全能力开放、互操作安全等各领域。第 7 章对电信云的 IT 基础技术（SDN/NFV）的安全进行分析与阐述。第 8～10 章对与 5G 新业务相关的安全技术进行分析，包括承载垂直行业应用的切片和边缘计算安全技术，通过垂直行业安全解决方案案例讲解了 5G 安全新特性与新能力、设计与实施方法。第 11 章从 5G 对终端的安全新需求、终端演进对 5G 网络的影响两个方面展开，对 5G 终端和卡涉及的安全技术进行分析与阐述。第 12 章分析、阐述与 5G 安全测评相关的标准和技术的发展过程，并重点介绍了与 3GPP SCAS 和 GSMA NESAS 相关的技术与标准。

第五部分（第 13 章），对 5G 安全未来发展进行展望。

本书面向有一定移动通信基础知识的专业工作人员、学生、本领域的技术爱好者等。本书力求通过较为通俗易懂的语言对安全技术进行分析与讲述，帮助读者对 5G 安全形成整体认识。其中第 6～10 章涉及的技术内容较为深入，读者需要具备一定的通信与安全基础知识。

本书由杨志强主持编写，主要作者是杨志强、粟栗、杨波、齐旻鹏、彭晋、黄晓婷、樊期光、刘畅，参加本书编写工作的人员还包括何申、庄小君、冉鹏、王珂、阎军智、马洁、杜海涛、种璟、唐小勇等。本书的作者均有长期从事移动通信网络安全技术研究和网络规划等方面工作的丰富经验，同时也在 3GPP、GSMA、CCSA、IMT-2020（5G）等国际、国内标准组织中负责安全标准制定工作，还是中国移动 5G 网络的安全规范制定、解决方案设计、安全测评的一线专家。因此他们对移动通信网及其安全体系的演进和发展既有理论研究，也有大量的实践经验。

本书从策划到成稿的整个过程中，得到了责任编辑吴娜达的悉心帮助，李慧恬编辑进行了精心校对，在此一并致谢。

由于 5G 网络与业务仍在不断发展的过程中，攻防技术也在不断提升，5G 安全体系也将随之不断完善与发展；同时，限于作者的知识和水平，书中相关内容定有不足之处，错误和遗漏之处请读者不吝赐教。

作 者

2020 年 5 月于创新大厦

目 录

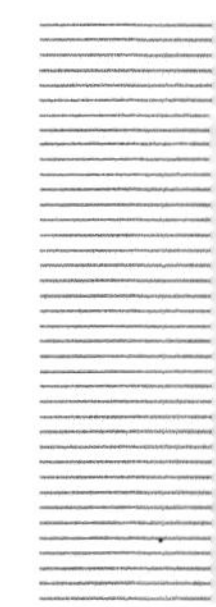

第1章 移动通信技术

移动通信作为当前最成功、最重要的信息传递技术，经历了从模拟到数字、从通话到上网、从单一业务到业务融合的发展历程。目前，5G移动通信网络正在全面改变生产生活、社会协同、社交娱乐的形式和内涵。本章在回顾移动通信网络发展历史的基础上，概述5G三大业务场景、网络新技术、产业动态和发展情况，为后续章节做好铺垫。

移动通信是当前人们最便捷、最高效，同时也是最普及的信息传递手段。移动通信技术汲取了人类在信息通信领域的最新科技成果，成为近 10 年来演进最快、标准化程度最高、产业带动能力最强的产业之一；移动通信网络的演进经历了 1G 形成雏形、2G/3G/4G 逐步成熟并大规模普及，目前正向 5G 演进。通信能力从 2G 的窄带语音发展为以 IP 为核心的移动宽带网络，连接对象从人—人通信延伸到了人—机器、机器—机器通信。根据国际电信联盟（International Telecommunication Union，ITU）在 2015 年发布的建议书——IMT Vision-Framework and Overall Objectives of the Future Development of IMT for 2020 and Beyond[1]，5G 将涵盖增强移动宽带（Enhanced Mobile Broadband，eMBB）、超高可靠低时延通信（Ultra-Reliable and Low Latency Communication，uRLLC）、海量机器类通信（Massive Machine Type Communication，mMTC）①三大场景，5G 必将促进信息与全社会生产、生活多个方面的协同，引发新的“信息革命”。

1.1 信息技术的发展历史

信息是一个大家经常使用但却很少去探究其定义的抽象事物。学术界认可的定

① 在不同技术文章、国际标准中，mMTC 和 mIoT（Massive Internet of Things）用法不一。IoT 是对物联网系统的统称，是使用互联网、传统电信网等信息承载体，让所有能行使独立功能的普通物体实现互联互通的网络。对于物联网系统中的通信部分，可称为 mMTC。

义是 1948 年由数学家香农在论文《A mathematical theory of communication》中给出的[2]："信息是用来消除随机不确定性的东西"；对信息的通俗定义可以概括为"信息是对自然界、社会事物特征、现象、本质及规律的表征"。

首次将信息与物质、能量相提并论的是控制论的鼻祖——美国科学家诺伯特·维纳。根据维纳的观点，物质、能量和信息是人类社会赖以生存、发展的三大基础：世界由物质组成，能量是一切物质运动的动力，信息是人类了解自然及人类社会的凭据。如果说香农主要是从信息的发送端来研究信息的，那么，维纳则着重对接收端如何利用信息加以研究。哈佛大学的研究小组则提出了著名的资源三角形：没有物质，什么也不存在；没有能量，什么也不会发生；没有信息，任何事物都没有意义[3]。

根据科学家的研究，使用和传播信息并不是人类或者动物界特有的能力，生物学家发现，植物之间也可通过化学元素、声波等媒介传递"信息"。但是，只有人类深刻认识到了信息的重要性，并不断推动了信息表示、传递、处理技术的进步。人类社会的信息技术发展经历了五次革命[4]：第一次信息革命是语言的产生，发生在距今 35 000～50 000 年前。信息在人脑中存储和加工，利用声波进行传递，语言成为人类进行思想交流和信息传播不可缺少的工具，从信息的角度看，语言的使用是猿到人的分野，恩格斯说过"人与动物最大的区别，就在于人有语言"。第二次信息革命是文字的出现和使用。最早的文字出现在距今 5 500 年前，由位于西亚两河流域的苏美尔人发明了泥板图形文字，文字的创造使信息第一次打破时间、空间的限制，使人类对信息的保存和传播取得重大突破。第三次信息革命是印刷术的发明和使用。中国在唐代中后期已经普遍使用雕版印刷技术；古登堡奠定了现代印刷术的基础，以廉价、快速的印刷技术让书刊作为信息存储和传播的媒介，大众得以获得和使用以前只能由贵族、神职人员才能拥有的信息资源，大大促进了现代文明的发展。第四次信息革命是利用电磁波进行信息传递。19 世纪中叶电话、广播、电视开始使用，使实时信息传递成为可能，信息传播范围和受众范围进一步扩大。第五次信息技术革命是计算机与互联网的普及。从 1946 年第一台电子计算机诞生到现在，短短 70 多年间，信息处理与通信技术不断改进，信息传递能力不断提升，信息呈现方式不断丰富。如今，通信已经成为现代社会生产、生活不可或缺的基础要素。

通信技术的目的就是不断改进信息传递手段，以便更加高效、可靠、安全地传

递信息。移动通信系统的最初目标是为处于位置不断改变状态中的用户提供无障碍、不间断的通信服务。1940 年，美国贝尔实验室制造出战地移动电话机，标志着移动通信技术的大幕拉开。1979 年日本开放了世界上第一个面向公众的蜂窝移动电话网。随着通信技术与计算机技术、互联网技术的不断结合，移动通信系统经历了五代的演进。当前，国际大部分国家都已经启动 5G 网络部署或着手规划 5G。与五千年的人类文明发展史相比，移动通信技术的发展只是一瞬间，但移动通信技术取得的成果令人惊叹。目前，移动通信已经成为人们在生产、生活中不可或缺的基本要素。

1.2 移动通信系统发展历史

固定电话采用基带数字信号传递语音，使用铜线作为传输介质，建立了完备的码号管理和电路交换机制。固定电话的物理线路由运营商专门部署、普遍受法律保护，因此网络侧无须对用户进行认证，话路信号也未加密；同时，由于固定电话线路固定的特点，不需要考虑移动性。移动电话与固定电话系统的主要差别体现在传输介质、终端移动性管理（Mobility Management，MM）等方面。

- 网络到用户终端的通信信道采用电磁波作为通信介质，信息在开放的空间中传播，因此，必须对接入网络的设备进行合法性验证和有效性识别。由于移动终端（手机）是用户携带的设备，因此，对用户的标识必须与终端关联并在登录网络时向网络提供，以便验证用户身份的合法性。
- 移动通信网络本身是固定的，但用户的移动范围是随意的，为保证用户在任何位置都可以获得不间断的服务，移动通信网络中引入了移动性管理机制。移动性管理的思想是对移动终端位置信息、安全性以及业务连续性方面的管理，使终端与网络维持最佳连接状态，保障网络服务的有效提供。用户在通话和待机状态下的移动会导致用户从一个基站的信号覆盖范围转移到另外一个基站的信号覆盖范围，移动通信网络中使用无缝切换技术保障切换过程中业务的连续性，在切换过程中上下文管理是主要问题。

1978 年，美国贝尔实验室基于蜂窝小区和频率复用技术开发出了人类历史上第一代蜂窝移动通信系统。在通信和计算机技术的推动下，移动通信技术基本上按照每 10 年一代的演进速度发展，如今全球已经进入第五代（5G）移动通信时代。各代移动通信系统的技术特点见表 1-1[5]。根据 GSMA（GSM Association，全球移动通信系统协会）统计，截至 2019 年年底，全球已经有 52 亿户移动用户，占全球人口总数的 67%[6]。

表 1-1　各代移动通信系统的技术特点[5]

	1G	2G	3G	4G	5G
大致部署日期	20 世纪 80 年代	20 世纪 90 年代	21 世纪 00 年代	21 世纪 10 年代	21 世纪 20 年代
理论下行速度	—	384 kbit/s	56 Mbit/s	1 Gbit/s	10 Gbit/s
时延	—	629 ms	212 ms	60～98 ms	<1 ms

中国第一个手机用户出现于 1987 年 11 月，截至 2019 年年底，我国移动电话用户总数已超过 16 亿户[7]。30 年间中国通信行业发生了天翻地覆的变化，无论是网络规模、用户数量、网络质量，还是产业整合能力、技术研发实力都取得了举世瞩目的成绩。从七国八制的程控交换网、舶来品“大哥大”起步，到建成全球最大的 GSM（Global System for Mobile Communications，全球移动通信系统）网络、自主知识产权的 TD-SCDMA（Time Division-Synchronous Code Division Multiple Access）“三分天下占有其一”，到今天 TD-LTE（Time-Division Long-Term Evolution）成为国际主流，并在 5G 标准和产业方面拥有强大的国际话语权。在通信人不懈努力、锐意开拓下，我国移动通信标准化和产业发展经历了“1G 空白、2G 跟随、3G 突破、4G 同步”，并开创了“5G 引领”的新局面。

1.2.1　1G 模拟蜂窝移动通信系统：从固定电话到移动电话

1G 模拟蜂窝移动通信存在多种制式：以英国为主的欧洲制式 TACS、美国制式 AMPS、北欧和东欧制式 NMT、日本制式 JTAGS、西德制式 C-Netz 等，这些制式都缺乏全球范围的标准化，也无法支持互联互通和漫游。中国的 1G 系统于 1987 年 11 月 18 日正式商用，采用 TACS 制式。TACS 在空中传递的信令仅进行了简单编码，未进行任何加密处理，对其接续信令进行分析后，可截收手机识别码；识别码一旦被截获，将可以非法“复制手机”[8]。因此，1G 在安全性上存在先天不足。

1G 移动通信系统为用户提供了在位置移动状态下的持续通话服务，但并没有实现不同网络之间的互通和互操作，因此不支持跨运营商、跨地域漫游；由于采用的是模拟技术，1G 系统的容量十分有限，安全性和抗干扰也存在较大的问题；同时，

用户群体和产业规模尚未形成，因此 1G 未大规模普及。

1.2.2 2G 数字蜂窝移动通信系统：支持全球漫游和窄带上网

真正面向公众的大规模移动通信服务始于 2G。2G 通信系统引入了数字通信技术，利用计算机技术加强了信息处理和传递能力。标准的互通和互操作接口、全球通用的频段促进了 2G 网络的大规模组网和支持全球漫游。

第二代移动通信系统存在 CDMA（Code Division Multiple Access，码分多址）和 TDMA（Time Division Multiple Access，时分多址）两种制式。其中，中国最早引入的 GSM 系统属于 TDMA 制式。

从 2G 时代开始，产业界注意到标准化的重要性，因此，1982 年起 ETSI（European Telecommunications Standards Insititute）组织并开展了 GSM 的标准化工作，CDMA 最早的技术标准 IS-95A 则由 ANSI 于 1995 年发布。正是得益于业界的广泛参与，运营商之间互联互通互操作、漫游的通话问题逐步得到解决，2G 系统的国际漫游得以实现。

GSM 是最成功的一个 2G 技术标准，主要归功于其架构的开放性、系统的标准性。正是由于具有开放性和标准性，主流设备厂商都将最好的产品和技术投入 GSM 研发上。也是由于开放的架构和标准的接口与协议，引入补充业务（如来电显示、呼叫等待、呼叫转移、多方通话）和增值业务更加方便。

在提供基本语音通话业务的基础上，2G 网络逐渐引进了短信业务（Short Messaging Service，SMS）、非结构化补充服务数据（Unstructured Supplementary Service Data，USSD）等消息业务，大大丰富了业务体验和信息交互手段。短消息业务使用信令通道承载，可提供用户到用户之间的点对点文本短消息、用户与应用之间的文本短消息。同时，2G 网络还敏锐地把握了互联网业务的商机，对 2G 网络架构进行最小化改造，使用在电路交换（Circuit Switched，CS）域网络上叠加分组交换（Packet Switched，PS）域网络的理念引入数据上网功能，提供 GPRS（General Packet Radio Service）业务，开启了移动办公、移动互联网业务的探索。但 2G 系统在编码效率、频谱利用率等方面存在固有的限制，即使是 EDGE（Enhanced Data Rate for GSM Evolution）网络也只能达到 384 kbit/s 的理论传输速率，所以，2G 仅验证了面向公众提供移动上网服务的可行性。

GPRS/EDGE 的共同特点是：为降低网络负担和终端电量消耗，终端侧仅在需要上网时激活 PS 连接、获得 IP 地址，在待机静默状态下释放 IP 地址并关闭连接，不具备服务器端向未激活终端发送内容的网络能力。许多实时性双向交互应用（如即时消息、VoIP 通话、电子邮件等）需要借助 Push 机制激活终端的 PS 连接。在 PS 域引入后，WAP（Wireless Application Protocol）上网、多媒体消息服务（Multimedia Messaging Service，MMS）、Push E-mail 等业务得到了较大发展。

一方面，在 2G 网络中，移动终端侧增加了可插拔的 SIM（Subscriber Identity Module，用户识别模块），支持了机卡分离，便利了用户随时随地更换终端；另一方面，SIM 卡作为认证模块，通过与 HLR 的配合实现接入认证，增强了网络对用户接入的身份认证能力，提升了 GSM 系统的安全性。

1.2.3 3G：核心网 IP 化演进，移动互联网大发展，物联网诞生

为了提高移动通信网络的数据传输能力，ITU 提出了 IMT-2000（International Mobile Telecom System-2000）计划，正式提出 3G 移动通信系统。2000 年 5 月，ITU 正式公布 3G 无线空口标准，我国提交的 TD-SCDMA 与欧洲 WCDMA 和美国 cdma2000 成为 3G 时代的三大主流技术。在 ITU IMT-2000 的基础上，3GPP 承担了 WCDMA、TD-SCDMA 的技术标准制定工作，3GPP2 承担了 cdma2000 的技术标准制定工作。这里需要说明的是，ITU 是联合国的下属机构，掌管全球通信技术，从 3G 时代开始，ITU 和 3GPP 在每代通信系统的标准化上保持了良好的分工协作和联络关系。具体说来，ITU 负责前期工作和政策性工作，包括：为每代通信分配无线频谱，确定制式，定义应用场景、指导原则和基本需求，这些将作为 3GPP/3GPP2 技术层面标准化工作的输入；3GPP/3GPP2 负责具体技术细节标准的制定。3GPP2 与 3GPP 在 3G 时代工作性质类似，但其主要目标是为 cdma2000 制式制定标准；随着 cdma2000 停止演进，3GPP2 的使命已经完成，于 2016 年 12 月退出了历史舞台。

在架构层面，3G 是 2G 的平滑演进，主要变化是引入更高效的无线空口和软交换技术。

在实现层面，3G 系统有如下变化。

- 3GPP Release 4 中的 CS 域基于软交换理念实现了转发和控制分离的架构；承载技术逐渐从 TDM（Time Division Multiplexing，时分复用）转向 IP（Internet

Protocol）化，除个别需要与 2G 系统互操作的网元和接口外，在信令面、媒体面全面进行了 IP 化改造，这为电信网的 IP 化、以至后续的 IT（Information Technology）化改造奠定了良好的技术基础。

- 3GPP Release 5 开始引入了 IP 多媒体子系统（IP Multimedia Subsystem，IMS）域，为控制集中化和标准化、多业务融合、多媒体业务引入打好了网络基础。

业务层面的变化体现在如下 3 个方面。

- 移动通信网络带宽的显著提升，促进了移动互联网业务的蓬勃发展，包括微博、手机 QQ 等得到了极大发展。这些新应用的发展，也促进了移动通信网络在技术与架构、业务承载能力、安全能力等方面的演进。
- 基于 IMS 开发了大量新业务，比如，实现固移业务融合的 IMS 语音类业务（包括：集中式用户交换机（CEN TREX）、IMS 传真、状态呈现、群组管理与即时消息（PGM）、基于蜂窝网的按键通话（PoC）、多媒体视频会议等）。
- 除了传统的人与人的通信之外，运营商也不断探索人与物、物与物的联网通信的新业务领域——物联网（Internet of Things，IoT）。比如：SK Telecom 推出了实时监测宠物的位置和活动量、节约饲料使用量的联网宠物照管产品——“T PET”；国内则在 2007 年实施了基于物联网的太湖水质监测与治理项目。

1.2.4 4G：CT 全面向 IT 化转型，移动互联网大繁荣

随着智能手机技术和产业的成熟，移动互联网应用对网络带宽、质量（如时延、抖动、分组丢失率等）提出了更高的要求。4G（又称 LTE（Long Term Evolution））移动通信系统的主要指标中，数据下行速率从 2 Mbit/s 提高到 100 Mbit/s、上行速率提高到 50 Mbit/s，终端的移动速率从步行速度提高到车辆行驶速度，支持高速数据以满足高分辨率多媒体服务的需要，提供完备的 QoS（Quality of Service）机制。因此，4G 网络从真正意义上提供了移动宽带互联网服务。

从网元实现平台角度看，2G、3G 网元通常是由厂商使用专用硬件、专用操作系统在专有开发平台上实现。随着计算技术的发展，互联网和 IT 公司使用云计算技术理念构建了高性能、大规模、低成本的新系统，在业务发展和技术进步上都取得了显著的效果。这些成功案例为运营商提供了参考，因此，在 LTE 网络中的 IT 基础设施逐渐转向支持 ATCA（Advanced Telecom Computing Architecture）标准的开

放化平台，软件方面普遍采用 Linux 操作系统内核、开源中间件。软硬件的通用化、标准化、开源化为电信网络向着 IT 化、云化转型做好了技术和产业准备。ETSI 启动了网络功能虚拟化（Network Functions Virtualization，NFV）技术的研究和标准化工作，旨在从基础设施和平台层面实现电信网络向云化的演进。NFV 实现了网元的虚拟化、支持弹性扩缩容，软件定义网络（Software Defined Networking，SDN）、IETF VxLAN/SFC（Service Function Chaining）、IEEE VLAN 等技术实现了虚拟网元间灵活组网，达到了网络拓扑可软件定义、业务流可按需动态调度的效果。“SDN+NFV”构成了面向未来的电信网新架构。

相对于 2G 到 3G 的“演进”，3G 到 4G 其实是“变革”。其网络结构变化如下：

- 核心网架构统一化，由于 cdma2000 不再向 4G 演进，全球 4G 技术标准将全面统一化，网络架构和协议也因此实现了统一；
- 核心网取消了 CS 域，PS 域增强 QoS 机制，兼容接入固定宽带、统一认证和会话管理。

业务特征方面的变化体现在以下 3 个方面。

- 4G 核心网中取消了 CS 域，但提供了原 CS 域业务（如语音、短信）的基于 IMS 的实现，包括 VoLTE/ViLTE（Voice over LTE/Video over LTE）、SMS over IP 等；在业务质量方面，VoLTE 不仅提供了高清音视频通话，还降低了通话建立时延；考虑到 IP 网络固有的 Best Effort 属性，为了保证电信基本业务的 QoS，4G 网络中引入了 PCC（Policy and Charging Control）机制。
- 4G 网络还提供了“永远在线（Always Online）”功能：在 2G/3G 网络中，仅能从终端侧发起 PDP（Packet Data Protocol）上下文激活，发起业务时通常需要几秒到十几秒的连接建立时延，而 4G 网络支持终端开机完成网络附着后即为终端分配 IP 地址，并在核心网中保留相关用户的会话状态，因此无线接入网重新发起会话所需的时间缩短到 100 ms 以下，达到了“永远在线”的效果。
- 4G 网络的规模化部署、大范围使用和更低的资费，促进了移动互联网产业和生态系统的繁荣。通过社交（如微博、微信、短视频等）、电子商务（如淘宝、京东等）、娱乐（如在线手机游戏、高清视频等）、生活和交通（如共享单车、O2O、自动驾驶）、工作和教育（如在线教育、远程办公、高清视频会议）、金融（如移动支付、互联网理财）、社会生产和治理（如物联网、视频监控、智能制造、智慧城市）等产品，4G 网络实质上带动了多个行业的技术创新，提升了全社会的信息化水平。

1.2.5 5G：云化的新网络，赋能万物智联

5G 网络不仅用于人与人之间的通信，还适用于人与物、物与物之间的通信，这极大扩展了移动网络的服务范围，丰富了通信行业的产业生态系统。5G 还将肩负推动通信技术与各行业融合协作、促进数字经济发展、加速社会变革的历史使命。因此，5G 系统的设计、研发驱动力来自两个方面：业务驱动和技术驱动。

1.2.5.1 业务驱动

随着移动互联网的发展，用户追求更卓越的业务体验，新的应用和终端不断涌现，以 4K/8K 超高清视频、视频直播和互动、视频监控、AR/VR（Augmented Reality/Virtual Reality）、云游戏为代表的高带宽、低时延业务逐渐普及。除了大众消费市场外，车联网与自动驾驶、现场总线与工业控制、远程医疗等生产行业对网络传输质量（如分组丢失率、误码率、可靠性）、时延和抖动、安全性（如机密性、完整性）等提出了更严格的要求。此外，随着物联网的发展，联网设备数量呈几何级增长，在特定区域内联网设备数量变多，需要网络能够支持高密度连接和高并发；部分新型的物联网设备（如视频监控设备、人脸识别设备）需要高带宽通信。

此外，垂直行业信息化水平的提高，对网络功能的定制化和安全性也提出了更高的要求，期望公众移动通信网络能够提供类似于物理专网的能力。

1.2.5.2 技术驱动

2015 年发布的 ITU-R M.2083-0 建议书——IMT Vision-Framework and Overall Objectives of the Future Development of IMT for 2020 and Beyond 中，提出了 5G（IMT-2020）的关键技术特征及指标建议，如图 1-1 所示[1]。随后，3GPP 等国际标准化组织在其框架下紧锣密鼓地开展了 5G 标准化工作。2016 年 2 月，3GPP Release 14 启动了 5G 愿景、需求和技术方案研究工作。2018 年 6 月，5G 第一个完整标准体系完成，为 5G 设备和业务开发提供了技术保障，为运营商和产业合作伙伴带来了新的商业机会。

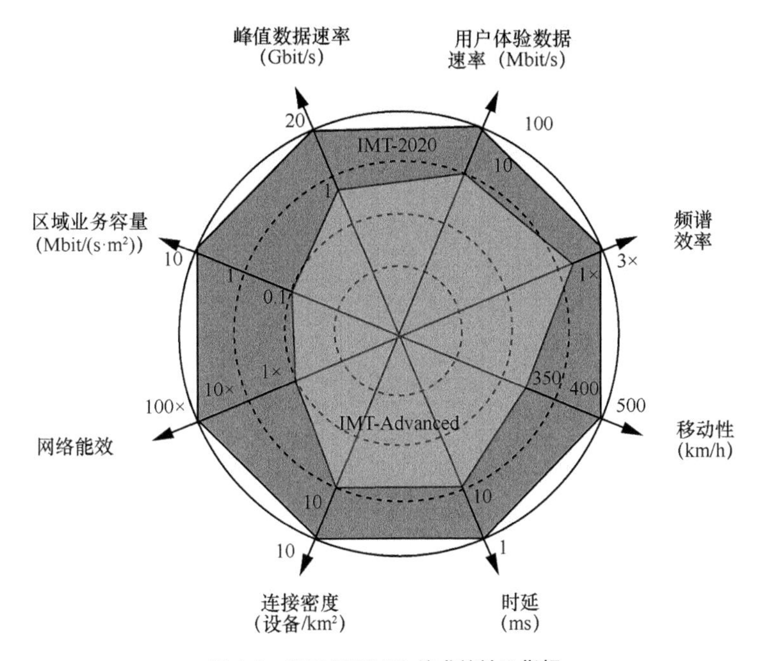

图 1-1　IMT-2020 5G 技术特性及指标

基于这些新需求，5G 设计目标是提高数据速率、降低传输时延、提升传输质量、节省能源、降低成本、提高系统容量和实现大规模设备连接。

3GPP 在 Release 15 中设计了两种 5G 网络架构：非独立（Non-Standalone，NSA）组网模式、独立（Standalone，SA）组网模式。5G NSA 是对 4G 的改进，以支持 5G 接入以及 4G/5G 互操作；5G SA 是网络架构的全新变革，它引入了服务化架构（Service Based Architecture，SBA），采用全新的核心网架构和协议，以微服务方式设计网络功能。为满足垂直行业对网络的高安全性和可定制化需求，5G 引入了网络切片（Network Slicing）技术；为保证超低时延、业务处理和数据存储本地化，引入了多接入边缘计算（Multi-access Edge Computing，MEC）技术。

虽然在 4G 网络中已经引入了 NFV 技术，但是由于 4G 网络本质上是基于传统电信网理念设计的，其架构、网元功能划分、协议定义、软件实现都不是按照云计算固有的理念（如模块松耦合高内聚、业务处理过程去状态化、功能服务化）设计的，要把电信网络迁移到云平台上面临很多困难，比如：会话状态的保持、有限状态机的维护、高可靠性设计、容灾和业务连续性等。同时，在当前架构下，云计算的很多成熟技术、开源项目成果都无法直接在电信云中使用。因此，需要一种采用云理念设计的新技术架构，设计和实现电信网的云化，一方面可降低电信网络云化的难度；另一方面能充分利用 IT 产业的成果积累。此外，基于 IT 化架构，更有利于引入机器学习、人工智能等新技术，为网络的自动化服务提供和自动化运维管理打好基础。

基于上述技术，5G 将推动通信技术向各行业融合渗透，必将有力地促进世界数字经济发展，为社会带来新的变革，为全球经济社会发展注入源源不断的新动力。

1.3 5G 业务的三大场景

ITU-R M.2083-0 建议书——IMT Vision-Framework and Overall Objectives of the Future Development of IMT for 2020 and Beyond 中定义了三大场景：eMBB、mMTC、uRLLC，全面提升了峰值速率、移动性、体验速率、连接数密度、流量密度和能效、频谱利用率等能力，降低时延以及网络建设和单位流量成本，同时满足“人与人通信”和“物与物连接”的需求。5G 将与智慧家庭、智慧城市等社会生活领域结合，还将与超高清视频和 VR/AR 等多媒体应用、车联网和工业互联网等垂直行业结合，渗透到生产和生活的各领域中，达到“5G 改变社会”的目标。典型场景描述如图 1-2 所示[1]。

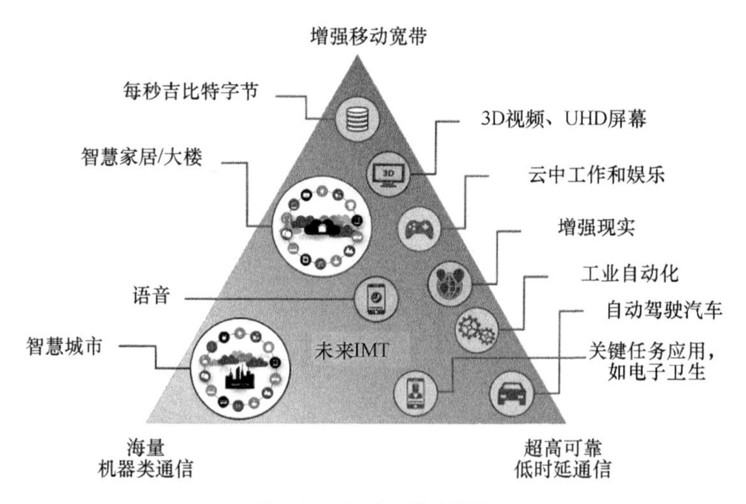

图 1-2 5G 业务用户场景

（1）eMBB

增强移动宽带是以人为中心的应用场景，集中表现为超高的数据传输速率、广覆盖下的移动性保证，最直观的体验就是极致的网速。5G将在现有移动宽带业务场景的基础上进一步提高用户体验速度。以常用的视频业务为例，4G网络的平均用户体验速度下行为30～50 Mbit/s、上行为6～8 Mbit/s，能够满足一路高清视频的在线播放需求，无法满足高清直播、多路视频会议的需求；此外，在人员集中的场所（如体育场、音乐会等），这个速度也无法保证。而5G网络的平均用户体验速度下行为100 Mbit/s、上行为50 Mbit/s，用户体验会有明显的提升。

（2）mMTC

海量机器类通信以大规模物联网为应用场景，支持密集环境下的海量机器类通信。5G突破了人与人之间的通信，使得人与机器、机器与机器的大规模通信成为可能。物联网应用对通信系统有两个基本要求：低功耗和海量接入。eMTC的海量体现在两个方面：首先，5G网络可连接的物联网设备量远大于4G，每平方千米可支持100万个连接；其次，联网设备和业务的种类也大大丰富了，既有智慧家庭的水电气表、门锁、家用电器，也有灯杆、车位、共享单车、空气质量监控器等社会公共资源；此外，要支持多种使用不同通信模式的终端，比如：仅作为主叫、不作为被叫被寻址的终端，仅在固定时间间隔激活和通信的终端。大部分物联网终端具有资源受限的特点和低功耗工作要求，以避免设备部署后定期充电或更换电池带来的维护成本。5G在架构和协议设计上做了优化，简化了连接建立和管理模型，可最大限度降低物联网终端的功耗。

（3）uRLLC

超高可靠低时延通信以关键通信为应用场景，必须严格满足业务需求的时延和可靠性要求。比如，在无人驾驶、远程医疗、工业机器人、智能制造、工业控制等场景下，一旦超时或分组丢失、误码，就可能给生命安全、生产秩序带来重大损失。4G网络时延最小只能达到20 ms左右，但是5G系统本身可将端到端时延降低到1～10 ms，且在高速（500 km/h）移动情况下具有高可靠性（99.999%）连接。同时，5G系统架构内生支持边缘计算，可进一步降低业务时延，确保时延敏感场景下的高速通信，及时执行命令和发送反馈。

1.4 5G 网络新技术

5G 网络的演进可以概括为新场景、新空口、新架构。第 1.3 节中已经介绍了 eMBB、uRLLC、mMTC 三大新场景，本节简要介绍无线空口和核心网架构[9]。

5G 空口存在两种技术：5G 演进空口和 5G NR（New Radio，新空口）[10]。5G 演进空口是指通过 4G 网络的持续演进和增强，主要满足 eMBB 场景下 5G 技术需求；而 5G NR 是指不用考虑与 4G 的后向兼容，全新设计 5G 系统并满足所有 3 种典型场景下的全部 5G 技术需求。

5G 核心网的架构设计一方面考虑和现有 4G（LTE）网络的兼容与演进；另一方面也设计了新的架构来更好地支撑未来的需求场景。5G 网络架构在支撑上述三大场景的同时，也考虑到现有 LTE 网络架构的平滑演进，因此制定了 SA 和 NSA 两种技术路线。其中，NSA 网络主要提供面向公众用户的 eMBB 业务以及部分物联网业务；SA 网络面向公众网和垂直行业，利用切片、边缘计算等新网络架构提供行业通信解决方案。

1.4.1 NSA 网络架构

全面考虑 4G 网络部署现状及 5G 网络需求，3GPP 提出多种 NSA 组网方式[10-11]，其中 Option 3 系列采用 LTE 的 EPC 核心网，无线接入通过 4G、5G 基站联合提供服务。该方式能很好地支持 4G 平滑演进，也是初期主要采用的部署架构。

5G NSA 网络总体架构和 LTE 基本相同，由核心网、IMS 核心网、与 IMS 相关的 AS（Application Server）、无线接入网和 NSA 终端组成，其中核心网 EPC 通过升级增强以支持与 NSA 相关的功能，简称 EPC+。

5G NAS Option 3 系列对 EPC 的主要改造点主要包括：MME（Mobility Management Entity）需支持 DCNR（Dual Connectivity E-UTRAN and NR）功能、承载迁移（在用户承载建立过程中，根据 4G 基站提供的 5G NR 基站地址，通过 5G NR 基站建立用户承载）以及新增相关安全参数的传递；HSS 中为用户签约的 ARD（Access Restriction Data）可支持限制用户接入和使用特定的无线网络等。

以 LTE 核心网为基础的 5G NSA 架构的特点在于：

- NSA 终端除了可以接入 4G 空口，还可接入 5G NR；
- 无线接入网包含 4G eNB 和 5G gNB 两种；
- 业务面可按承载粒度由 eNB 或 gNB 通过 S1-U 隧道和核心网交互，eNB 和 gNB 之间也可按照一定规则将数据业务通过互操作接口进行数据分流。

1.4.2　SA 新网络架构

SA 是 3GPP Release 15 提出的 5G 新架构，是对传统电信网络架构的一次革命性颠覆，将原有的网元按照“微服务”的理念拆分为松耦合、细粒度的网络功能（Network Function，NF），通过服务调用、服务组合的方式实现核心网的基本功能，如图 1-3 所示[11]。

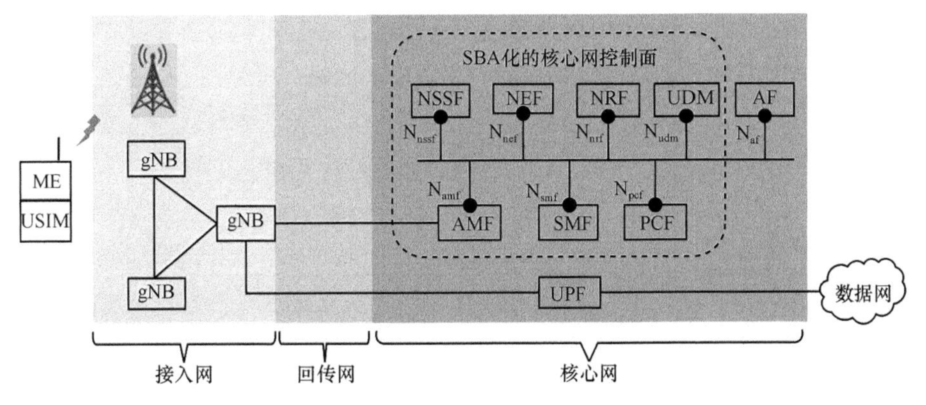

图 1-3　5G 系统 SA 网络基本架构

基于服务化的架构使 5G 网元可通过标准化接口格式互通，网元之间松耦合。5G 核心网在控制与转发分离的基础上，控制面拆分为多个 NF：AMF（Access and Mobility Management Function）主要负责终端接入和移动性管理；SMF（Session Management Function）负责会话管理；PCF（Policy Control Function）负责策略管理；UDM（Unified Data Management）负责用户数据管理等。NRF（Network Repository Function）是服务化架构的新增功能，负责对 NF 以及 NF 上提供服务的统一管理，包括注册、发现、授权等功能。

为了支持业务的快速上线、按需部署，移动网络需要一种开放网络架构，通过架构开放支持不断扩充网络能力，通过接口开放支持业务访问网络能力。5G 服务化架构（SBA）正是在这种背景下诞生的。3GPP 在 Release 15 中确定了 SBA 接口的协议栈，自下而上依次是：TCP（Transmission Control Protocol，传输控制协议）、HTTP/2（HyperText Transfer Protocol 2.0，超文本传输协议 2.0）、JSON（JavaScript Object Notation，JavaScript 对象表示法）、RESTful、OpenAPI 3.0。这种协议设计带来诸多优点：便于采用新的互联网技术，具备以持续集成（Continnous Integration，CI）和持续发布（Continuous Delivery，CD）模式开发新的网络服务的能力，利于运营商自有业务和第三业务的敏捷开发和快速部署。

5G 服务化架构中，将网络功能以服务的方式对外提供，不同的网络功能服务之间通过标准接口进行互通，支持按需调用、功能重构，从而提高核心网的灵活性和开放性。5G 服务化架构提供了快速满足垂直行业需求的重要手段。服务以比传统网元更精细的粒度运行，并且彼此松耦合，允许在对其他服务的影响最小的前提下升级单个服务，每个服务可以通过轻量级服务接口直接与其他服务交互。与传统的点到点架构相比，基于服务化接口的架构可以轻松扩展，同时服务化接口是开放的接口，采用统一且通用的协议，任何其他 NF 和业务应用，都可以通过该接口使用 NF。5G SBA 的这些优点，充分保证了网络架构的开放性和灵活性。

网络切片是为满足垂直行业对网络能力可定制化、通信及信息安全可控化的需求而出现的。网络切片可将一个物理网络切分成功能、特性各不相同的多个逻辑网络，同时支持多种业务场景。基于网络切片技术，可以隔离不同业务场景所需的网络资源、提高网络资源利用率。

边缘计算是在网络边缘、靠近用户的位置，提供计算和数据处理能力，以提升网络数据处理效率，满足垂直行业对网络低时延、大流量以及安全等方面的需求。

除了前述的服务化外，5G 在网络基础设施层面引入了虚拟化技术，包括 NFV、SDN。NFV 技术实现了计算和存储资源的虚拟化，实现了软件与硬件的解耦，使网络功能不再依赖于专有通信硬件平台、专用操作系统，实现了 5G 网络基础设施的云化，支持资源的集中控制、动态配置、高效调度和智能部署，缩短了网络运营的业务创新周期。SDN 实现了通信连接的软件定义，将数据通信设备拆分为控制面和数据面，控制面集中控制并提供可编程接口，可根据组网和业务需要定义通信通道，实现流量的灵活调度，可按需调度和编排安全能力，实现定制化安全保障。云技术、虚拟化技术的引入，使得 5G 网络逐步“由硬变软”，得以低成本、灵活快速地支持切片、边缘计算等 5G 新服务。

1.5　5G 全球产业和发展情况

通信和信息技术进步对社会经济发展的带动作用、对人类生产生活方式的提升能力在 4G 时代得到了充分验证。因此，世界上主要的国家和经济体对全新的 5G 通信系统充满期待。5G 已经成为增强现代信息技术综合实力、提升长期竞争力的战略制高点。多个国家已经将 5G 的发展提升到国家战略的层面，从政策、产业、技术、资金等多方面给予扶持和鼓励，以期在 5G 时代获得先发优势，为社会生产、生活和经济带来活力。

1.5.1　美国政府期望通过 5G 竞争重获通信产业主导权

美国的国家行动是部署全国性的战略计划，确保 5G 的“美国优先（America First）”。2018 年 9 月美国的“5G 峰会”上，特朗普政府提出“美国优先，5G 第一（America First，5G First）”口号，并表态将尽全力从政策上帮助无线运营商和无线行业的其他部门加快 5G 网络及其生态的部署[12]。

2019 年 4 月 12 日，美国联邦通信委员会（Federal Communications Commission，FCC）提出的 5G FAST（Facilitate America’s Superiority in 5G Technology）计划包括三个关键的解决方案：释放更多的频谱、促进无线基础设施建设、进行 FCC 级的基础设施政策改进。这些方案已经在 FCC 最近下发的指令性文件中落实，以加速联邦和州/地方各级的 5G 小型蜂窝设施部署。法规配套方面，废除了网络中立规则以及限制地方政府向无线运营商收取部署 5G 基础设施费用的规则[13]。

此外，美国政府正推动微软、戴尔、AT&T 等公司合作，组织优势力量开发“开放式 5G 接入网”，同时还希望建立以美国为核心的相关技术体系。2020 年 2 月 5 日，美国国防部下属的前沿高科技研发机构——DARPA（国防高级研究计划局），在其官网上发布“开放可编程安全 5G（Open, Programmable, Secure 5G，OPS-5G）项目意见征集书”，正式启用 OPS-5G 计划，旨在建立以美国为主导的 5G 技术引导力。OPS-5G 计划的目标是构建一个源代码开放、可编程、安全的 5G 软件系统，减少对不受信任设备的依赖，以保障 5G 及未来移动网络的安全。OPS-5G 计划的实质是美国以安全为由，利用其 IT、人工智能、安全等领域的技术优势，通过和“友好”国家合作，形成一个对美国友好的 5G 网络新生态[14-15]。

1.5.2 韩国政府希望以 5G 为基础构建经济发展引擎

当地时间 2019 年 4 月 3 日晚 11 时，韩国三家运营商率先向 6 名公众人物开通 5G 网络，比美国 Verizon 提前 1 小时启用 5G 服务，这标志着韩国成为全球率先实现 5G 商用的国家；4 月 5 日，韩国手机运营商同时向大众开放办理 5G 入网手续。4 月 8 日，韩国政府对外发布 “5G+战略”。该计划选定五项核心服务和十大“5G+战略产业”，其中，五项核心服务包括：沉浸式内容、智能工厂、智能城市、驾驶汽车、数字健康；十大产业领域包括：网络设备、下一代智能手机、AR 及 VR 设备、可穿戴式硬件设备、智能型监控设备、无人机、机器人、车联网（V2X）、信息安全、边缘计算。韩国计划将 5G 发展提升为国家战略的顶层设计，提振韩国 ICT 产业的出口额，打造韩国经济增长的新引擎[16]。

为了鼓励 5G 技术的应用，韩国将率先在政府和公共机关引进 5G，开展试点。韩国政府还在 5G 民间投资方面给予税收优惠，计划帮助中小企业建设 1 000 个 5G 工厂，提高主要制造业的生产能力[17]。

1.5.3 日本以 5G 为基础构建超智能社会，拉动经济和创新活力

日本政府把 5G 定位为“构成经济社会与国民生活根基的信息通信基础设施”，并将 5G 作为国家战略进行推进。

在 2019 年的达沃斯论坛上，日本政府对外正式公开了“社会 5.0（Society 5.0）”的理念：利用人工智能、物联网和机器人等技术，融合网络空间与现实的物理空间，使所有人（不分年龄、性别、地域、语言）均能按需享受高质量的产品与服务，实现在促进经济发展的同时解决人口老龄化、劳动力短缺等社会问题，最终构建一个以人为中心的新型社会[18]。

“社会 5.0”是实现新型国家创新系统及其制度设计的宏大工程，超智能社会是“社会 5.0”的技术引擎，所有新兴技术都是其中的重要部件。因此，“社会 5.0”离不开 5G 通信技术的支持，大力发展 5G 成为日本政府大力推动的国家战略。

1.5.4　中国依托 5G 推动产业转型升级，提升科技话语权

中国政府高度重视 5G 产业的发展，在政策方面为 5G 产业的发展指明方向:《国家信息化发展战略纲要》指出 5G 要在 2020 年取得突破性进展；《中华人民共和国国民经济和社会发展第十三个五年规划纲要》要求加快构建高速、移动、安全、泛在的新一代信息基础设施，积极推进 5G 商用。

早在 2013 年，工业和信息化部（以下简称为“工信部”）、国家发展和改革委员会和科学技术部率先成立 IMT-2020（5G）推进组，主要推动中国 5G 技术研究和开展国际交流与合作。近三年更是密集出台相关政策和技术成果，持续强化中国 5G 布局。

2018 年 3 月 2 日，工信部印发 2018 年全国无线电管理工作要点，提出要加快 5G 系统频率规划进度，制定中频段无线电设备射频技术指标，提出部分毫米波频段频率规划方案。4 月 22 日，工信部发布《5G 发展前景及政策导向》，其中提到我国将在 2019 年下半年初步具备 5G 商用条件。12 月 7 日，备受期待的 5G 频谱资源分配方案终于公布，标志着三大运营商在 5G 中低频段的频谱资源格局基本形成，5G 格局已初步形成。2019 年 6 月 6 日，随着 5G 商用牌照正式发放[19]，中国成为继美国、英国、韩国、瑞士之后第五个发放 5G 牌照的国家，中国 5G 网络建设和业务发展已经进入快车道。

1.6　小结

信息技术对社会生产力、人民生活质量的提升具有不可替代的作用，这一点在互联网的发展和移动通信技术的代际演进中已经得到了充分的体现。4G 网络当前满足了人与人通信的基本诉求，培育了移动互联网产业，实现了“改变生活”的目标。ITU 提出的 5G 三大场景，一方面满足人与人通信新业务对高带宽、低时延网络的要求；另一方面促进生产和社会的智能化。拓展垂直行业应用、促进社会经济发展转型，是 5G 网络的历史使命。

正是看到了 5G 网络对社会经济的带动作用，许多国家都将发展 5G 技术和产业列为国家战略，投入了大量政策和资源，期望能提升国家在国际科技竞争、社会产业升级中的主动权。

参考文献

[1] ITU-R. IMT vision-framework and overall objectives of the future development of IMT for 2020 and beyond: M.2083-0[S]. 2015.

[2] SHANNON C E. A mathematical theory of communication[J]. Bell Labs Technical Journal, 1948, 27(4): 379-423.

[3] 百度百科. 资源三角形[EB]. 2018.

[4] 李志民. 信息技术是人类文明发展的重要推动力[EB]. 2016.

[5] ITU. Setting the scene for 5G: opportunities and challenges: D-PREF-BB.5G_01[R]. 2018.

[6] GSMA. The mobile economy 2020[R]. 2020.

[7] 工业和信息化部无线电管理局. 中国无线电管理年度报告（2019 年）[EB]. 2020.

[8] 朱大立, 杜虹, 孙德刚. 我国移动通信安全的现状和发展[A]//中国计算机学会. 中国计算机学会信息保密专业委员会论文集 9 卷[C]//[S.l.:s.n.], 1999:189-196.

[9] 王晓云, 刘光毅, 丁海煜, 等. 5G 技术与标准[M]. 北京: 电子工业出版社, 2019.

[10] 3GPP. Study on new radio access technology-radio access architecture and interfaces: TR38.801 V14.0.0[S]. 2017.

[11] 3GPP. System architecture for the 5G system: TS23.501 V16.3.0[S]. 2019.

[12] 临渊. 白宫将“5G 第一”与“美国优先”画等号[N]. 人民邮电报, 2018-10-10.

[13] 晓镜. 美国的“5G 快速计划”发力点在哪里？[N]. 人民邮电报, 2019-04-22.

[14] SMITH J M. Open, programmable, secure 5G (OPS-5G) program[EB]. 2020.

[15] 李正茂, 王晓云, 张同须, 等. 5G+: 5G 如何改变社会[M]. 北京: 中信出版社, 2019.

[16] 经济参考报. 力促创新发展 韩国押宝“5G+”战略[EB]. 2019.

[17] 中国经济网. 93%人口用上 5G 5G 元年“韩国速度”成效超预期[EB]. 2020.

[18] 参考消息网. 透视世界人工智能发展日本大力推进“超智能社会 5.0”[EB]. 2019.

[19] 信息通信管理局, 工信微报. 工业和信息化部向四家企业颁发 5G 牌照[EB]. 2019.

第2章
电信网安全体系

移动通信网络的安全管理和建设，需要体系化的安全框架指导。基于标准的安全框架进行技术与管理手段的选择和实施，才能更加有效地达到既定的安全目标。本章首先介绍安全框架的重要性和形成过程，然后引出了通用的标准电信网安全框架——ITU-T X.805，并对其进行体系化的介绍和分析。

安全是什么？安全怎么做？这实际上是安全工作的两个核心问题。类比建造一座大厦，首先需要一张设计图纸，明确建设成什么样子，然后再选择合适的材料、人员、机械开始进行建造。与之类似，进行安全建设，也首先需要明确建成什么样子，这是我们的框架；然后再选择合适的技术与管理手段进行建设，使之能达到预期的安全目标。在实施的过程中，需要考虑的问题很多，包括：目标对象是什么？应该考虑到哪些方面？是否有手段能够满足？手段的开销有多大？这就是安全体系需要解决的问题。

安全是什么？我们可以通过其作用来说明。安全是一个需要从攻防两个方面考虑的体系，攻防双方博弈的焦点就是有价值的系统和信息。攻击者的目标可能是窃取信息、破坏信息、伪造信息，也可能是恶意拥塞网络、破坏设备（软硬件）等。防护者的目标则是对抗这些攻击。我们将安全防护的因素进行归纳，就形成了安全的目标与定义。实际上，关于安全的定义也有多种，大家比较熟知的是 ISO/IEC 27001 标准[1]中对信息安全给出的定义："IT 治理的基础部分是信息安全保护——包括确保信息的机密性（Confidentiality）、完整性（Integrity）和可用性（Availability）"。这就是业内达成共识的 C、I、A 三个维度，实际上在后续的工作中，陆续还形成了很多方面的扩展，例如不可否认性、私密性、可追溯性等。

安全怎么做？对于一个安全方案来说，必须要保证被保护对象的安全性，安全可靠是首要的；同时，安全体系的设计又要具备很好的可行性，有对应的安全技术或管理手段作为支撑，在建设上也是具有可操作性的；此外，实施安全一定是有代价（时间、资金、人力等）的，需要在可接受的代价范围内进行实施。可以看出，由于保护对象的差异，安全的解决方案应该是不同的。从多个解决方案中抽取、不断归纳总结就形成了安全框架。作为安全建设的指导方针，一个好的安全体系框架的设计应该具备几个特点：可靠、可行、可扩展、代价低。

综上，安全框架应该包含实现安全所必须的目标、功能或服务、安全机制和技术、管理和操作，以及这些因素在整个框架中的合理部署和相互关系。一般来说，一个安全框架的覆盖范围越大，框架的目标就越多、手段也就越复杂。因此，IT、互联网、通信等很多领域都基于本领域的安全需求与经验的总结形成了安全框架，其中电信领域中最常用的是 ITU 发布的 X.805 框架[2]。

在本章中，我们通过讲述电信网络安全框架的形成过程，并对重要的电信网络安全体系架构进行分析，希望为读者建立一个较为完善的安全体系。

2.1　通信网安全框架的形成

安全体系框架自身就是一个深奥的话题，也是安全攻防对抗中经验的不断总结。从防护目标的角度看，最开始的受信任电脑系统评价标准（Trusted Computer System Evaluation Criteria，TCSEC）[3]以考虑保密为主，到后面信息技术安全评估标准（Information Technology Security Evaluation Criteria，ITSEC）[4]逐步考虑机密性、完整性和可用性，再到后来继续将访问控制、不可否认性、隐私保护等特性纳入考虑，是安全框架中目标和手段逐步完善的过程。

最开始仅考虑安全的技术手段，之后将技术手段与安全能力进行分离，加入流程、管理、人员的考虑，再到 ITU X.805 标准——Security Architecture for Systems Providing End-to-End Communications 将设计、建设、运维 3 个阶段独立进行考虑，安全框架的形成是一个从静态到动态的过程。

从静态到动态，从通用到细分，随着移动通信网络的不断发展，通信领域也逐步形成了自己的安全框架，并在不断完善与演进。在通信网的安全分析中，我们经常使用 X.805 中的三面三层的安全框架，一般将其称为 X.805 安全框架。ITU 的 X.805 安全框架于 2003 年由 ITU-T 发布，针对通信网威胁和安全脆弱性，定义了与安全相关的体系结构元素和端到端安全体系框架，为加强网络在设计、建设和运营过程中的安全保护提供了很好的框架性指导。ITU-T X.805 重点解决三个问题。

（1）我们需要什么保护措施来应对哪些威胁?

（2）网络哪些设施或设备需要被保护?

（3）网络中哪些活动需要被保护?

可以看出，X.805 安全框架是一个动态考虑、针对电信网的细分安全框架。本节简述通信网安全框架的发展过程，并以 X.805 框架为主介绍安全的体系与架构，为读者建立一个完整的电信网络安全体系，并为理解本书后续的安全功能设计打下基础。

2.1.1 安全特性的体系化

我们分析，安全体系的形成最重要的两点是：目标和手段。以 ISO/IEC 27001[1] 标准中对信息安全给出的定义为例：“IT 治理的基础部分是信息安全保护——包括确保信息的机密性（Confidentiality）、完整性（Integrity）和可用性（Availability）”，这些安全特性就是我们的目标。而安全手段则是指加密、签名、访问控制、摘要算法、安全管理措施等，这些手段是实现安全目标的方法。一个安全框架中，目标和手段必须配合，才能达到既可靠、又可行的目的。

（1）TCSEC：单机安全

在网络还没有普及的时代，安全的概念主要是对信息系统的安全要求。其中最具备代表性的安全体系框架是 TCSEC，该准则于 1970 年由美国国防科学委员会提出，并于 1985 年 12 月由美国国防部公布。TCSEC 最初只是军用标准，后来延至民用领域。TCSEC 是计算机系统安全评估的第一个正式标准，因为是桔色封面，又称为“桔皮书（或橘皮书）”。TCSEC 在信息安全领域有重要的里程碑意义。

TCSEC 主要关注单个系统的安全评估方面，从现在的观念来看，TCSEC 在安全体系框架上的考虑并不完善，主要包括三点：一是主要关注保密性，不关注完整性、可用性等方面；二是对物理安全、软件安全、人员安全等方面存在考虑不足；三是未详细考虑网络方面的安全性。

在 TCSEC 之后，美国国防科学委员会继续完善了网络安全部分，并在 1987 年开始形成了系列安全指南，称为“彩虹系列”。

（2）ITSEC：安全三要素

只要谈到安全，无论是计算机安全、网络安全领域，还是信息安全等领域，业内最具备共识的应该是 CIA 三大安全特性。而 CIA 概念的阐述源自欧洲的 ITSEC，它也成为信息安全的基本要素和安全建设所遵循的基本原则。

ITSEC 是英国、法国、德国和荷兰 1991 年联合发布的标准，应用领域为军队、政府和商业。与 TCSEC 不同，它并不把保密措施直接与计算机功能相联系，而是把保密作为安全增强功能；另外，TCSEC 把保密性作为安全的重点，而 ITSEC 则把完整性、可用性与保密性作为同等重要的因素。在 ITSEC 中，形成了广为人知的 CIA 安全三要素。

- 保密性：确保信息在存储、使用、传输过程中不会泄露给非授权用户或实体。
- 完整性：确保信息在存储、使用、传输过程中不会被非授权用户篡改，同时还要防止授权用户对系统及信息进行不恰当的篡改，保持信息内、外部表示的一致性。
- 可用性：确保授权用户或实体对信息及资源的正常使用不会被异常拒绝，允许其可靠而及时地访问信息及资源。

最终 TCSEC 和 ITSEC 标准进行了融合，形成了今天全球范围内的安全评估规范——《信息技术安全评价通用准则》（The Common Criteria for Information Technology Security Evaluation，CC）。

除了 CIA，信息安全还有一些其他原则，包括可追溯性（Accountability）、抗抵赖性（Non-Repudiation）、真实性（Authenticity）、可控性（Controllability）等，这些都是对 CIA 特性的细化、补充或加强。

（3）ISO 7498-2：安全能力化

在 1989 年，ISO 就发布了一个 ISO 7498-2[5]标准，即《信息处理系统－开放系统互连－基本参考模型第 2 部分：安全体系结构》，这个标准以 OSI（Open System Interconnect，开放式系统互联）7 层体系为基础，描述了开放系统互联安全的体系结构，提出设计安全的信息系统的基础架构中应该包含五种安全服务、能够对这五种安全服务提供支持的八类安全机制和五种通用安全机制以及需要采用的五种 OSI 安全管理方式。在这里，我们重点介绍五种安全服务和八类安全机制。

我们注意到，ISO 7498-2 的一个革新性的理念是将网络能力视为服务的载体，而其中安全也是一类服务；从现在的观点看，当时提出的“服务”更倾向于现在我们说的“能力”，在此为了保持和原标准的一致性，我们仍然称之为“服务”。安全服务体现了安全体系中所包含的主要功能及内容，是能够定位并缓解威胁的安全措施；而安全机制则规定了与安全需求相对应的可以实现安全服务的技术手段。一种安全服务可以通过某种安全机制单独提供，也可以通过多种安全机制联合提供；而一种安全机制可以提供一种或者多种安全服务。安全服务和安全机制有机结合、相互交叉，在安全体系的不同层次发挥作用。ISO 7498-2 这种安全体系，充分体现了信息安全层次性和结构性的特点。

- 五种安全服务为：认证服务、访问控制、数据完整性、数据保密性、抗抵赖性。
- 八类安全机制：加密、数字签名、访问控制、数据完整性、数据交换、业务流填充、路由控制、公证。

图 2-1 所示是 ISO 7498-2 安全体系结构的三维形态。

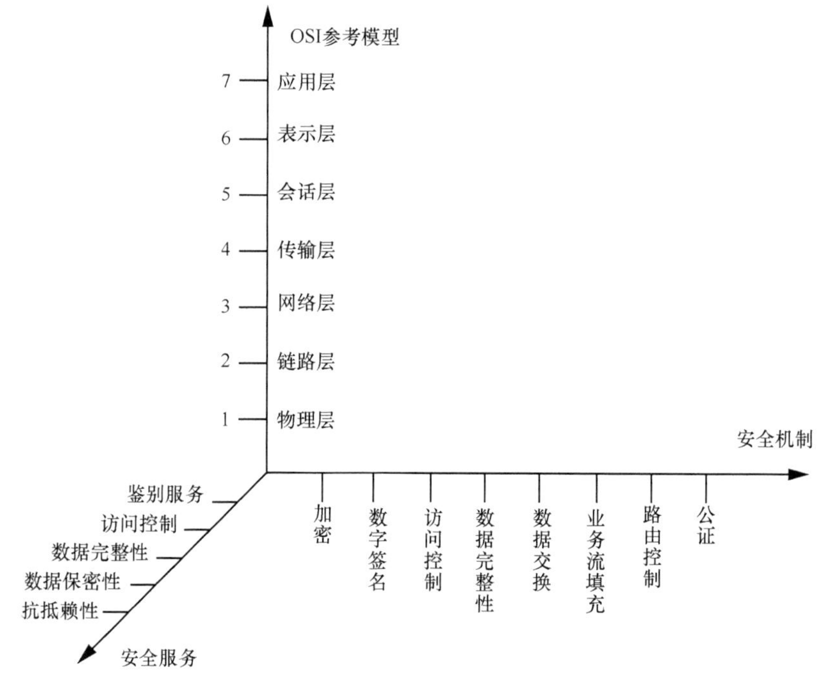

图 2-1　ISO 7498-2 安全体系结构

ISO 7498-2 安全体系结构针对的是基于 OSI 参考模型的网络通信系统，它所定义的安全服务也只是解决网络通信安全性的技术措施，其他与信息安全相关的领域，包括系统安全、物理安全、人员安全等方面都没有涉及。同时，ISO 7498-2 体系关注的是静态的防护技术，它并没有考虑到信息安全动态性和生命周期性的发展特点，缺乏检测、响应和恢复这些重要的环节，因而无法满足更复杂、更全面的信息保障的要求。

但 ISO 7498-2 体系在通信网安全的发展上起到了重要的作用，随后不久 ITU 制定的安全框架 X.800[6]，就在技术上完全参考了该标准，实现了从互联互通网络到电信网安全的一次重要连接。

2.1.2　通信网络安全框架

（1）ITU-T X.800：引入安全框架

ITU 的 CCITT（国际电报电话咨询委员会，ITU-T 的前身）在 1991 年发布了 X.800 建议（Recommendation X.800），是 CCITT 关于开放系统互连安全体系结构的建议，它为 OSI 的安全通信提供一种概念性和功能性的框架，以及在 OSI 环境下解决网络安全问题的一致性途径。

X.800 在技术上参考了 ISO 7498-2，仅在部分细节上有少量的差别；对安全框架的定义也同样是五种安全服务、对这五种安全服务提供支持的八类安全机制和五种普遍安全机制以及需要采用的五种 OSI 安全管理方式。

X.800 在通信安全领域的重要价值是将网络安全的框架引入通信网领域，形成了通信网领域的体系性安全框架。但由于仍然采用 OSI 的体系，与后续通信网的发展有较大的差异，在移动通信网中的应用就逐渐变少了。

（2）ITU-T X.805：形成通信网自己的安全框架

虽然 X.800 引入了安全框架，但与完全开放的互联网不同，通信网还是有其自己的特性的。在互联网上，通信更多的是基础设施，提供数据传输通道；而在通信网中，运营商还提供语音、短信等业务，并实现用户、业务的跨运营商互通。因此，通信网的组网架构、用户业务、运营管理都和开放的互联网有较大的差异，采用 ISO 架构的安全体系并不能完全覆盖通信网的需求。

ITU-T 在 2003 年 10 月发布了 X.805 标准，全称为 ITU-T X.805《提供端到端通信的系统的安全架构》。X.805 定义了一种用于提供端到端网络安全性的网络安全架构，该架构可以独立于网络的底层技术应用于端到端安全性的各种网络中。

X.805 全面地规定了信息网络端到端安全服务体系的架构模型，这一模型概括称为：三面三层八维度，相关的内容在第 2.2.1 节讲述。与此前的通用安全模型相比，

X.805 模型有如下几个方面的优势。

- 分层、分面进行安全设计，各个层（或面）上的安全相互独立，一方面保证了各层/面的安全性相互独立；另一方面提供了很强的扩展性。
- 考虑了设计、建设、运营三个阶段的不同安全需求。
- 将八个安全维度与层、面相结合，综合考虑了技术、管理手段保障安全能力的实现目标，具有很强的操作性。

可以说，X.805 的安全模型从理论上是较为完备、松耦合、可扩展的。直到目前，这个安全模型仍然运行良好，是开展电信网安全技术研究和应用的重要依据。在本章的后面部分，我们着重介绍 X.805 安全框架，以为后面移动通信网安全技术的分析形成基础。

2.2 ITU-T X.805 安全体系解析

ITU-T X.805 提出的总体安全体系架构如图 2-2 所示。

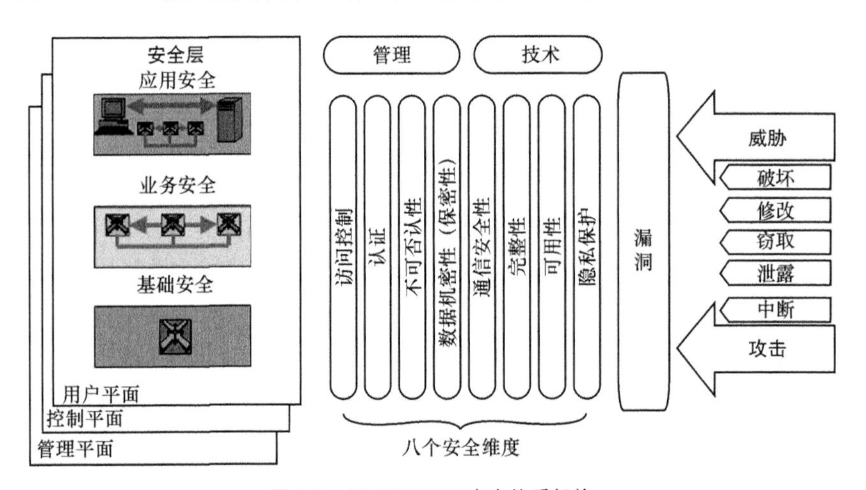

图 2-2 ITU-T X.805 安全体系架构

X.805 为电信网络提供全面的安全框架，它包含四个部分：三个平面、三个安全层、八个安全维度、五类常见的威胁与攻击。

- 三面：分别定义了网络管理要求、网络控制或信令要求和终端用户相关要求。
- 三层：每个平面又分为基础安全、业务安全和应用安全三个安全层。

- 八维度：安全维度为根据各安全层面可能面临的安全风险，从八个安全维度采取相应的技术措施，保证网络通信和网元资产安全。八个安全维度是：接入控制、认证、不可否认性、数据机密性、通信安全性、数据完整性、可用性和隐私保护。
- 五威胁：安全威胁是指每个层面单元可能受到的安全威胁和存在的安全漏洞，安全威胁是不断发展变化的，需要持续关注业界安全事件和持续地开展安全威胁分析。

从 X.805 的体系可以看出，在安全框架中明确了防护目标，并包含了分层、分面的重要思想，适合通信网的架构和思维，即为通信网进行了安全框架定制；定义了八个安全维度，与此前 ISO 7498-2 中定义的安全服务类似，是强调对目标的保护能力，并将安全的八个维度与三层三面结合，定义了实施目标，对安全实施手段进行指导。因此，X.805 的安全框架明确了目标、手段，是一个具有很强操作性的框架。在 X.805 中还描述了定义和计划、执行、运维三个阶段，将安全模型扩展为了动态的结构。

下面本书将对 ITU-T X.805 安全框架进行解析，希望能为读者建立一个通信网安全的清晰框架，为后续的 5G 安全技术分析奠定基础。

2.2.1　三面三层

可以说三面三层的定义是和网络的结构有着密切联系的，这个概念也一直沿用至今。

（1）三面

X.805 安全模型定义了用户平面（End-User Plane）、控制平面（Control Plane）和管理平面（Management Plane）三个平面，这三个平面的定义也是与通信网络的特点紧密相关的。我们在第 1.2 节中了解到，从软交换开始，实现了转发和控制分离，也就是实现了用户平面和控制平台，从而实现了更高效的通信能力，与此同时一直存在的还有管理功能，它相对比较独立，我们称为管理平面。

用户平面的作用是传输业务、应用数据。例如，我们用手机上网，看到网页中的内容、聊天的内容等，这些都是通过用户平面传输的。用户平面关注用户访问和使用网络安全，也保护用户数据安全。

控制平面的作用是进行信令传输，这些信令上承载的是用户和网络的交互控制信息。例如，我们在上网的时候，建立、维护、释放与网络间的链路都是通过控制平面来完成的。在控制平面中，我们重点关注的安全方面是信令的安全性，包括信令自身、信令交互流程等。

管理平面的能力包括运行、管理、维护和提供服务（Operations, Administation, Maintenance, and Provisioning, OAM&P），支持、理解和执行管理人员对于网络设备各种网络协议的设置命令。管理平面中，重点关注的安全包括管理能力自身、管理人员进行的配置等方面。

（2）三层

在上述的每个平面中，又分为设备安全（Infrastructure Security）层、服务安全（Service Security）层和应用安全（Application Security）层三个安全层。这三个安全层的概念也是和网络建设的理念相契合的，从硬件、软件、应用的角度进行分解，并对应到不同的实体类型。分层的方式有利于对安全目标的细化和分解。

- 设备安全层包括网络传输设施和单独的网络元素，例如路由器、交换机和服务器及其之间的通信链路等。
- 服务安全层主要提供给用户网络服务，这些服务从基础连接延伸到增值服务，包括上网、语音通话、短信等。
- 应用安全层包括用户基于网络使用的应用，包括简单应用（如电子邮件），也包括复杂应用（如电子商务）。

2.2.2 八大安全特性

（1）访问控制

访问控制是针对资源使用的防御措施。访问控制的基本目标是防止对任何资源（如计算资源、通信资源或信息资源）进行未授权的访问，未授权的访问包括非法用户进入系统以及合法用户对系统资源的非法使用。访问控制决定哪些主体能够访问系统、能访问系统的哪些资源以及以怎样的方式来访问这些资源。在系统中通过访问控制可阻止非法用户进入系统并规范和限制合法用户的行为，防止合法用户越权操作，从而保证系统资源安全、受控地被使用。

访问控制从概念上来说，包括了对主体的身份认证、对主体的授权以及当主体

访问系统资源时，系统根据主体的身份信息及所授予的权限对主体的行为进行控制。由于信息系统的规模越来越大、环境越来越复杂、信息交换越来越频繁，身份认证的机制也变得更为重要和复杂，已成为研究的一个重要专题；因此当前在谈到访问控制时，主要是指对主体的授权和主体访问资源行为的控制。

访问控制涉及三个基本概念，即主体、客体和授权访问：

- 主体：是一个主动的实体，它包括用户、用户组、终端、主机或一个应用，主体可以访问客体；
- 客体：是一个被动的实体，它可以是一个字节、字段、记录、程序、文件，或者是一个处理器、存储器、网络节点等；
- 授权访问：指主体访问客体的许可，授权访问对每一对主体和客体来说是给定的。

针对不同的客体，访问控制分为不同的类型：

- 网络访问控制：控制网络外部主体对网络的访问；
- 系统（主机）访问控制：控制主体对操作系统（或主机）的访问；
- 数据库访问控制：对数据库访问操作权限的控制；
- 应用层访问控制：实现终端用户对应用层的功能模块、资源数据的访问权限的控制。

在移动通信网络中，最典型的访问控制是对 IMEI（International Mobile Equipment Identity，国际移动设备识别码）和 IMSI（International Mobile Subscriber Identity，国际移动用户识别码）的校验，也就是用户的终端和卡在接入网络时，网络首先会判定该用户是否拥有一个合法的身份，然后才会进行通信资源分配及后续的系列工作。

（2）认证

认证是网络与用户之间相互识别的过程。认证解决“你是谁？”和“你是不是你？”的问题，认证一方面是对身份的认证；另一方面也是对不可否认性的保障。一般情况下，认证可基于被认证方拥有一个独特的、不可复制的构件，或者双方都知道的一个秘密，又或者被认证方的某种唯一特征。

除第一代模拟通信外，从 2G 开始的移动通信网的认证综合了前两种方式：一个共同的秘密（密钥）和被认证方一个独特的构件（SIM/USIM 卡）。从协议和算法层面来讲，移动通信网络中的认证过程采用的是“Challenge-Response（挑战-响应）”机制，即认证方向被认证方发送一个“挑战”——一般是一个随机数，被认证方基于双方共有密钥，以及挑战中所包含的信息计算一个“响应”，并将这个“响应”发回给认证方。只有拥有密钥的参与方才能正确计算出这个“响应”。

值得说明的是，由于在 5G 网络中存在切片的概念，因此 5G 网络除了用户的接入认证之外，还存在切片认证、次认证机制，在后续我们将详细讲解。

（3）不可否认性

不可否认性用于防止发送方或接收方否认传输或接收过某条消息，即包括当消息发出后，接收方能证明消息是由声称的发送方发出的；也包括当消息接收后，发送方能证明消息事实上确实由声称的接收方收到。

保证不可否认性的常用方法是数字签名。数字签名是一个签名者、签名验证者双方参与的动作，数字签名方案一般包括三个过程：系统初始化、签名产生和签名验证。系统初始化过程产生数字签名所需的参数，比如公开的验证密钥和私有的签名密钥；在签名产生过程中，一般签名者首先通过一个单向函数对要传送的报文进行处理，得到一个用于认证的信息摘要。然后利用既定的算法对信息摘要进行签名，该签名保证了消息的完整性和签名者身份的真实性；在签名验证过程中，验证者利用公开验证算法对给定“消息—签名”对的有效性进行验证。

数字签名对计算能力有较高的要求，在传统移动通信网中的使用场景不多，更多地用于业务层安全防护。但在 5G 时代，数字签名已在移动通信网中广泛使用，尤其是对用户永久标识符（Subscriber Permanent Identifier，SUPI）的保护就使用了数字签名。

（4）数据机密性（保密性）

保密性的目标就是保证机密信息不被窃取，或窃听者不能了解信息的真实含义。在需要保护信息传输以防攻击者威胁消息的保密性的时候，就会涉及信息安全，任何用来保证安全的方法都包含以下两个方面。

- 被发送信息的安全变换。如对消息加密，它打乱消息使得攻击者不能读懂消息，或者将基于消息的编码附于消息后，用于验证发送方的身份。
- 双方共享某些秘密信息，并希望这些信息不为攻击者所知。如加密密钥，它配合加密算法在消息传输之前将消息加密，而在接收端将消息解密。

常用的机密性保护的方法包括以下几种。

- 信息加密：在密钥的控制下，用加密算法对信息进行加密处理。
- 物理方法：如限制访问人员范围、信息存放区域隔离等。

- 权限设置：通过 IP 地址、MAC（Message Authentication Code，消息认证码）地址、账号等标识用户、实体或过程，设置不同的权限规则。

为了实现安全传输，在部分场景中还需要有可信的第三方。例如，第三方负责将秘密信息分配给通信双方，或者当通信双方关于信息传输的真实性发生争执时，由第三方来仲裁。

机密性的保护在移动通信网络中非常重要，从 GSM 时代开始，移动通信网络就提供了数据机密性的保护机制，网络和 SIM 卡通过预置密钥 Ki 实现 A5 算法[7]（对称加密）的支持，实现了空口加密的能力。除了空口加密外，在重要业务数据（例如写卡数据）的传递过程中，也需要进行加密保护。

以 LTE 移动通信系统中的空口加密能力为例，为了实现数据的安全保障，就涉及两个环节的保密性。

- 首先是运营商将密钥写入用户的 USIM（Universal Subscriber Identity Module，全球用户识别模块）卡，并存储在核心网认证设备（HSS/AuC）中；这个过程通过严格的管理机制来保障密钥数据的分发、写入，保障了密钥的安全性。
- 用户需要对传输的数据进行加密，则需要使用到 USIM 卡中存储的密钥，使用加密算法进行原始消息加密，形成秘密信息；这个过程保障了用户数据的安全性。

（5）通信安全性

通信安全性的来源是 ISO 7498-2 标准中定义的流量安全性，其目标是禁止通过流量分析得到一些用户和业务的信息。而在移动通信网络的一些应用场景中，应用层协议没有实现加解密功能，比如 HTTP、FTP 等协议。理论上来说，这个数据在传输过程是明文的，如果网络设备自身不安全，那么攻击者可以截获流量后直接查看或进行修改。这显然存在一定的安全风险，因此在通信的过程中需要保护通信的安全性。通信的安全保护有多种方式，包括：物理保护、网络层保护、应用层保护等。

其中常见的物理保护的方式是专线，通过专线或专网的方式进行传输，保护数据的安全性。

网络层安全传输的机制是 IPSec（IP Security）。针对 Internet 安全需求，IETF 于 1998 年 11 月发布了 IP 层安全协议——IPSec[8]，通过加密与 Hash 运算等方式，IPSec 保证了数据机密性和完整性；采用预共享密钥或数字签名等身份认证方式，

IPSec 保障了数据的真实性。在 4G、5G 网络中，基站的回程链路以及一些非 3GPP 接入的场景要求支持 IPSec。如 3GPP TS33.501 定义了接口 F1-C、F1-U、N2、N3 必须支持 IPSec，对 CU（Central Unit，中央单元）与 DU（Distributed Unit，分布式单元）之间、CU 与 5GC 之间的控制面和用户面（User Plane，UP）数据进行加密传输。3GPP TS33.402[8]要求终端与非 3GPP 接入网关——ePDG（Evolevd Packet Data Gateway，演进型分组数据网关）之间建立 IPSec 安全隧道。

应用层安全防护手段中最常使用的是 SSL 和 TLS（Transport Layer Security）协议及其更上层的应用层安全协议（如 HTTPS）。网景公司（Netscape）在 1994 年推出 HTTPS，以 SSL 进行加密。IETF 将 SSL 进行标准化，1999 年公布 TLS 1.0 标准文件；随后又公布 TLS 1.2 版本（RFC5246）[9]与 SSL 2.0（RFC6176）[10]。SSL 协议已广泛在浏览器、邮箱、即时通信、VoIP、网络传真等应用程序中应用。尤其在 Web 应用方面，HTTPS 被主要网站和应用广泛使用，如 Google、Facebook 等也以这个协议来创建安全连接并安全发送数据。

（6）完整性

完整性是保证数据的一致性，防止数据被非法用户篡改的技术手段。完整性是指用户、进程或者硬件组件具有的能力，传送或者接收的数据能够被验证准确性，并且不会被以任何方式改变。

完整性保护常用的方法包括以下 5 种。

- 校验机制：通过在数据或编码中设置校验位的方式来保障数据的完整性，一般来说，校验机制在编码中提供，常用的有奇偶校验、CRC 校验等机制。
- 数据摘要（Hash）：一般采用 Hash 函数，如 MD5、SHA1、SHA256 等，将任意长度的输入值通过哈希算法变换成固定长度或不固定长度的输出值（即哈希值）。由于哈希值固定且公开可验证、无法通过哈希值反算出输入，常用于数据完整性保护。
- 消息认证码（Message Authentication Code，MAC）：通信实体双方使用的一种验证机制，通过密钥和消息认证算法（加密、哈希等函数）对指定的消息进行运算，形成 MAC；因为密钥的唯一性，MAC 值不仅能进行消息完整性验证，还能进行通信实体的身份认证。
- HMAC（Hash-Based Message Authentication Code）：消息认证码是基于密钥和数据摘要算法所获得的一个值，可用于数据源发认证和完整性校验。

- 签名：在数字签名中，一般都使用 Hash 或其他方法保证数据的完整性，然后再进行包含用户身份的数字签名；因此，对数字签名的验证同时也包含了对完整性的校验。

完整性保护不当可能造成数据的篡改或伪造等风险，随着 5G、物联网、工业互联网等应用的拓展，在移动通信网中支持完整性保护越来越重要。

（7）可用性

ITU-T X.800 和 IETF RFC2828[11]都将可用性定义为：根据系统的性能说明，能够按授权的系统实体的要求存取或使用系统或系统资源的性质（即当用户请求服务时，若系统能够提供符合系统设计的这些服务，则系统是可用的）。拒绝服务攻击等很多攻击方式都可导致网络或服务可用性的降低，需要通过一些安全手段保障服务的可用性。

常用的可用性防护手段有两类，一类是资源保障类防御措施，如冗余、备份、集群等；另一类是专用安全防御措施，如访问控制、认证、加密等。

实际上，移动通信网络经常面临可用性的问题。例如无线干扰的问题持续存在，因为移动的无线发射频率是固定的，一旦在该频段上出现干扰信号，则会严重影响用户的使用。我们熟知的手机信号干扰器就是使用了这方面的原理，基于同频段的信号进行乱码干扰，使手机不能检测出从基站发出的正常数据，不能与基站建立联接。手机表现为搜索网络、无信号、无服务等现象。

（8）隐私保护

隐私（Privacy）保护是指权利主体的私人信息、秘密依法受到保护，不被他人非法侵扰、知悉、收集、利用和公开的一种人格权，而且权利主体对他人在何种程度上可以介入自己的私生活、自己的隐私是否向他人公开以及公开的人群范围和程度等具有决定权。

2016 年 4 月 14 日，欧洲议会投票通过了商讨四年的《一般数据保护法案》（General Data Protection Regulation，GDPR）[12]，于 2018 年 5 月正式生效，该法案将取代《欧盟数据保护指令》（Directive 95/46/EC），旨在统一各欧盟成员国的数据保护立法，加大欧盟数据保护力度以顺应大数据时代下对个人隐私和个人信息保护的需求。GDPR 的通过意味着欧盟对个人信息保护及其监管达到了前所未有的高度，堪称史上最严格的数据保护法案。值得说明的是， GDPR 对“匿名化”有明确的要求：“匿名化是指将个人数据移除可识别个人信息的部分，并且通过这一方法，数据主体不会再被识别。”

2016 年 11 月，全国人民代表大会常务委员会发布了《中华人民共和国网络安全法》（以下简称“《网络安全法》”），同时，工业与信息化部、中央网络安全和信息化办公室等部门先后颁布大数据安全管理办法。在《网络安全法》网络信息安全条款部分，提出了个人信息保护的基本原则和要求。

在移动通信网络设计中，从 GSM 时代开始，先后用 TMSI（Temporary Mobile Subscriber Identity，临时移动用户识别码）、SUCI（Subscription Concealed Identifier 加密的用户标识）的机制对用户网络唯一标识进行了保护，避免了用户隐私的泄露。

2.2.3 五类安全威胁

在 ITU-T X.805 中还沿用了 X.800（1096）中定义的五类安全威胁，分别是破坏、修改、移除、泄露、中断，其含义如下。

- 破坏：破坏信息和/或其他资源。
- 修改：信息的损坏或修改。
- 移除：信息和/或其他资源的盗窃、转移或丢失。
- 泄露：信息暴露。
- 中断：服务中断。

在体系中定义了八个安全维度，这些安全维度可以用来应对五类安全威胁，其对应关系见表 2-1。

表 2-1 安全维度与安全威胁对应关系

安全维度	安全威胁				
	破坏	修改	移除	泄露	中断
访问控制	Y	Y	Y	Y	
认证			Y	Y	
不可否认性	Y	Y	Y	Y	Y
数据机密性（保密性）			Y	Y	
通信安全性			Y	Y	
完整性	Y	Y			
可用性	Y				Y
隐私保护				Y	

2.2.4 详细安全目标设定

在三层三面、八个安全维度定义完成后，ITU-T X.805 中具有实际指导作用的是将八个安全维度与三面三层相结合，依据所受到的安全威胁，细化为各面各层的安全目标。有了这些细化的安全目标后，就可以制定安全措施。以管理平面的设备安全层为例，对八个维度的安全目标制定见表 2-2。

表 2-2　管理平面的设备安全层的八个安全维度及其安全目标[2]

安全维度	安全目标
访问控制	确保只允许被授权人员或设备（例如，对于 SNMP 管理的设备）在网络设备或通信链路上执行管理及相关活动。这不仅适用于通过手工端口直接管理设备，也适用于设备的远程管理
认证	验证在网络设备或通信链路上执行管理及相关活动的人员或设备的身份。认证技术可能会被要求作为接入控制的一部分
不可否认性	提供一份记录用来识别在网络设备或通信链路上执行每个管理及相关活动的人员或设备的身份以及其执行的操作。此记录可用作管理及相关活动的发起人的证明
数据机密性（保密性）	保护网络设备或通信链路配置信息，防止未经授权的访问或查看。这适用于驻留在网络设备或通信链路中的配置信息、传输到网络设备或通信链路的配置信息以及离线存储的备份配置信息。 保护管理类认证信息（例如，管理员标识和密码）免受未经授权的访问或查看。 用于处理访问控制的技术可能有助于提供数据机密性保护
通信安全性	在远程管理网络设备或通信链路的情况下，确保管理信息仅在远程管理站和被管理的设备或通信链路之间传输。管理信息在这些端点之间传输时不会被转移或拦截。 同样的考虑也适用于管理类认证信息（例如，管理员标识和密码）
完整性	保护网络设备和通信链路的配置信息，防止未经授权的修改、删除、创建和复制。该保护适用于驻留在网络设备或通信链路中的配置信息，以及正在传输或存储在脱机系统中的配置信息。 同样的考虑也适用于管理类认证信息（例如，管理员标识和密码）
可用性	确保授权人员或设备管理网络设备或通信链路的能力不被拒绝。这包括防止主动攻击，如拒绝服务（DoS）攻击，以及防止被动攻击，如修改或删除管理类认证信息（如管理员标识和密码）
隐私保护	确保可用于识别网络设备或通信链路的信息不可被未经授权的人员或设备使用。此类信息的示例包括网络设备的 IP 地址或 DNS 域名（例如，能够识别网络设备，为攻击者提供目标信息）

2.2.5 安全三同步

在 ITU-T X.805 中，还从动态的角度考虑安全工作与系统建设的协同，强调安全防护措施始终贯穿三个阶段。安全框架可以被运用到安全项目中的各个阶段和方面。项目安全除了要考虑技术，还要考虑政策和过程。项目主要分三个阶段：定义和计划阶段、执行阶段、运维阶段，具体如图 2-3 所示。安全框架将指导安全策略的制定、事件响应和事件修复的技术措施等。

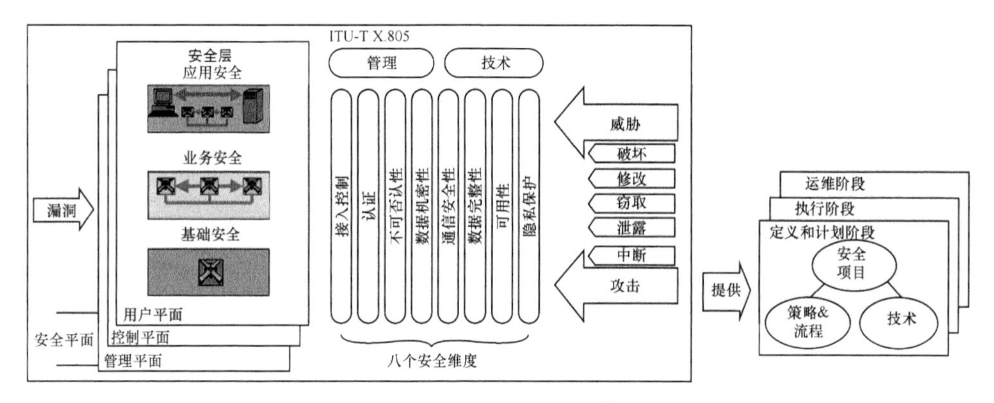

图 2-3 安全防护三阶段[2]

在运营商网络的建设过程中，安全同时贯穿在定义和计划阶段、执行阶段、运维阶段三个阶段。

（1）定义和计划阶段

在定义和计划阶段，主要是在方案的设计层面进行保障。一般在标准组织制定国际标准的过程中，需要对网元、协议、网络进行安全规范，如在 5G 网络的建设中就需要考虑隐私保护、伪基站防护、用户认证协议等，并在规范中体现。

同时，针对规范的实施与网络的建设，还需要在计划阶段考虑组网安全与安全域划分，并规划对应的防护设备。

（2）执行阶段

在网络进行建设时，需要进行入网安全测评，针对发现的问题要求设备及平台厂商进行整改，只有满足安全要求的设备及平台才允许入网。

（3）运维阶段

采用检测、监测、管理机制，对攻击、异常进行分析，例如：对互联互通信令、网内信令风暴等风险进行监测，并对发现的风险信令进行拦截或告警。

基于运维阶段发现的问题，可以进一步修订规范，实现闭环管理。

在通信网络的建设过程中，我们也常使用三个阶段的概念，即将安全与上述三个阶段的工作紧密融合，形成“同步规划、同步建设、同步运维”的理念，常称为“安全三同步”。

2.3　小结

本章对安全框架的重要性和形成过程进行了初步的分析，并主要介绍了通信网络中经常使用的 ITU-T X.805 安全框架及相关的安全知识。X.805 安全框架是一个完整、实用性强的安全体系，它从威胁与攻击、安全防护的目标（三个平面、三个层）、安全防护的手段进行了安全体系的构建，并将安全体系与网络和系统的定义和计划、执行、运维过程进行了有机的关联，具有很强的实践指导意义。同时，随着新技术的不断演进、新业务的不断拓展、新脆弱性的不断暴露、新威胁的不断产生，X.805 框架的内涵也应持续迭代，不断完善网络安全防护手段，包括管理手段与技术手段。

在本书的后续章节对移动通信网络的安全分析中，我们将继续使用该框架中的概念与基础知识。

参考文献

[1] ISO. 2013 information technology-security techniques-information security management systems-requirements: ISO/IEC 27001[S]. 2013.

[2] ITU. Security architecture for systems providing end-to-end communications: ITU-T: X.805[S]. 2003.

[3] Department of Defense, US. Trusted computer system evaluation criteria[S]. 1985.

[4] Department of Trade and Industry. Information technology security evaluation criteria[S]. 1991.

[5] ISO. 1989 Information processing systems-open systems interconnection-basic reference

model-part 2: security architecture: ISO 7498-2 [S]. 1989.
[6] ITU. Security architecture for open systems interconnection for CCITT applications: ITU-T: X.800[S]. 1991.
[7] 3GPP. Security related network functions: TS43.020[S]. 2018.
[8] 3GPP. 3GPP system architecture evolution (SAE)-security aspects of non-3GPP accesses: TS33.402[S]. 2018.
[9] IETF. The transport layer security (TLS) protocol: RFC5246[S]. 2008.
[10] IETF. Prohibiting secure sockets layer (SSL) version 2.0: RFC6176[S]. 2011.
[11] IETF. Internet security glossary: RFC2828[S]. 2013.
[12] EU. General data protection regulation [Z]. 2018.

第3章 移动通信网安全技术演进

在移动通信系统从1G到5G的演进过程中，每一代系统的网络都更加复杂、业务更加丰富。移动通信网的安全技术从最初的依靠单一技术且缺乏安全体系，到逐步演进完善，是各种因素驱动和博弈的结果。本章按照移动通信系统的发展脉络，分析和概述1G到4G系统的安全机制和特点，并总结5G系统的增强安全特性。

移动通信网从 1G 到 5G 的演进过程中，网络和业务都发生了巨大的变化。随着每一代移动通信网络的发展，网络的复杂性和业务的多样性都在提升。移动通信网的安全技术也一样，初期并没有完备的安全体系，伴随着移动通信网络和业务的发展，也在逐步演进、日趋完善。利用安全技术，在通信网络中实现了加密、防篡改、用户身份识别、隐私保护等能力，提高了移动通信网络的安全性，使移动通信网络得以在健康的商业模式下快速发展。

移动通信网安全体系的不断完善可以归纳为需求驱动和技术驱动。需求驱动方面，随着移动通信网络与业务的演进，对系统安全的要求在逐步增加；技术驱动方面，主要是安全攻防技术的不断提升、新型漏洞的不断出现、安全认识的不断深入、终端智能化程度的不断提升等，驱动安全体系不断地完善。需要注意的是，安全不是绝对的，所以在讨论安全机制的时候都需要考虑当时的实际环境，包括计算能力、信任机制、网络运行的环境、终端的形态、安全攻防水平等因素。同时，安全也是有成本和代价的，在一部分情况下，网络运营者通常会综合考虑安全机制实施带来的用户体验或业务连续性的影响和实施成本，可能会选择接受一部分风险。

从整个移动通信网络的体系演进来看：在 2G 时代初步形成了安全体系；到 3G、4G 时代安全体系已经比较完备，但因为兼容 GSM 的原因，仍然存在一些安全问题；5G 时代，移动通信网络的安全体系已经日趋完善。本章基于 1G、2G、3G、4G 移动通信网中的一些典型安全案例对安全体系的演进进行分析，对每个案例，我们分析其风险产生的原因和演进中的解决方法，以期给读者呈现一个移动通信安全体系逐步演进与完善的过程。

3.1　1G 网络安全

1G 移动通信系统主要分为两种制式：美国的 AMPS（Advanced Mobile Phone System，高级移动电话系统）和英国的 TACS（Total Access Communications System，全入网通信系统）。

在 1G 时代，以功能的实现为主，对安全的考虑相对比较欠缺。以 TACS 制式为例，每个手机出厂时都有一个 ESN（Electronic Serial Number），MIN（Mobile Identity Number）是运营商分配的，用以区别用户。在 1G 中，ESN 和 MIN 是一一对应的。当用户手机需要接入网络时，手机会将自己的 ESN 和 MIN 发送至网络。如果手机的 ESN 和 MIN 与网络侧存储的 ESN 和 MIN 两者匹配，就能成功接入网络。

也就是说 1G 时代的认证机制仅验证了“你是谁?”，没有验证“你是不是你？”。这种机制导致 ESN 和 MIN 可被不同的人重复使用，从而导致 1G 用户身份容易被伪冒。此外，在 1G 时代，除了访问控制机制（网络对用户身份的有效性判断）之外，没有采用加密、完整性、隐私保护等措施。

但考虑在 20 世纪 80 年代，无线通信是非常尖端的技术，终端的价格非常高，业务也非常单一，攻击者制造终端或网络设备进行攻击的难度极高、代价很大。基于对技术的信任，在当时的情况下，安全机制设计以网络和用户相互信任为前提，除了访问控制和用户身份校验之外，并没有考虑其他的安全机制。

3.2　2G 网络安全

1982 年，欧洲电信标准化协会（ETSI）成立了 GSM 小组，主要目标定位于实现欧洲各国移动通信系统的互联互通。基于互通的考虑，GSM 在设计之初就采用了统一的标准，使得运营商之间只要签署漫游协定，其用户就可以跨运营商漫游。GSM 较之前的电话系统最大的不同是它的信令和语音信道都是数字制式的，因此 GSM 被看作 2G 移动电话系统。

与 1G 相比，2G 在安全性的考量上增加了很多，也较为充分地考虑了安全的基本要素（保密性、完整性、可用性）。实现这一切的基础是 SIM 卡，它是专门用于用户身份标记和实现安全目的的智能卡。SIM 卡中存储了一个网络与用户的共享密钥（在 GSM 系统中称为 Ki），与若干安全算法相配合完成了种种安全保护能力。在 GSM 体系中，机卡分离的机制使得运营商更容易管理用户身份，并通过 SIM 卡向用户提供认证、加密等一些安全能力。

为了更好地理解 GSM 的安全机制，我们首先分析 GSM 的信任模型，如图 3-1 所示。其中虚线箭头表示“不信任”，实线箭头表示“信任”，后面的模型中也同样表示。

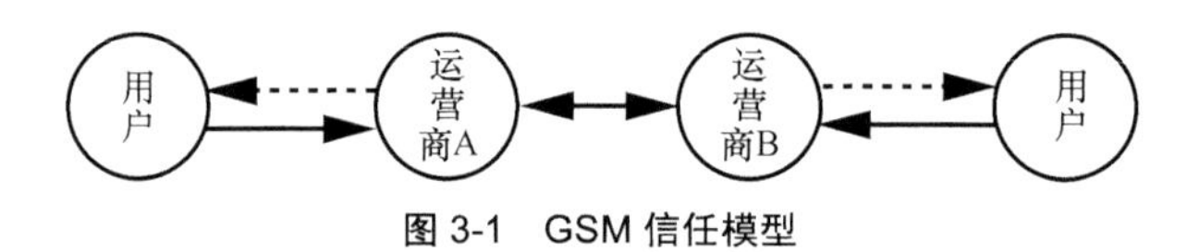

图 3-1　GSM 信任模型

- GSM 认为用户是可能被伪造的。因此 GSM 采用了认证机制，即用户和网络之间需要经过一系列的信息交互，网络才允许用户接入。
- GSM 认为网络是可信的、运营商是可信的，这与当时的环境有密切的联系：一是数字移动通信技术在当时是非常先进的技术；二是在设计 GSM 的时候，运营商的数量很少，网络也相对比较封闭，网络的可信度非常高。因此，无论是本地网络，还是运营商之间都是可信的，运营商之间通过协议签订的方式实现互信。
- GSM 是相对封闭的，增值业务的提供者一般需要运营商签约，因此也是可信的。

基于上述信任模型的分析，我们再来分析 GSM 是如何增强了移动通信网的安全体系。

3.2.1　用户认证

在 GSM 网络中，考虑了通过认证后才允许终端接入网络的机制，即用户和网络之间需要经过一系列的信息交互，网络才允许用户接入。GSM 的认证则利用上面说到的网络与用户的共享密钥（Ki）以及专门用于安全目的的智能卡——SIM 卡，使用 A3 算法进行认证。

GSM 体系基于 Ki 与“挑战-应答（Challenge-Respose）”式的认证算法，用户接入移动网络，并在认证的过程形成会话加密密钥，这个认证和密钥协商同时进行

的过程称为 AKA（Authentication and Key Agreement）。GSM AKA 算法中认证的方式是网络发送一个随机数（RAND）到用户终端，SIM 卡则通过 A3 算法和 Ki 一起对随机数进行运算，获得一个输出——XRES。随后终端将 XRES 等信息进一步发送到网络，网络侧验证通过后才允许用户接入。需要注意的是，在 GSM 网络中，仅有网络认证用户，而用户是不认证网络身份的。同时，在认证的过程中还可以使用 A8 算法生成 64 bit 的密钥 Kc，用于数据加密。A3/A8 算法[1]通常合在一起，统称为 COMP128[2]，COMP128 算法的流程如图 3-2 所示。

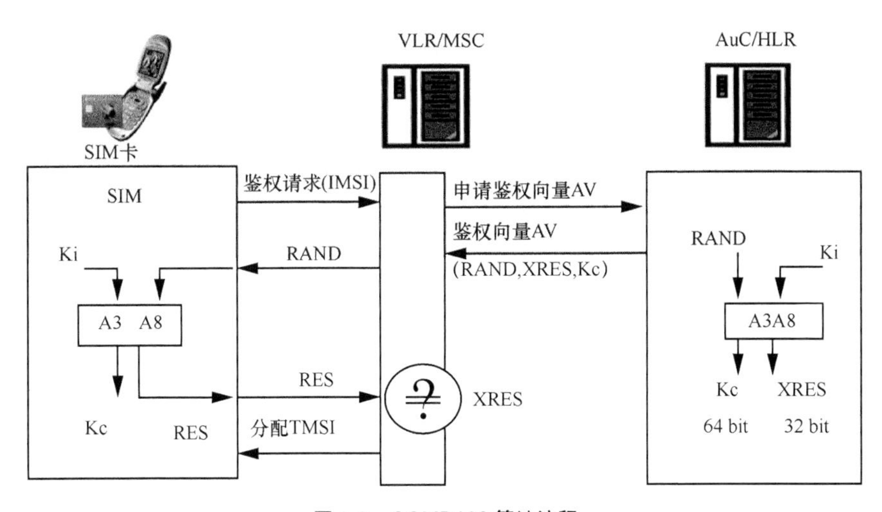

图 3-2　COMP128 算法流程

COMP128 算法有三种，分别命名为 COMP128-1、COMP128-2、COMP128-3，其中大部分国家使用的是 COMP128-1 算法。COMP128-1 算法的设计较为简单，其实现仅需 20 行代码。在最初设计与使用时，由所有参与方签订 MoU 协议对方法进行保密。COMP128-1 算法存在天然缺陷，输入的信息（128 bit）大于输出的信息（96 bit，即 SRES+Kc），必然会出现不同的输入产生相同的输出，我们称为“碰撞”；而且由于字节被压缩得很厉害，很容易产生“碰撞”。在针对 COMP128 算法的破解中，攻击者输入大量连续的数据就能轻易获得“碰撞”，以此来推算出密钥 Ki。因此，对 SIM 卡中 Ki 的破解并不是从智能卡中读取了机密信息，而是利用算法的脆弱性实施了计算破解。

虽然签订了保密协议，但 COMP128-1 算法在 1998 年被泄露，随即在 1999 年被破解，在 2000 年即出现了对应的 SIM 卡 Ki 破解软件。一旦计算出 Ki，SIM 卡就可被复制，并可被利用来发送垃圾信息、违规消费、欺诈等。中国移动在 2003 年、2006 年、

2008 年三次对 COMP128-1 算法进行了增强，并取得了很好的效果，简述如下。

（1）Strong Ki 算法

其中在 2003 年的安全性增强称为“Strong Ki 算法”，即通过寻找不容易产生“碰撞”的 Ki 作为 SIM 卡的密钥，避免被攻击者攻击。

该安全机制增加了攻击成本，但随着攻击者对算法研究的进一步深入、运算能力的进一步强大，攻击者可以通过更大量的数据寻找到“碰撞”的规律，并进而破解出 Ki。

（2）索引随机数算法

因为 COMP128-1 算法是一个 5 轮的叠加运算算法，每一轮运算都与上一轮运算的结果紧密相关。中国移动在 2006 年采用索引随机数方案对算法进行了增强。其基本思想是在 SIM 卡出厂前，首先对 SIM 卡中的 Ki 进行一次预运算，将容易引起该 SIM 卡 Ki 第一轮运算中“碰撞”的特殊随机数相关特征存入卡片中一个专用的 EF 文件（EF Random）中。此后，在执行认证命令时，SIM 卡首先判断所收到的随机数是否会引发“碰撞”，然后决定是否进行认证。

该方法很好地识别了一部分具有攻击特征的随机数，有效增强了算法能力。但由于对算法研究的不断深入，攻击者找到了针对算法第二轮、第三轮的攻击方式，并从 2007 年开始逐步破解了索引随机数算法。

（3）防克隆 SIM 卡

在索引随机数算法失效后，2008 年中国移动又自主研发了“防克隆 SIM 卡”。防克隆 SIM 卡的核心是“基于内置随机因子的安全鉴权方法”，在 SIM 卡内新增监控模块、捕获模块、鉴权随机数选取与置换模块、反攻击模块、锁定模块；通过这些模块的有效协作，可实现对 SIM 卡攻击的全程监控、迅速判断、有效干扰、灵活锁定，实现了主动防御功能。其技术原理如图 3-3 所示。

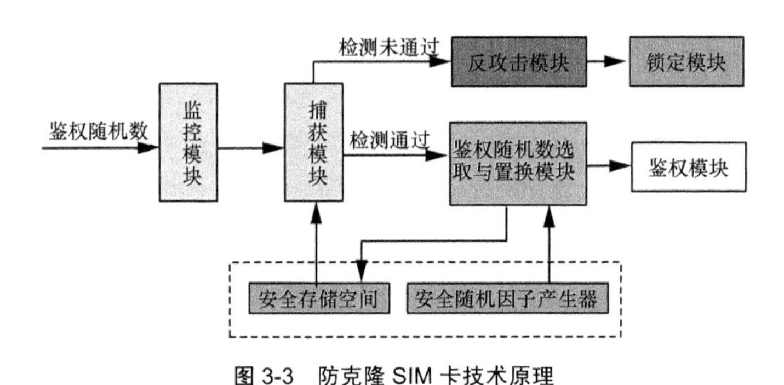

图 3-3　防克隆 SIM 卡技术原理

防克隆 SIM 卡之所以能对攻击进行分析与判定，是因为研究发现攻击时的输入数据之间是有一定关联性的，与网络认证用户时的真实随机数存在差异。因此，在卡内随机抽样存储一定数量的认证随机数，然后通过捕获模块分析其关联特性，发现攻击行为。而一旦发现疑似攻击的行为，则通过抗攻击模块输出错误结果进行干扰，阻止攻击者的攻击。防克隆 SIM 卡与国内外同类技术和产品相比，同时具备安全性高、成本低、寿命长、通信网络和手机终端无须进行任何改造、用户体验好等优点。中国移动自 2009 年开始全面使用防克隆 SIM 卡，直到 2014 年 USIM 卡全面发行为止，累计应用 7 年、发卡超过 10 亿张而未被破解，有效实现了用户认证机制的增强。

3.2.2　机密性保护

在 GSM 网络中引入了加密算法，可对空口传输的数据进行安全性保护，这是数字移动通信网络的一个重要安全性提升措施。可以说，GSM 网络是移动通信网中引入加密算法的起点，而其中使用的加密算法并未正式公开，在标准的文本中被称为 A5 系列算法[3]。A5 系列算法包含 A5/1、A5/2、A5/3 算法，以及后续出现的 A5/4 算法。A5/1、A5/2、A5/3 的密钥长度为 64 bit，A5/4 是 A5/3 算法的另一种模式，密钥长度为 128 bit。

A5/1 算法产生于 1987 年，为流密码算法。A5/1 算法曾经是使用最广泛的 GSM 加密算法，在设备中的支持程度也是几种算法中最高的。该算法不仅未公开，而且受巴黎统筹委员会（Coordinating Committee for Export to Communist Countries）的限制，作为出口管制技术无法集成到包括中国在内的一些国家中使用。

A5/2 算法产生于 1989 年，算法存在缺陷，一经公布即被发现算法弱点[4]，使得采用 A5/2 算法加密的数据可以被实时破解，因此 A5/2 算法被弃用，在 3GPP 标准 TS43.020 里明确禁止使用该算法。

A5/3 算法在 2010 年形成，其核心算法是 KASUMI 分组加密算法[5]，该算法由 ETSI SAGE 基于三菱电机的 MISTY1[6]算法演化而成，针对移动设备进行了部分修改。A5/3 算法是一个密钥长度为 64 bit 的分组加密算法，安全性较为完善，后续在 3G 中仍然继续使用。A5/3 算法后续进一步将密钥长度扩展为 128 bit，成为 A5/4 算法。

还需要说明的是，GSM 是一个面向语音通信的网络，在 GSM 的基础上，通过

增加分组交换的核心网，建立了 GPRS。GPRS 采用的加密算法仍然是 A5 系列算法，但在标准的命名中称为 GEA（GPRS Encryption Algorithm）系列，即 GEA1 ~ GEA4，分别对应于 A5/1 ~ A5/4。

A5 系列算法在 GSM 网络应用后的 10 余年中未被破解，对 GSM 的机密性形成了有效保护。但后续随着计算能力的不断增强、对密码算法的研究不断深入，GSM 的加密算法的安全性也受到了持续的挑战。

3.2.3 完整性保护

在通信系统设计之初，人们对于 GSM 的期望是实现能够在无线环境下“像有线电话一样的通信”，其通信网络重点考虑语音的传输。因此当时主要考虑的安全问题是空口信息传输时如何防止语音信息被窃听、用户信息被泄露等方面，对语音信息的篡改或者伪造等问题的防护不是当时考虑的重点。

针对语音的完整性保护效果并不明显，因为如果对语音的数据进行攻击并修改，那么可能导致的后果是语音不清晰或者文字的发音出现错误。而对用户语音施加完整性保护需要一定的计算开销，可能反而会导致语音信息断断续续，影响用户感受。所以，GSM 通过加密用户通信信息的方式防止被修改，没有专门针对信令、语音和用户数据提供独立的完整性保护。

对于信息可能被篡改的攻击，GSM 并未设计独立的完整性保护算法，而是通过使用加密的方式同时实现对信息的完整性保护，即通过加密的方式，使得攻击者无法获知明文，进而无法对密文进行修改，从而无法保证篡改内容符合攻击者的要求。

从 GSM 的数据完整性机制上，我们可以看到安全的实施代价和业务的可用性之间有时候存在一定的冲突。在安全风险可接受的范围内，考虑到业务的质量，可以不使用额外的安全措施，而选择接受风险。

3.2.4 用户隐私保护

在移动通信中，IMSI 用于在全球范围唯一标识一个移动用户。IMSI 保存在 HLR、VLR 和 SIM 卡中，可以在无线网络及核心网络中传送。一个 IMSI 唯一标识一个移动用户，而且除非换卡，用户的 IMSI 是不变的。

IMSI 代表用户的身份出现在网络交互中，一定程度上会泄露用户的信息。在 GSM 网络的设计中，采用另外一种号码临时代替 IMSI 在网络中进行传递，这就是 TMSI（临时移动用户识别码）。在用户登网认证时，使用 IMSI 作为身份标识信息进行认证，一旦认证通过，则 VLR（Visitor Location Register，拜访地寄存器）给用户分配一个 TMSI，采用 TMSI 来临时代替 IMSI。TMSI 不仅与 IMSI 没有直接关联，而且会定期更新，可以有效加强系统的保密性、防止用户的位置被跟踪。

3.3　3G 网络安全

GSM 体系在安全机制上进行了非常多的改进，在机密性、用户认证、隐私保护等方面都有了一定的增强。但 GSM 网络商用时，数字无线通信技术还处于起步阶段，对安全体系的考虑还不是很完善。其中的用户单向认证、互联互通的绝对信任等考虑也形成了后续的进一步安全改进点。

在 2000 年 ITU 确定 3G 空口传输标准制式时，计算机的运算能力已经有了极大的进展，而针对 2G 智能卡及网络的破解攻击、伪基站等情况已经开始出现。在 3G 网络的设计时，就充分考虑了这些安全问题，并体系性地对移动通信网络安全性进行了设计。

为了更好地理解 3G 的安全机制，我们首先分析 3G 的信任模型，如图 3-4 所示。

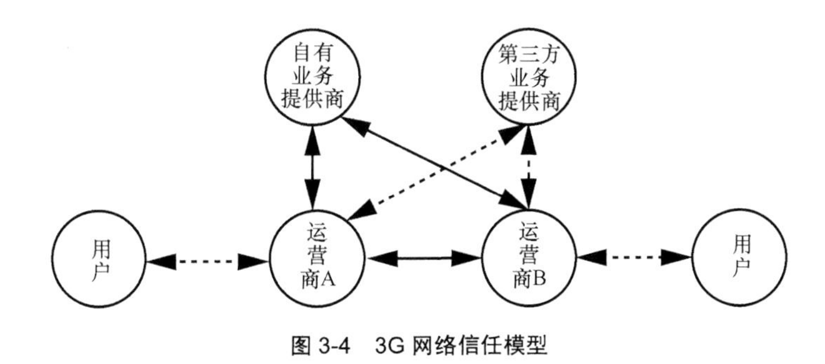

图 3-4　3G 网络信任模型

3G 网络的信任模型有如下新特征。

- 从 3G 开始，认为网络、用户都是可能被伪造的。因此从 3G 开始采用了双向认证机制，避免了网络冒用问题。
- 运营商之间的交互不再是完全可信的，需要通过安全机制加以保护。

• 3G 网络是开放的、逐渐 IP 化的。用户可以通过移动互联网访问 Internet，业务也逐渐演进为 OTT 业务，不同的网络域之间需要通过边界安全设备加以防护。

3.3.1　用户认证

在 GSM 设计时，采用了“单向认证”机制，就是说只有网络认证用户的真实性，而用户不认证网络。正是因为移动通信在设计之初，对网络技术的发展速度预估不足而未充分考虑网络被伪造的可能性，导致出现了后文提到的“伪基站”问题。因此，在信任模型上 3G 开始有了重大的改变：用户不再信任网络，采用“用户–网络”双向认证机制，极大地保护了用户和网络的安全。

（1）GSM 的单向认证与伪基站

随着无线通信技术的不断普及，攻击者很快发现了 GSM 的一个问题：用户不对网络的身份进行认证，也就是说只要制造一个无线信号发射点（信源），且将信号强度提升到比周围的正常基站更好，依据手机终端的接入机制会自动选择信号最强的信源进行接入，这样就可以将一个用户终端接入，并进行后续的通信。

自 2009 年 OpenBTS 软件发布之后，伪基站逐渐增多。一般由软件无线电设备（如 USRP）和笔记本电脑组成，再加上一个射频装置（也就是常说的天线）。伪基站设备运行时，会用自身发射的高强度非法信号干扰和屏蔽一定范围内的运营商合法信号，而手机则会自动连接信号强度最高的基站，从而被强制连接到伪基站设备上。伪基站攻击原理如图 3-5 所示。

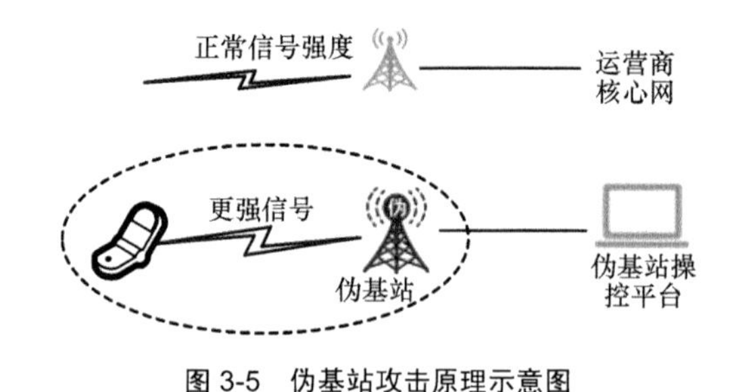

图 3-5　伪基站攻击原理示意图

因此，在通过更强的信号将附近的用户“吸入”后，伪基站还可以进一步向“吸入”的用户进行业务操作，主要是下发短信。由于攻击者模拟了网络的能力，可以对下发的信息进行任意编写，因此利用可以伪装成银行、运营商等特色的客服号码

进行短信下发，具有较强的迷惑性。同时，因为采用伪基站发送给用户的伪短信不经过运营商网络，所以在运营商网络中也难以监察到。但由于攻击者很难模拟一套真实的运营商网络，因此不能给“吸入”的用户提供语音通话等业务。

（2）3G 双向认证机制设计

在 GSM 伪基站的问题中，造成认证机制缺陷的原因是对网络被伪造的难度预估不充分。

正是因为该问题的发现，从 3G 开始就全面采用了双向认证机制；即在 2G 的“挑战-响应”的机制上，增加了终端侧对拜访网络的检查，检查拜访网络是否经过了归属网络（Home Environment，HE）的授权来发起对终端的认证请求。3G 认证算法原理如图 3-6 所示。

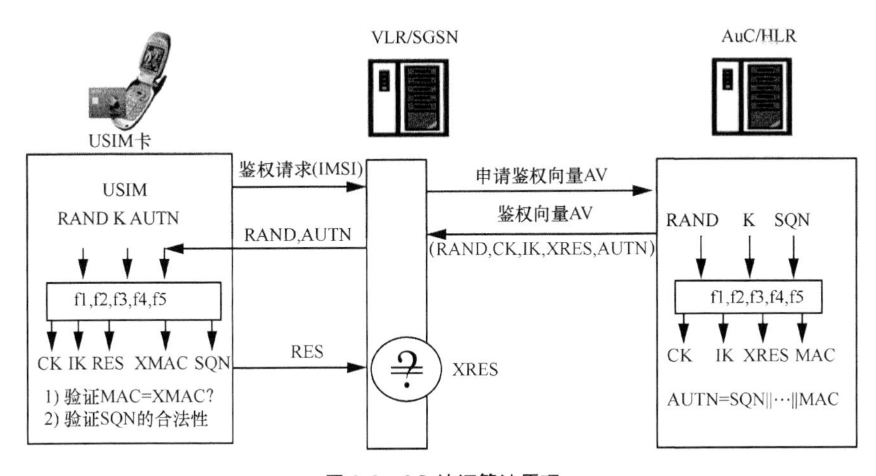

图 3-6　3G 认证算法原理

具体来说在 3G 网络认证标准制定时，采用了两个增强措施：采用“用户-网络”的双向认证机制；选用更加安全的认证算法，并将智能卡升级为 USIM 卡，具有更大容量、更强的运算能力和扩展应用能力。

关于“挑战-响应”机制，3G 与 2G 的方式基本是一致的：网络侧发送一个随机数作为挑战，终端侧用这个随机数和长期密钥 K 计算出响应，网络比对终端侧计算出的响应是否与网络侧的一致。不同的是，在 3G 的认证算法中，网络侧也将自身校验的参数发到终端侧，终端就能验证网络的真伪了。顺便提到，这里的长期密钥 K，在 GSM 网络里面称为 Ki，自 3G 之后就称为 K 了；为了与 GSM AKA 区分，3G 的 AKA 机制也称为 UMTS AKA。

UTMS AKA 的基本流程与 GSM 的较为类似，关键是用户认证向量（Authentication Vector，AV）发生了变化。为了实现双向认证，在 UTMS AKA 的算法与流程中，包含了两个重要的校验参数——XRES 和 MAC。这两个参数都是通过对 RAND、K、SQN 参数的运算产生的，因为只有网络和终端有 K 值，这两个信息就是双方可计算的共同密码信息。

网络侧运算形成 MAC 和 XRES 后，将 MAC 包含在 AUTN（Authentication Token）参数中发送到终端侧，终端侧可以通过 RAND、K 和 AUTN 中的 SQN 参数计算得出 XMAC 和 RES 值，终端比对 XMAC 与 AUTN 中 MAC 的一致性对网络进行真实性检查；检查通过后再将 RES 发送到网络，由网络检查终端的真实性，通过后再将终端接入网络。

在 UTMS AKA 中，网络和终端实现了双向认证，有效提升了用户接入的安全性，该机制的基本思想和流程一直使用至今。

3G 网络支持与 2G 互操作，因此在认证机制中采用了后向兼容，即 SIM 卡也能接入 3G 网络中，采用 2G 的认证机制。这个兼容性的考虑是 3G 认证中的安全短板，但除此之外，3G 的认证架构设计已经比较完备了。

3.3.2 机密性保护

2G 网络中引入了加密算法，在很长的一段时间内实现了良好的机密性保护。密码算法都是有其有效期的，旧的算法不断失效、新的算法不断替换是一个正常的生命周期，我们也应该以此来看待各类安全算法的演进过程。从一方面看，计算能力、安全攻防能力在不断提升，对密码算法的破译能力在提升，算法的安全性在逐渐降低；同时，因为对算法的研究深入，也逐步发现了算法的脆弱性并进而研发出有效破解方式。从另一方面看，由于终端运算能力的提升，可以支持强度更高的密码算法，在设计时也就能更好地使用高安全强度的密码算法。

（1）2G 加密算法的破解

A5/1 算法目前已经被完全破解。从 2000 年开始，A5/1 算法即被逐步破解，2000 年 Biryukov A 等[7]通过构造庞大的具备初步彩虹表概念的数据库，用查表取代计算的方式，以空间换时间，对 A5/1 实施已知明文攻击，但该方法需要首先通过大约 2^{48} 次运算，处理约 300 GB 的数据。2007 年，德国波鸿大学搭建了具有 120 个 FPGA

节点的阵列加速器，对包括 A5/1 算法在内的多种算法进行破解[8]，由于采用 FPGA 成本较低，A5/1 算法破解在商业上成为可能。2009 年黑帽大会上，Nohl K 等利用 3 个月时间制作了 2 TB 的彩虹表，并宣布利用 P2P 分布式网络下的 NVIDIA GPU 显卡阵列即可破解 A5/1 算法[9]。2016 年，新加坡科技研究局用约 55 天创建了一个 984 GB 的彩虹表，通过使用由 3 块 NVIDIA GPU 显卡构成的计算装置在 9 s 内完成对 A5/1 算法的破解[10]。此外，根据斯诺登披露的文件显示，美国 NSA 是可以破解 A5/1 算法的。

A5/3 算法的安全性也不断受到挑战。2001 年，Ulrich K 在欧洲密码会议上提出了针对 MISTY1 6 轮计算的理论攻击方法[11]；2005 年，以色列研究员提出了一种理论攻击的方法[12]，可以在构造 2^{55} 数量级的选择明文情况下，经过 2^{76} 次运算破解算法。2010 年 Dunkelman O、Keller N 和 Shamir A[13]的论文论证了一种可对 KASUMI 算法实施的攻击，该攻击可以在一台装有 Intel 酷睿 2 双核处理器的电脑上在 2 个小时内破解 KASUMI 算法。由于攻击实施之前需要事先构造出百万个已知明文，并获取这些明文经过运营商网络加密之后的密文，在现实中很难做到，这种攻击并未对电信系统中的 A5/3 算法造成实质的威胁，但仍揭示了算法的不安全性。因此，负责管理 GSM 后续演进的标准组织 3GPP（第三代合作伙伴计划）在 2010 年定义了新的 A5/4 算法。A5/4 算法与 A5/3 相同，但密钥长度由 64 bit 扩展到了 128 bit。随之在 2015 年，KASUMI 算法的原型算法 MISTY1（128 bit）也遭到破解，使得其计算强度从 2^{128} 降至 2^{70} 左右[14]。此攻击需要 2^{64} 次选择密文和 2^{70} 次加密运算，因此只是理论上有意义。

（2）3G 加密算法

随着智能终端能力的提升，可以支持的运算更为复杂，移动通信网络密码算法的强度在不断增强。

3G 网络中支持两种算法：KASUMI 和 SNOW 3G[15]，这两种算法采用的密钥长度均为 128 bit，在标准中被命名为 UEA（UMTS Encryption Algorithm）系列，名称分别为 UEA1 和 UEA2。SNOW 3G 是在欧洲的 NESSIE（New European Schemes for Signatures, Integrity and Encryption，新的欧洲加密、完整性以及签名保护方案）项目中产生的候选算法——SNOW 1.0 的基础上逐步演进而来的，是一种流加密算法。在 SNOW 1.0 算法公开后，被发现存在一些算法缺陷，之后经过不断修订和增强，从 SNOW 1.0、SNOW 2.0 直到 SNOW 3G，被认可作为 3G 使用的第二种算法。

需要说明的是，KASUMI 算法也在 2005 年就已经存在公开的理论攻击方法，虽然在现实环境下没有实际成功的攻击案例，但考虑到计算能力的迅速发展，在 3GPP 制定 4G 标准（LTE）的时候，放弃了 KASUMI，转而使用新的密码算法。

3.3.3 完整性保护

在 2G 网络中，没有专门的机制进行完整性保护。但移动通信的安全专家们逐渐意识到信令消息中的控制消息是维护无线通信系统正常工作的重要信息，其格式与内容均是被严格定义的，因此对控制消息的改动将会导致严重的系统问题。基于这些考虑，3G 网络加入了独立于加密之外的信令完整性保护机制[16]。在 3G 中信令的完整性保护为强制性的，也就是说，对于 3G 信令，要么选择基于 KASUMI 的完整性保护，要么选择基于 SNOW 3G 的完整性保护，否则通信链路将被释放。

3G 仍然是以语音为主的通信系统，同 GSM 一样，对语音施加完整性保护同样是影响通信的质量的。经过利弊权衡，3G 没有对用户语音施加完整性保护。此外，考虑到无线信道的链路质量弱于有线链路，对数据施加完整性保护可能导致错误分组丢失重传进而带来的较大时延问题，3G 的用户数据传输也同样没有考虑施加完整性保护。

同机密性保护一样，3G 网络中也有两种算法用于完整性保护，即 KASUMI 和 SNOW 3G，这两种算法采用的密钥长度也均为 128 bit，但与机密性保护相比，其对应的命名为 UIA（UMTS Integrity Algorithm）系列，名称分别为 UIA1 和 UIA2。第 3.3.2 节提到过，机密性保护算法被命名为 UEA1 和 UEA2，与 UIA1 和 UIA2 编号不同。因此，即使使用的基础加密算法相同，3G 网络系统也将机密性算法和完整性算法视为不同的算法，所以完整性保护所需的密钥，以及完整性算法的选定都是与机密性保护相独立的。

3.3.4 网络安全域隔离

在移动通信网络演进的过程中，网络结构变得越来越复杂。随着 GPRS 的演进，形成了 CS（电路交换）网络和 IP 网络共存的复杂通信网络。不同类型的网络之间既需要隔离，又需要通信，这是一个需要安全措施防护的重点。

安全域的引入在这个时候就正式形成了。安全域是指同一系统内有相同的安全保护需求和安全等级，相互信任，并具有相同的安全访问控制和边界控制策略的子

网或网络。通过划分安全域，可以限制系统中不同安全等级域之间的相互访问，满足不同安全等级域的安全需求，从而提高系统的安全性、可靠性和可控性。

（1）NDS/MAP

最开始引入安全域的标准是 3GPP 33.200 Network Domain Security; MAP Application Layer Security[17]，该标准在 2001 年发布，简称为 NDS/MAP。

MAP 信令是 7 号信令（Signaling System 7，SS7）网的一个组成部分，而 7 号信令网的形成是在 GSM 时代，其目标是实现跨运营商的互联互通。在 7 号信令网形成之初，仅有 7 家运营商，它们之间采用协定的方式相互信任，没有认证机制；因此，在 GSM 的互联互通的交互过程中，各运营商之间发送的信息也是相互信任的。

采用 7 号信令的主要业务场景包括：在移动通信网的交换局间提供本地、长途和国际电话呼叫业务，以及相关的移动业务，如短信、定位等业务；为固定网和移动通信网提供智能网业务和其他增值业务等。世界上绝大部分运营商普遍采用互联互通的 7 号信令协议，由 ITU-T Q.700 系列标准[18]规定。在没有身份认证的情况下，在传统封闭的信令网系统内，被通过物理手段攻破的风险虽然仍存在，但由于管理规章制度严格，真正被攻击成功的概率和风险极低。随着信令 IP 化技术的演进，传统需要昂贵、专有设备才能实现的信令功能，可以通过相对廉价、开源的通用软硬件实现；加之部分规模不大的运营商在接入管理规范欠缺、转售漫游协议审核不严格的情况下，更容易地访问信令网络。

在 NDS/MAP 规范中，还并没有针对安全域进行划分，只是针对不同运营商之间的 MAP 信令交互的保护机制进行了定义，形成了 MAPSec 的系列要求。

（2）NDS/IP

在随后的 3GPP 33.210 Network Domain Security; IP Network Layer Security[19] 中，真正定义了安全域的划分，该标准也是 2001 年发布的，简称 NDS/IP。其中明确说明：“UMTS 网络域应在逻辑和物理上划分为安全域，这些控制平面安全域可与单个运营商的核心网络紧密对应，并应通过安全网关进行分离。”通常，我们认为这是安全域引入通信网络的起点。

在 NDS/IP 规范中，并没有定义如何将 3G 网络进行安全域划分，只是定义了安全域之间应采用安全边界网关（Security Edge Gateway，SEG）进行隔离与通信，其基本架构如图 3-7 所示。

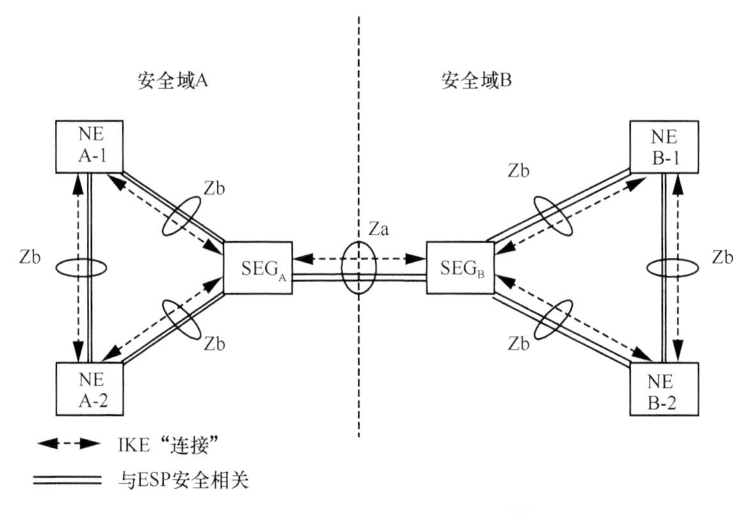

图 3-7　安全域与安全边界网关[19]

NDS/IP 规定，将具有同样物理防护能力、对外连接情况的网元设备集合视为一个安全域，而在不同安全环境下的网元设备集合则被视为不同的安全域。在 NDS/IP 中，要求两个不同的安全域之间的信令传输必须通过安全隧道进行保护，而为了在两个安全域之间建立安全隧道，还需要在安全域的边界设定 SEG，从而在 SEG 之间使用基于 ESP（Encapsulating Security Payload）的 IPSec[20]机制为信令的传输提供安全保护，SEG 之间的接口称为 Za 接口。另外，NDS/IP 还要求在两个端点之间采用基于预共享密钥的 IKE（Internet Key Exchange）协议，从而对端点进行认证，为建立 IPSec 隧道进行密钥协商，以及对密钥进行更新和维护。同一个安全域内的不同网络实体（Network Entity，NE）之间的接口称为 Zb 接口，Zb 可以不予以保护，也可以选择使用 IPSec 隧道进行保护，只是这时不需要在两个网元之间建立安全边界网关，而是由两个 NE 之间建立 IPSec 隧道。

由于两个运营商在网络部署时的安全防护均由运营商自行决定，相互之间的安全等级并不相同，因此可以将运营商间互联互通的信令传输视为两个不同安全域之间的信息传输，使用 NDS/IP 为互联互通信令的传输提供安全保护。

3.4　4G 网络安全

可以说，在 3G 时代，移动通信网的安全体系已经比较成熟，除了安全算法因为算力、攻击方法的不断演进而具有一定的理论破解可能性之外，并没有出现严重的安全问题。4G 网络在多方面有了非常大的变化：首先是 4G 网络的全 IP 化，安全域在其中起到越来越重要的作用；然后是 4G 网络用户凭证从 SIM 卡全面演进到 USIM 卡；此外一些新的适应 IP 化的技术引入，例如 Diameter 协议。

为了更好地理解 4G 的安全机制，我们首先分析 4G 的信任模型，如图 3-8 所示。

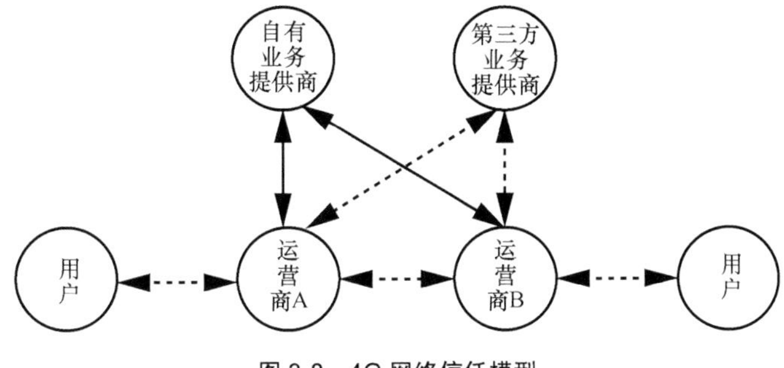

图 3-8　4G 网络信任模型

4G 网络的信任模型有如下新特征。

- 4G 中认为运营商之间的交互是不可信的：因为从 3G 时代开始已经逐渐出现了跨运营商之间的欺骗问题，包括利用 7 号信令网、Diameter 信令进行模拟他网运营商进行跨网攻击的问题，4G 在信任模型中考虑了运营商之间的不信任问题。
- 4G 网络是全 IP 化且开放的，外部业务是不可信的。

3.4.1　网络域安全

在 4G 的国际标准 3GPP 33.401[21]中，明确提出了“域安全”的概念。如图 3-9 所示的 LTE 安全架构中，包含了 5 个安全特性组（Security Feature Group）。

引用 3GPP 中的定义，对 LTE 定义的 5 个安全特性组说明如下。

- 网络访问安全（I）：为用户提供安全访问服务的一组安全功能，特别是防止（无线电）访问链路受到攻击。
- 网络域安全（II）：使节点能够安全地在接入网（Access Network，AN）和服务网络（Serving Network，SN）之间、以及 AN 内交换信令数据、用户数据以及防止对有线网络的攻击的一组安全功能。

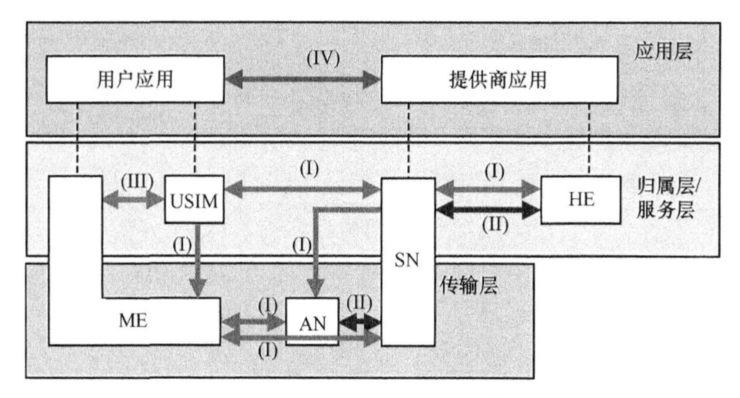

图 3-9 LTE 网络安全架构[21]

- 用户域安全（III）：一组安全功能，用于保护对终端的访问。
- 应用程序域安全性（IV）：使用户域和提供程序域中的应用程序能够安全地交换消息的一组安全功能。
- 安全性的可见性和可配置性（V）：一组功能，使用户能够通知自己某个安全功能是否在运行，以及服务的使用和提供是否应取决于该安全功能。作为非架构层面的安全特性组，安全性的可见性和可配置性（V）未在图 3-9 中标出。

因此，在 LTE 网络中明确将网络、用户、应用提供方放到了不同的域中，这正是一种良好的访问控制机制，结合域间的安全策略能实现对网络、用户、业务的有效保护。

3.4.2 用户认证

3G 的认证功能是比较经得住考验的，因此在 4G 认证的标准过程中，基本沿用了 3G 认证的协议流程和认证算法，只在卡的兼容性和后续密钥的衍生方面有少量的修改，4G 认证机制称为 EPS（Evolved Packet System）-AKA；其中 EPS 指的是 4G 系统。

下面阐述这些不同之处。

首先，LTE 采用与 3G 相同的 USIM 卡，但 LTE 仅允许 USIM 卡接入，不允许 SIM 卡接入，意味着双向认证和信令的完整性保护是必选的，因此伪基站无法与用户手机（USIM 卡）进行有效认证，自然无法进行后续通信了。这样在 4G 网络上就不会存在单向认证引起的安全问题。所以，原来那些使用 2G SIM 卡的 3G 用户，如果想要享受 LTE 高速网络，除了买一部 LTE 手机外，还必须换成 USIM 卡。

此外，为了支持 WLAN 的接入方式，4G 还使用了扩展的 EAP（Extensible Authentication Protocol）-AKA[22]和 EAP-AKA'[23]认证。EAP-AKA 是将 AKA 认证过程使用 EAP 进行封装，其核心参数仍然是 AKA 认证向量，从而可以将蜂窝网的认证能力扩展到其他接入网络（例如 WLAN）中。在 WLAN 接入网络中，使用 EAP-AKA 和 EAP-AKA'均可实现终端与归属网络的相互认证，为移动通信网的多形态接入提供了对应的机制。

3.4.3　机密性保护

4G 对密码算法进行了增强，以对抗算力的增加与可能出现的新型攻击方法。目前，4G 网络中有 3 种加密算法，称为 EEA（EPS Encryption Algorithm）系列[21]。

由于 KASUMI 算法在 2005 年就已经存在公开的理论攻击方法，所以在 3GPP 制定 4G 标准（LTE）的时候，放弃了 KASUMI，转而使用新的密码算法。在 LTE 初始 Release 8 版本中有 2 种加密算法，分别为 3G 标准中已经采纳的 SNOW 3G 算法，以及取代了 KASUMI 的 AES（Advanced Encryption Standard）算法，两种算法密钥长度均采用 128 bit。

采用 AES 取代 KASUMI 主要有以下原因：4G 的基站需要实现 NDS/IP 的保护，而 NDS/IP 中需要使用 AES，所以 4G 的基站必须支持 AES 算法；KASUMI 算法有授权费用，虽然使用 KASUMI 进行完整性保护不需要缴费，但若用于加密则需要缴费；此外，4G 支持非 3GPP 接入，而 AES 在非 3GPP 接入（例如 WLAN）场景中的应用更广。

4G 网络中第三种算法是中国自主研制的 ZUC（祖冲之）密码算法，祖冲之密码算法的名字源于我国古代数学家祖冲之。祖冲之算法集是由中国科学院牵头自主设计的加密和完整性算法，是一种流密码算法，具备与 SNOW 3G 基本等同的性能和加密强度。

ZUC 密码算法成为 LTE 国际标准，于 2009 年在 3GPP SA3 立项，经过中国移动等多个单位共同推进，最终于 2011 年成为 3GPP 标准，在 LTE Release 11 版本中作为可选的第 3 种加密算法。LTE 中的 ZUC 密码算法包含两个核心算法，分别是加密算法 128-EEA3 和完整性算法 128-EIA3。祖冲之密码算法是我国商用密码算法首次走出国门，成为通信网国际标准，极大提升了我国在移动通信安全领域的地位和影响力，对我国移动通信产业和商用密码产业发展均具有重大而深远的意义。

截止到目前，还没有公开资料显示 AES、SNOW 3G 和 ZUC 算法存在安全问题。

3.4.4 完整性保护

虽然 4G 已经是全部面向数据通信的网络，完整性保护依然只针对信令提供，用户面仍然不进行完整性保护。这是由于在数据业务发展初期，系统的设计要求仍然是要保证系统空口的吞吐效率最大化和时延最小化。如果假设平均数据报文长度为 100 字节，而对应完整性保护所需要增加的 MAC-I 长度为 32 bit（4 字节），则意味着需要给数据分组增加约 4%的额外代价。

另外，对于大块或者大流量的数据而言，机密性保护使得数据被篡改的难度加大，因为需要篡改的核心数据是难以定位到的。特别是对于数据承载类业务中的语音（VoIP/VoLTE）类业务、流媒体类业务等，完整性保护的需求不是非常强烈。

但随着 LTE Relay 特性的提出，出现了一种需要在用户面传输控制信令的场景，如图 3-10 所示。因此针对该场景特别制定了用户数据的完整性保护机制，所以在 4G（LTE）网络中，只在特定场景下才会存在用户数据完整性保护的情况。

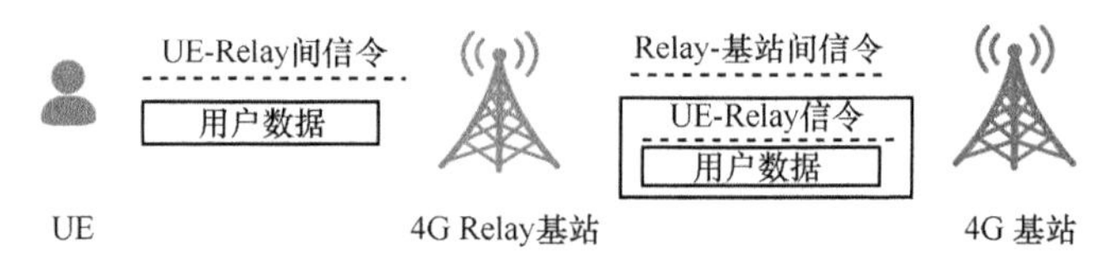

图 3-10 LTE Relay 场景示意图

同机密性保护一样，4G 网络的完整性保护也有 3 种算法，称为 EIA（EPS Integrity Algorithm）系列[21]，分别为基于 SNOW 3G 的完整性保护算法 EIA1、基于 AES 的完整性保护算法 EIA2，以及基于祖冲之密码算法的完整性保护算法 EIA3。与 3G 相比，其输入参数中使用了无线承载的标识符取代新鲜值参与运算来保证消息不可被重放。

3.5 5G 网络安全

4G 自身的安全体系在理论上已经较为完善，除了与 2G 互操作的场景中存在一

些安全问题外，4G 网络自身的安全性经受了历史的考验。5G 网络在 4G 的基础上最大的变化是将服务对象从“人”扩展到了“行业”和“物”，由于范围的拓展形成了新的变化，也带来了新的安全需求；同时，随着对安全的认识加深，针对 LTE 中存在的一些安全风险也进行了进一步的消除。

5G 网络不仅是全 IP 的，还是开放和服务化的，因此对网络内外部安全机制考虑更加充分，其信任模型如图 3-11 所示。

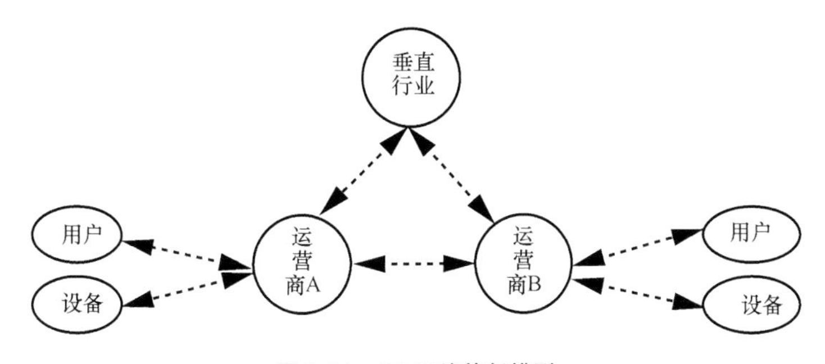

图 3-11　5G 网络信任模型

在 4G 网络的基础上，5G 进一步对安全性进行了提升，本节仅进行简单的分析，具体的安全机制在第 6 章进行详细描述。

（1）网络域安全

在 5G 网络中，网络域安全的划分和隔离机制在两个方面发生了变化。

一是增加了 SBA 域安全的概念。3GPP 5G 安全标准 TS33.501 Security Architecture and Procedures for 5G System[24]中定义了 5G 网络安全框架。与 4G 网络安全架构相比，5G 新增了 SBA 域安全。SBA 域的安全是一组安全功能，它保障 SBA 下各网络功能之间的通信安全。这些功能包括网络功能注册、发现和授权安全方面，以及对基于服务的接口的保护。关于安全框架的架构和内容将在第 6 章中详细进行描述。

二是针对跨网信令的防护新增了 SEPP（Security Edge Protection Proxy，安全边界保护代理）网元，可以对每条信令的不可抵赖性、完整性进行保护，避免了在传输中被篡改。

（2）用户认证增强

AKA 的安全性经过了 3G、4G 时代的检验，5G 也将继承 AKA 作为 5G 接入的认证方式之一。但伴随着网络接入方式的增加，以及运营商商业环境日益复杂，还

有 5G 将支持物联网和垂直行业的应用场景，5G 认证机制较 4G 增加了新的考虑，最重要的点包括认证体系的扩展（切片认证、次认证），对 EPS AKA 的增强并将 EAP AKA'提升到一种主要的认证方法等。

另外，在 5G 中明确不再支持与 2G 的互操作，因为兼容 2G 而形成的单向认证留下的缺口将在 5G 时代解决。

（3）加密算法强度增加

在 5G 的加密算法选择的过程中，沿用了 4G 的算法；同时，考虑 5G 的商用时间预计为 2020—2040 年，基于对应用场景和算力的考虑有一些新的机制。

一是在 mIoT 场景中对轻量级算法的考虑。由于 mIoT 终端可能是计算能力比较弱的传感器，且从其服务寿命来看，在保证一定安全性的前提下，加解密上的开销越小越好，所以在 mIoT 的场景中，可能会引入轻量级的算法。目前 ISO 中已经有一些轻量级算法的标准[20]，但 3GPP 在现阶段并没有提出具体的需求和候选算法的情况。

二是考虑到基于量子计算机的 Grover 搜索算法[25]能将对称密钥算法的蛮力破解复杂度降至 $O(\sqrt{N})$，意味着 256 bit 的密钥长度，在量子计算时代，其密钥空间等效于传统计算机的 128 bit 密钥长度。正是由于这个原因，3GPP 考虑在 5G 时代应支持 256 bit 密钥长度。

（4）完整性保护机制更完善

2018 年 6 月 27 日，德国的大学研究人员公布了被 IEEE Symposium on Security & Privacy 会议录用的论文《Breaking LTE on layer two》。该论文提出了针对 LTE 攻击的“aLTEr”漏洞，攻击者利用该漏洞，可篡改用户的 DNS 数据报文，并将受害者的访问重定向到欺诈网站。虽然攻击的难度很高，但由于 LTE 国际标准并未要求对用户面数据进行完整性保护，所以在将来攻击技术进一步发展后，LTE 网络运营商都有可能受到该漏洞的影响。

形成该完整性保护缺陷的原因一方面是在标准制订阶段对安全攻击手段的预估不充分，随着密码分析及安全攻击能力不断提升，攻击者可以在非常限定的条件下攻击用户面（UP，User Plane）数据；另一方面，在 LTE 标准制订时，用户面数据完整性保护能力是否开启也是安全与效率权衡之后的结果。

在 5G 中，已经支持信令面、用户面数据的完整性保护算法，篡改问题将从技术支持的层面得到解决。

（5）用户隐私保护更全面

考虑到用户隐私保护，除了传统意义上的对信令和用户数据的机密性保护之外，5G 安全提出了一个新的诉求，即对可能出现在空口上的 IMSI（5G 中称为 SUPI）进行隐私保护。一般在认证过程之后，在用户终端和网络之间就会生成用于加解密的会话密钥，这个过程也称为安全上下文建立的过程。在安全上下文建立之后，就可以对空口的信令和用户数据加密。这个思路从 2G 到 5G 都是如此。但 5G 标准提供了一个新的、之前各代均不具备的加密特性，即在安全上下文建立之前，就可以对空口上出现的 IMSI 进行加密。

5G 引入了新的保护方式对 SUPI 进行加密保护，即通过利用归属网络的公钥对 SUPI 进行加密。在用户的 USIM 卡中存放一个归属网络的公钥，一旦需要向空中接口发送 SUPI，就用该公钥对 SUPI 进行加密，加密后的数据称为 SUCI（Subscription Concealed Identifier）。拜访网络收到这个加密后的 SUCI 后，将其送回到归属网络，用归属网络的私钥进行解密。这其中涉及的公钥加密算法目前尚未完成定义，只是限定了需要采用 ECIES（Eliptic Curve Integrated Encryption System）[26]的方式进行计算。ECIES 包含密钥生成模块和数据加密模块两部分，密钥生成模块使用发送方的私钥和接收方的公钥在椭圆曲线上进行多倍点运算，进而生成会话密钥；数据加密模块使用生成的会话密钥对数据进行加密。

3.6　小结

本章向读者充分展示了移动通信网的安全性是一个不断演进的过程。在移动通信网络的发展过程中，攻防技术在对抗中不断提升，安全也是一个逐步发展和演进的过程。

首先是网络在不断开放、信任关系在不断变化，形成了 2G～5G 网络的安全演进的背景。

其次，需要注意的是在移动通信网络的演进过程中，安全攻防技术在不断演进，从 GSM 的算法攻击开始到 LTE 的攻击，新的手法在不断出现。

最后，在网络不断发展的过程中，对安全的需求更多、理解更深刻，形成了更为完善的安全体系。

总的来说，随着网络架构的演进，安全需求不断增多；新型攻击方法的不断出现，促进安全机制的不断完善；终端计算能力不断地增强，使得可以应用的安全手段更加丰富。正是因为上述种种原因，安全在攻守两端的博弈中不断前进，网络的安全体系也不断完善。后面的章节中我们也会通过各个维度来阐述 5G 通信网络安全的方方面面。

参考文献

[1] GSM. A3/A8[Z]. 2018.
[2] GSM. COMP128[Z]. 2018.
[3] 3GPP. Security related network functions: TS43.020 V15.0.0[S]. 2018.
[4] GOLDBERG I, WAGNER D, LUCKY G. The (real-time) cryptanalysis of A5/2. rump session of crypto'99[Z]. 1999.
[5] 3GPP. General report on the design, speification and evaluation of 3GPP standard confidentiality and integrity algorithms: TR33.908 V4.0.0[R]. 2001.
[6] MITSURU M, TOSHIO T. MISTY, KASUMI and camellia cipher algorithm development[Z]. 2000.
[7] BIRYUKOV A, SHAMIR A, WAGNER D. Real time cryptanalysis of A5/1 on a PC[M]. New York: ACM Press, 2000: 1-18.
[8] GUENEYSU T, KASPER T, NOVOTNÝ M, et al. Cryptanalysis with COPACOBANA[M]. New York: ACM Press, 2008: 1498-1513.
[9] KARSTEN N, PAGET C. GSM: SRSLY?[Z]. 2010.
[10] LI Z. Optimization of rainbow tables for practically cracking GSM A5/1 based on validated success rate modeling[C]//Proceedings of the RSA Conference on Topics in Cryptology-CT-RSA 2016. New York: ACM Press, 2016: 359-377.
[11] KÜHN U. Cryptanalysis of reduced round MISTY[M]. New York: ACM Press, 2001.
[12] BIHAM E, DUNKELMAN O, KELLER N. A related-key rectangle attack on the full KASUMI[M]. Berlin: Springer, 2005: 443-461.
[13] DUNKELMAN O, KELLER N, SHAMIR A. A practical-time attack on the A5/3 cryptosystem used in third generation GSM telephony[Z]. 2010.
[14] BARON A. A 270 attack on the full MISTY1[Z]. 2020.
[15] 3GPP. Specification of the 3GPP confidentiality and integrity algorithms UEA2 & UIA2-document 2-SNOW 3G specification: TS35.216 V15.0.0[S]. 2018.
[16] 3GPP. 3G security-security architecture: TS33.102 V.15.1.0[S]. 2018.
[17] 3GPP. Network domain security-MAP application layer security: TS33.200 V7.0.0[S]. 2007.
[18] ITU-T. Introduction to CCITT signalling system: Rec. Q.700 (0393)[S]. 1993.

[19] 3GPP. Network domain security-IP network layer security: TS33.210 V16.3.0[S]. 2020.

[20] IETF. IP security (IPSec) and internet key exchange (IKE) document roadmap[S]. 2011.

[21] 3GPP. 3GPP system architecture evolution (SAE)-security architecture: TS33.401 V15.6.0[S]. 2018.

[22] IETF. Extensible authentication protocol method for 3rd generation authentication and key agreement (EAP-AKA): RFC4187[S]. 2006.

[23] IETF. Improved extensible authentication protocol method for 3rd generation authentication and key agreement (EAP-AKA'): RFC5448[S]. 2009.

[24] 3GPP. Security architecture and procedures for 5G system: TS33.501 V16.0.0[S]. 2019.

[25] GROVER L K. A fast quantum mechanical algorithm for database search[C]//Proceedings of 28th Annual ACM Symposium on the Theory of Computing. New York: ACM Press, 1996: 212-219.

[26] ISO. A standard for public-key encryption: ISO 18033-2[S]. 2006.

第4章
5G 安全新挑战

5G通信系统的重要特征和目标是与垂直行业融合发展的，除了受到网络技术和业务发展的驱动之外，与行业应用紧密结合的需求使5G网络更加开放和复杂，因此5G安全的重要性也更为凸显。本章从网络演进、业务演进以及基础设施需求等方面分析5G安全挑战，以便读者更好地理解5G系统安全的复杂性及重要性。

与 4G 网络相比，5G 网络的一个重要的设计目标是将通信的对象从“人与人”拓展到“物与物”；5G 将被广泛应用于国民经济各领域，为政府、能源、金融、交通等各行业的通信提供基础服务，从而成为社会信息流动的主动脉、产业转型升级的加速器。业务需求驱动了 5G 网络的演进，形成了更为开放的 5G 网络的新架构与更为丰富的网络能力，5G 网络与行业应用的紧密结合也使得 5G 网络承担了更大的社会责任。

从安全的视角来看，越开放、越复杂、越重要的系统面临的安全挑战就越大。从这几个方面考虑，我们分析 5G 网络面临的安全挑战来源于以下几个方面。

- 网络架构的开放化、虚拟化和服务化，产生了更多的设备、服务暴露，增加了被攻击的可能性。
- 切片、边缘计算等新业务模式的出现，使网络边界发生了改变，对安全防护形成了新挑战。
- 由于和行业的紧密结合，业务的重要性驱动 5G 网络成为更为重要的基础设施，从安全监管的角度提出了更高的要求。
- 既要保证网络的高效与稳定，又要对原有网络安全体系进行加固，还要考虑抵御未来可能的攻击手段。

上述因素的综合作用，形成了 5G 安全的新挑战，5G 网络的安全体系的完善也正是这些挑战促进的结果。正确认识 5G 网络存在的安全风险与挑战是理解 5G 网络安全体系和技术设计的基础。本章将重点从网络架构演进、业务安全风险、国际形势的新要求三个方面进行详细阐述，期望读者能更好地了解 5G 网络安全机制的设计背景，并为理解后续的安全机制打下基础。

4.1　网络演进带来的安全新挑战

图 4-1 描述了 5G 网络的结构及改变。

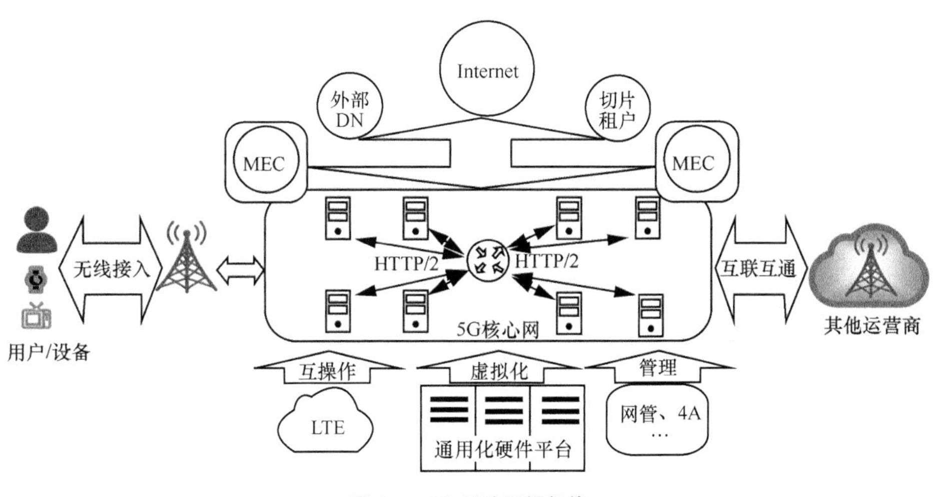

图 4-1　5G 网络逻辑架构

如图 4-1 所示，从横向和纵向两个角度来看网络逻辑结构。

从横向的角度来看，体现的是 5G 网络中传统的端到端通信架构，更多地体现了为个人用户提供服务的架构。从这个维度看，5G 网络的端到端架构和 4G 相比没有明显的区别，主要的组成部分还是终端、接入网、核心网，并通过核心网与其他运营商互联互通。

从纵向的角度来看，体现的是 5G 网络的服务化能力，更多地体现了为垂直行业提供服务的能力。从这个维度看，将通用的 IT 基础设施虚拟化后，为核心网提供建设的云平台，5G 网元运行在云平台上，通过能力开放接口以服务的方式为垂直行业提供服务。

4.1.1　无线网安全新挑战

基于上述的逻辑架构，我们对 5G 网络的安全新挑战进行分析。

5G 无线网的安全新挑战包含两个方面：一是无线网络的架构变化形成更多的暴露面；二是业内已经有一些针对无线空口的攻击手段，需要制定解决方案。

（1）无线网络开放的风险

5G RAN 架构考虑采用中央单元（CU）和分布单元（DU）独立部署的方式[1]，以更好地满足各场景和应用的需求。由于无线接入设备变为 2 个部分，新出现的网元与数据传输通道就成为新的暴露面。因此，新的安全风险点在于：当 CU、DU 分离时，CU 和 DU 之间的控制信息、以及网络到 DU 的网管信息，均无法受到传统安全机制的保护；接入的信息可能存在泄露的风险，需要采用 IPSec 保障信令消息的安全性或采用物理保护保障该接口的信令消息安全。

（2）双连接安全风险

双连接技术在 3GPP Release 12[2]中被提出，即在非理想传输链路条件下，通过在多个站之间进行流量分配，以提升用户速率。5G 架构支持双连接形态，允许次基站直接与终端进行信令交互。因此，次基站和终端之间的信令存在被篡改的风险。因此，主基站和次基站的 RRC 连接必须有加密和完整性保护。次基站与核心网节点之间的通信应提供完整性、机密性和防重放保护。

（3）用户数据篡改的风险

如第 3 章所述，2018 年 6 月 27 日德国大学研究人员发表了论文《Breaking LTE on layer two》，提出了针对 LTE 攻击的“aLTEr”漏洞。产生该风险的原因是 LTE 标准并未要求对用户面数据进行完整性保护，考虑到未来可能存在的风险，在 5G 中需要考虑对用户面的数据进行完整性保护。

（4）用户隐私保护的增强

随着人们对隐私保护的日益关注，5G 安全提出了对可能出现在空口上的 SUPI 进行隐私保护。在 4G 网络中，一般情况下空口上都不会出现 IMSI，而是临时移动用户识别码（TMSI），这本身可以等同为一种保护的方式，但当网络中没有存储与用户 IMSI 对应的 TMSI 的时候，就需要用户将 IMSI 发送给网络，在这种少有的场景下，IMSI 会暴露在空中接口中，可能被攻击者捕获。虽然没有明确的攻击方法，但因为 IMSI 是用户的长期身份标识信息，因此在 5G 中考虑对隐私保护进行进一步的增强。

此外，5G 网络中也存在无线信号干扰、非可信的非 3GPP 接入的场景等安全风险，这些风险在 LTE 中已经考虑。

4.1.2　核心网安全新挑战

5G 核心网的形态发生了非常大的变化，总结来说可以归纳为：云和虚拟化、服务化。云和虚拟化一方面引入虚拟化平台和软件的自身安全新挑战，从内部管理看也是新的资产和暴露面；另一方面云化还使得网络边界变得模糊，传统的边界防护能力不能适应。服务化的架构形成了两个方面的新挑战，一方面是 SBA 替代了传统的专用接口，使得内部网元互访变得更开放，暴露面增加；另一方面是为了向垂直行业提供能力，提供了新的网元与接口；此外，核心网互联互通信令方面存在历史遗留的安全风险，需要解决。

4.1.2.1　云和虚拟化安全

5G 核心网引入了虚拟化技术，基于通用硬件实现电信功能节点的软件化，通信网络从由传统电信功能网元构成演化成由 NFVI、业务通信系统及管理系统组合构成。NFV 等虚拟化技术使网元部署在云上，导致网络边界变得模糊，传统依靠物理隔离、部署安全手段的纵深防御体系不再适用，如何进行有效安全隔离及实施安全防护成为全新问题[3-4]。

5G 网络云化使得传统的网络安全的范畴扩展到了云安全领域。因此，除了组网、硬件的安全风险外，还需要考虑虚拟化的安全风险。主要包括：

- 虚拟化层安全，包括物理主机操作系统（Host OS）、数据库、Hypervisor、VIM 及其他软件组件的安全；
- 虚拟机和镜像的安全，包括大量采用开源和第三方软件的安全风险；
- 虚拟化环境下，管理控制功能高度集中，一旦其功能失效或被非法控制，将影响整个系统的安全稳定运行。

随着虚拟化的发展，5G 网元不再是基于专用电信架构——ATCA（Advanced Telecom Computing Architecture）的物理设备，而转变为基于通用 PC 服务器、虚拟化之后的功能软件，运行在虚拟机上。在以往网元以软硬一体的方式存在，且采用定制化方式开发，由于其非通用的特点而安全攻击事件不多。但随着 5G 网络中网元的集中部署与虚拟化，网元面临的安全风险更大，主要的新风险包括以下两种。

- 网元（软件）自身的安全性。随着目前软件研发趋势的改变，大量网元采用开源和第三方软件/组件，带来的安全风险也更多。

• 引入 SDN 技术面临的新风险。首先，SDN 控制器本身是一个新的网元，是一个新增的资产；其次，SDN 控制器被攻击后，可以控制大量的网元，会进一步放大攻击的效果。

本书第 7 章将专门分析云和虚拟化的安全，在此不再赘述。

4.1.2.2 服务化安全

5G 网络的一大特征是采用了基于服务化的架构，在服务化架构中，用网络功能代替了原来的网元，每个网络功能可以对外呈现通用的服务化接口，而不需要像传统网络那样，根据通信网络架构设定的接口对网元间的通信进行预先的定义和配置。这一机制促使 5G 网络功能可以以非常灵活的方式在网络中进行部署和管理，但这一机制也带来了安全问题。

（1）服务化使得内部安全风险加大

在此前的核心网架构中，每个网元只和固定的其他网元通过固定的接口进行通信，暴露面较小、防护策略易于制定。但在服务化架构中，各网元之间可以基于 HTTP/2 实现互访，安全的防护策略就更加重要。

对于传统网络而言，通信接口需要预先定义和配置，使得特定的协议消息只能在特定的网元间传输，而没有定义接口的网元之间无法直接通信，必须通过协议的设计，利用其他网元中转相关信息。例如，MME 和 PGW 之间的信息传输必须经过 SGW 进行信息的处理和中转。这个机制下，特定的信息不会被其他网元所获取，例如，对于认证机制来说，MME 与 HSS 间的认证向量响应消息包含非常敏感的认证参数以及会话密钥，一旦泄露，将会导致用户被伪造等严重后果。但由于接口是固定的，其他网元并不能获得 MME 与 HSS 之间传输的敏感信息，从而保证了信息传输的安全性。同时，由于接口需要提前定义和配置，实际网络中增加新的网元变得非常麻烦。这对于网络维护是非常不利的因素，但是从安全角度看，这也使得攻击者通过伪装成合法网元进行攻击的企图难以实现，在一定程度上保证了通信网络的安全[5]。

对于 5G 网络来说，引入服务化的架构以及使用 RESTful API（Application Programming Interface，应用编程接口），使得系统服务便于调用的同时，也使得原有固定的接口被打开。一方面，这使得 NF 的部署和更新变得更加容易和便捷，为攻击者构造攻击网络的 NF 提供了更便利的条件；另一方面，这就意味着每个 NF

均可以被其他 NF 所访问。这时，如果网络中存在非法的 NF 向特定 NF 请求敏感数据，例如虚构应用功能（AF）访问 UDM，或者利用合法的网络功能实体去获取原本不应当获取的数据，例如使用 SMF 访问 UDM 获取认证向量，均可以获得原本不应当获取的信息。

（2）能力开放形成了新的安全风险

在第 3 章，我们提到在 5G 网络中新增了服务域安全，该域的安全能力之一是保障 5G 核心网和外部网络之间的通信安全。而为了更好地服务第三方应用，5G 定义了一个重要的网络功能——NEF（Network Exposure Function），负责管理对外开放网络数据，所有的外部应用要想访问 5G 核心网内部数据，都必须要通过 NEF。

一方面，NEF 具备对外部应用提供 QoS 定制、移动性状态事件订阅、AF 请求分发等功能，这些对外接口与服务形成了新的暴露面，增加了安全风险；另一方面，NEF 同时也提供相应的安全能力与机制，将 5G 网络安全能力输出到外部应用中。

4.1.2.3　互联互通安全

虽然 NDS/IP 已经定义了运营商之间的安全协议，但该协议仅能保证运营商网络间的安全传输，而由于在 SS7、Diameter 协议设计时，考虑到电信运营商网络都被认为是可信的，因此并没有在不同运营商之间定义访问控制机制，也未对通信的两端进行认证。这就导致一旦攻击者入侵或者接入某一运营商网络之内，就能利用该运营商的通信网络与其他运营商进行通信，通过发送篡改的或者伪造的信令消息，获取用户数据，或者对用户数据进行修改，实现多种攻击。目前为了解决这类问题，在通信网络的边界处，需要部署防火墙、异常流量检测、接口功能隔离、拦截规则配置、信令审计系统等额外的安全解决方案，以解决协议缺陷导致的上述问题。但是这种安全机制仅能依赖于单个运营商的运营经验，无法得到其他运营商的配合，因此只能缓解攻击带来的安全问题，并不能彻底解决。所以 5G 网络的设计中首先要解决的就是目前设计中信令来源认证的问题。

在服务化的架构下，对于运营商之间的信令交互需要考虑更多的安全问题。因为即使采用基于网络域的方式提供安全服务的 NDS/IP，也无法对对端网元的身份进行真实性认证，与服务化架构不匹配。此外，服务化架构必然导致网络功能需要对外公开接口，也就意味着相关网元的信息需要对外公开，但是考虑到运营商的部署通常是敏感的，不愿意暴露给其他人，所以对于跨运营商的消息传输，还需要考虑对拓扑等相关信息更加严密的隐藏。

基于上述两方面的安全需求，5G 互联互通安全需要考虑以下新问题。

- 能够实现对运营商间传递的信息进行确认，确保运营商收到的信息是真正来自于对端运营商的，且获取的数据在合理的范围内。
- 能够实现对运营商间传递的信息的安全保护，能够提供完整性和加密保护，防止信息在传输途中被篡改、伪造或者其中的敏感信息被窃取。考虑运营商之间需要通过 IPX（IP Packet Exchange）进行中转传输，还需要安全机制能够保证一定的灵活性，使得 IPX 运营商能够对所需要的部分信息进行修改。
- 能够实现对网络功能间访问的信息进行跨运营商的认证和授权，以及实现对运营商内部拓扑的隐藏。

此外，在 5G 网络中，网络切片、边缘计算都是核心网的能力和组网模式，因为其与业务紧密关联，我们在第 4.2 节中结合业务分析其安全风险。

4.2 业务演进促进了 5G 新技术应用

5G 网络的主要新增需求场景是垂直行业，包括政府、能源、金融、交通、医疗等。为了实现对垂直行业更好的支撑，5G 网络在设计理念上就充分考虑多种通信场景，提供 eMBB、uRLLC、mIoT 三类有不同通信特点的业务接入能力，满足垂直行业应用对网络和通信能力的差异化需求。

为了支撑垂直行业的业务，5G 网络中采用切片和边缘计算的方式提供服务。在 eMBB 场景中，超高清、VR/AR 等将会大规模传播，采用专用切片、边缘计算更能保障 eMBB 场景下的业务需求。在 uRLLC 场景中，为了保证低时延和高可靠性，通常采用边缘计算节点或专用切片的方式保证业务指标的实现。在 mIoT 场景中，大量的 5G 终端将更可能造成信令风暴、DDoS 攻击等风险，为了限制其造成的影响，可以通过专用切片的方式来进行业务保障，同时避免安全风险横向扩散。因此，在业务驱动下，5G 网络新技术与新机制不断引入，也带来新的安全风险[6-7]。

（1）网络切片

切片构建在基础网络之上，采用虚拟化技术与服务化架构，通过安全隔离、能力开放和智能化调度等技术实现。网络切片是为客户提供定制化服务的基石，也是 5G 网络的重要模式。正是由于虚拟化、IT 化、软件化理念的引入，5G 网络具备了

“柔性”、可编程性和智能化特征。同时，也是由于新技术的引入，切片管理、维护复杂度大大降低，使运营商面向垂直行业提供网络切片服务，并根据垂直行业对网络能力的需求不断优化、持续迭代切片服务的能力成为现实。

网络切片与安全的关系可以从两个维度进行分析。

一方面，它为安全的定制化实现提供了基础。安全与带宽、时延等指标类似，是面向客户的服务质量等级的重要内容。运营商将为行业客户提供匹配其安全诉求的切片，并结合业务发展需求、技术进步趋势和安全态势变化，不断加强安全防范，以满足行业和社会对安全的要求。基于切片，可以实现不同的安全隔离机制、配置不同的安全算法、采用不同的安全认证手段等，这些能力可以更好地为垂直行业提供服务。

另一方面，切片是一个新技术，基于虚拟化技术实现，在共享的资源上实现逻辑隔离，其自身安全性是一个重要的方面。不同切片使用者之间资源的有效隔离、网络切片运维和运营安全的管理等方面，都是切片技术引入的安全新风险。如果没有采取适当的安全隔离机制和措施，当某个低防护能力的网络切片受到攻击时，攻击者可以此为跳板攻击其他切片，进而影响其正常运行。所以，切片自身也需要有对应的安全防护机制与管理手段，包括切片的安全隔离、应用安全、安全管理等。

（2）MEC

MEC 技术主要是指通过在靠近用户侧部署通用服务器，从而为移动网络提供 IT 和云计算的能力，强调靠近用户。MEC 使得接入网具备了业务本地化和近距离部署的条件，从而提供了高带宽、低时延的传输能力，同时业务面下沉形成本地化部署，可以有效降低对网络回传带宽、时延的要求和网络负荷。MEC 可在一定程度上解决 5G eMBB、uRLLC、mMTC 的业务需求，并助力运营商快速建立起与垂直行业的合作，为移动运营商增强用户黏性和业务黏性。在边缘计算场景中，运营商的网元 UPF 可能下沉到用户侧，同时运营商也可能负责边缘节点的建设与运维。

因此，边缘计算技术的引入带来的安全风险包括以下四方面。

- 边缘计算分流所需要的用户面功能（UPF）下沉到网络的边缘，使得运营商的核心网边界前移。边缘节点中的 UPF 设备部署在用户侧，可能是行业客户的机房；在部署到相对不安全的物理环境时，受到物理攻击的可能性更大。
- 边缘计算节点的应用安全可能影响运营商核心网。边缘计算中的应用可能穿透 UPF，对运营商的核心网设备形成攻击。

- 多接入边缘计算平台（MEC Platform）自身的安全。在多接入边缘计算平台上可部署多个应用，共享相关资源，一旦某个应用防护较弱被攻破，将会影响在多接入边缘计算平台上其他应用的安全运行。
- 多接入边缘计算平台还可能构建在 NFV 环境中，NFV 基础设施的安全威胁、MANO 安全威胁适用于 MEC。

4.3 通信基础设施的安全性更加重要

5G 作为实现万物互联的关键信息基础设施，应用场景从移动互联网拓展到工业互联网、车联网、物联网等更多领域，能够支撑更广范围、更深程度、更高水平的数字化转型，对经济发展具有关键性的促进作用[8-9]。

5G 在各类垂直行业中的融合应用将在网络规模部署后不断涌现，其特点与垂直领域高度相关，安全风险也呈现持续动态变化的特点。而能力开放的接口、安全能力的复用等问题会形成新的风险点。一是网络能力开放的安全将影响行业生产，如果网络被攻击，不能按预定的能力提供服务，将影响到政府、交通、金融等重要行业，甚至形成影响社会的关键问题；二是大量的重要行业业务信息在 5G 网络中流动，如果不能保障数据的安全性，一旦造成用户个人信息、网络数据和业务数据的泄露，将形成个人隐私或商业机密的泄露；三是网络能力开放接口采用互联网通用协议，会进一步将互联网已有的安全风险引入 5G 网络。

因此，5G 的能力开放使得 5G 网络与政府、能源、金融、交通运输、工业制造等重点行业形成大量交互，从某种角度来说，5G 网络的安全是国家安全的基础之一。若网络遭入侵，将会严重影响各类关键系统的稳定运行，进而严重威胁经济社会稳定和人民生产生活。

美国、欧盟等纷纷发布 5G 安全战略，分析 5G 安全引发的安全风险，甚至将 5G 网络的安全性与国家安全、经济安全和其他国家利益以及全球稳定性相关联。从世界各国已发布的文件的内容分析，全球目前已经基本形成 5G 安全的共识，主要包括：5G 网络是国家基础设施，安全性尤为重要；5G 网络的安全性不仅包括技术方面，还包括供应链安全；5G 安全的评估工作亟待进行。

（1）美国

2019 年 4 月 3 日，美国国防部国防创新委员会发布了《5G 生态系统：对美国国防部的风险与机遇》报告。该报告重点分析了 5G 发展历程、目前全球竞争态势以及 5G 技术对美国国防部的影响与挑战，并在频谱政策、供应链和基础设施安全等方面提出了建议。

美国副总统彭斯于 2019 年 9 月 2 日访问波兰，与波兰总理莫拉维茨基签署《5G 安全声明》。该声明强调了 5G 网络的重要性，称“所有国家都必须确保值得信赖和可靠的供应商参与网络”，必须确定一家供应商“是否受外国政府控制、拥有透明的所有权结构、是否遵守商业道德规范、处在确保商业行为公开透明的法律机制下”。

2020 年 2 月 5 日，美国国防部下属的前沿高科技研发机构——DARPA（国防高级研究计划局）发布了《开放可编程安全 5G（OPS-5G）项目意见征集书》，正式启用 OPS-5G 计划。该项目的目标是构建一个源代码开放、可编程、安全的 5G 软件系统，减少对不信任设备的依赖。其实质是美国以安全为由，利用其优势，通过和“友好”国家合作，形成一个对美国友好的网络新生态，建立以美国为主导的 5G 技术引导力。

2020 年 3 月 23 日，美国总统特朗普签署了《National Strategy To Secure 5G of the United States of America》，即《美国 5G 安全国家战略》。该战略阐述了“美国要与盟友共同领导安全可靠的 5G 通信基础设施”的愿景，提出与引领全球 5G 开发、部署和管理相关的 4 项战略措施，重点在于供应链安全审查、5G 安全风险评估以及 5G 标准化等措施。

（2）欧盟

2019 年 3 月 26 日，欧盟委员会通过了《5G 网络安全建议》，呼吁欧盟成员国完成国家风险评估、审查国家安全措施，并在整个欧盟层面共同开展统一风险评估工作。2019 年 10 月 9 日，欧盟委员会基于各成员国的国家风险评估，发布了欧盟《5G 网络安全风险评估报告》，为国家和整个欧盟层面制定缓解措施提供了基础。

2020 年 1 月 29 日，欧盟发布了《欧盟 5G 安全风险缓解工具箱》（Cybersecurity of 5G Networks EU Toolbox of Risk Mitigating Measures）文件，要求欧盟成员国评估 5G 供应商的风险情况，对所谓“高风险”供应商设限。该文件中提出的“5G 安全风险缓解工具箱”是针对分类的安全风险定义的一套缓解措施和支持方法的组合，包含 8 种战略和 11 种技术缓解措施，以及 10 种支持方法。

（3）32 国的布拉格会议

2019 年 5 月在捷克首都布拉格召开了布拉格 5G 安全大会。此次会议由捷克总理主持，主要参会代表来自于北美、西欧、东欧、日韩、澳大利亚和以色列等 32 个国家和地区，主要讨论 5G 时代的国家安全等。

本次会议中，美国采用了新的方式对 5G 的建设要求提出了限定条件，美国提出的限定方式强调制定严格的网络安全标准，而不是禁止特定的公司。由于部分国家尚未就 5G 安全做出最终判断，所以会议并未形成有约束力的条款，但会议就部分 5G 安全的认识达成共识。5 月 3 日，与会各国代表发布了一份非约束性的共同声明，即关于 5G 安全的“布拉格提案”，首次提出“应该考虑到第三国政府影响供应商的整体风险”。

4.4 小结

5G 网络与垂直行业深度融合的特点，导致 5G 安全问题将不仅影响人和人之间的通信，还将会影响到各行各业，有些场景甚至可能威胁到人们的生命财产安全乃至国家安全。因此，需充分认识 5G 安全的复杂性及重要性，分析其安全风险并制定对应的防护技术。

从整体上看，5G 网络架构中的开放、云化和虚拟化形成了新的风险点；5G 垂直行业的业务需求、5G 提供的切片与边缘计算技术也将形成新的挑战；5G 网络供应链安全方面的考量也将成为将来的工作重点。

尽管 5G 网络引入的网络功能虚拟化、网络切片、边缘计算、网络能力开放等关键技术，一定程度上带来了新的安全威胁和风险，对数据保护、安全防护和运营部署等方面提出了更高要求，但这些技术的引入也是逐步推进和不断迭代的，其伴生而来的安全风险，既可通过强化事前风险评估，也可在事中事后环节采取相应的技术解决方案和安全保障措施，予以缓解和应对。

参考文献

[1] 王晓云，刘光毅，丁海煜，等. 5G 技术与标准[M]. 北京：电子工业出版社，2019.

[2] 3GPP. 3GPP system architecture evolution (SAE)-security architecture: TS33.401 V15.6.0[S]. 2018.

[3] RUPPRECHT D, KOHLS K, HOLZ T, et al. Breaking LTE on layer two[EB]. 2016.

[4] 齐旻鹏, 粟栗, 彭晋. 5G 网间互联互通安全机制研究[J]. 移动通信, 2019, 43(10): 13-18.

[5] European Network and Security Agency(ENISA). Threat landscape for 5G networks[EB]. 2019.

[6] European Telecommunications Standards Institute. ETSI GS NFV-SEC 001 V1.1.1[EB]. 2016.

[7] European Union Agency for Cybersecurity. EU coordinated risk assessment on cybersecurity in 5G networks[EB]. 2019.

[8] IMT-2020(5G)推进组. 5G 网络安全需求与架构白皮书[R]. 2017.

[9] IMT-2020(5G)推进组. 5G 安全报告[R]. 2020.

第 5 章 5G 安全标准

安全标准是保障移动通信网络安全的基石，是开展网络安全设计、部署和运营的基础，是实现全球互联互通和产业发展的前提。本章主要介绍移动通信网络安全领域具有重要作用的国际与国内标准及行业组织，以及这些组织在 5G 移动通信网络安全方面制定的重要标准。

移动通信系统在 2G 时代就已经形成了全球标准。在 5G 时代，在全球产业链的共同努力和支持下，5G 标准更加统一和完善。同各类 5G 技术标准一样，5G 安全标准也是在前面各代通信系统安全标准的基础上一步步演进而来的。根据其解决的问题和发展的脉络，与 5G 安全相关的标准可以说是沿着如下三条主线展开的。

第一条主线是 5G 系统本身的端到端安全机制，具体来讲就是安全技术在 5G 系统中的应用，以满足 5G 系统的安全需求，比如在第 3 章讲到的安全特性（如机密性保护、完整性保护等）在 5G 系统中的体现。这条主线中的技术标准主要是由 3GPP 制定的，当然也会引用到 IETF、W3C 等标准组织设计的相关技术标准。基本上可以说，5G 系统本身的安全机制是随着移动通信系统的代际演进而来的；同时，加上产业界和学术界通过发现上一代系统的安全漏洞和设计缺陷，需要在新的代际系统中进行修补和改进，从而形成了相关的标准。在这个过程中，GSMA（全球移动通信系统协会）也扮演着重要的角色，通过将学术界或工业界发现的通信系统安全漏洞告知 3GPP，以推进相关解决方案的形成。这一部分标准涉及的具体的 5G 安全技术将在第 6 章详细介绍。

第二条主线是由 5G 系统的业务场景特性牵引而出的安全标准。5G 系统和场景的最大变化是不仅连接人与人，而且要支持万物互联，以满足各行各业的通信需求。而 5G 安全面临的最大挑战也是来自 5G 与垂直行业的结合。由于通信产业链的变化，越来越多的垂直行业加入，这些产业链上的新行业应用增加了 5G 安全的复杂度，也对 5G 安全提出了新的诉求。而最好的协同和解决所有产业链各方需求的方法便是制定公认的标准。因此，各个标准组织在制定 5G 安全标准时，均考虑了垂直行业的安全诉求。3GPP 制定的 5G 安全标准，在 Release 15 主要针对 eMBB 场景，在 Release 16 时引入了 uRLLC 和 CIoT 的安全研究课题，并且启动了独立的垂直行业安全标准课题等以评估和解决垂直行业的安全诉求。

第三条主线是对移动通信系统中设备的安全认证和安全评估标准，以帮助电信运营商及监管机构评估和度量当前使用的网络设备的安全性。这套标准在 4G 时代就已经起步了，由 GSMA 和 3GPP 协作推动。在 5G 时代，这套标准变得更加丰富和成熟，GSMA 编制了一套网络设备安全保证体系（Network Equipment Security Assurance Scheme，NESAS）的指引性文档，目标是通过制定业界认同的安全基线，对设备商提供的整个生命周期的产品安全性进行评估和度量，从而为设备厂商和运营商提供安全保证。这套标准制定了设备安全审计评估的方法论、流程等，并引用 3GPP 制定的 SCAS（Security Assurance Specification）系列规范作为测试评估的要求。对这套标准的具体解读将在第 12 章介绍。

本章将介绍与 5G 安全相关的重要国际标准和产业组织，以及它们在该领域的工作进展、成果及后续计划。

5.1　第三代合作伙伴计划（3GPP）

第三代合作伙伴计划最初是由 7 家电信标准开发组织（ARIB、ATIS、CCSA、ETSI、TSDSI、TTA、TTC，被称为组织合作伙伴）联合起来的合作组织，当时的目标是共同制定 3G 标准[1]。现已发展为移动通信领域专业性最高、覆盖范围最广、影响最大的国际标准组织。3GPP 规范由各合作伙伴下属公司代表共同制定，涵盖包括无线电接入、核心网络和服务能力在内的蜂窝通信技术标准，为移动通信提供完整的系统规范；并根据时间的推进逐版本（Release）发布和更新规范，从而保持每代特性的稳定性和演进性，以便于设备厂商根据每一代的特性开发相应的产品。此外，随着蜂窝通信网络 IP 化和固移融合节奏的加快，3GPP 规范还为核心网络的非无线接入以及与非 3GPP 网络的互通提供了接口。因此，3GPP 重点解决无线通信网络整体架构与接口要求，其工作职责与目标相对集中。

3GPP 设定了三个技术规范组，分别是无线接入网（Radio Access Network，RAN）规范组，制定与无线蜂窝接入相关的技术标准；服务和系统方面（Services & Systems Aspect，SA）规范组，定义无线通信网络的整体要求，系统架构与机制、安全架构与机制、网管与支撑系统架构与机制，以及面向上层应用的架构与机制等；核心网络和终端（Core Network & Terminal，CT）规范组，定义具体核心网和终端的实现要求。其中，SA 规范组下设的第三小组 SA3，专门负责解决无线通信领域所遇到的安全与隐私问题，制定相应的安全规范。

在长期的网络演进过程中，3GPP 所制定的每一代通信网络的无线系统和核心网网络系统共同演进，例如：3G 系统的 UTRAN 无线子系统，对应 UMTS 核心网子系统；4G 系统的 LTE/E-UTRAN 子系统，对应 EPC 核心网子系统。这一原则在 5G 时被打破。3GPP 在制定 5G 标准（Release 15）时，考虑到 5G 系统的后向兼容性，以及市场商用的节奏和步伐，将 5G 网络架构分为独立组网架构和非独立组网架构。非独立组网架构无须建设新的 5G 核心网，使用 5G 无线子系统对接 4G 核心网子系统，可以节省标准制定和产品开发的时间，以满足市场的紧迫需求；而独立组网架构定义了完整的 5G 系统，需要使用全新的 5G 核心网和 5G 无线子系统，虽在标准制定和产品开发周期上慢于非独立组网架构，但却具有新技术特点、满足新业务需求，是真正意义上的 5G 系统。

3GPP SA3 制定的 TS33.501 Security Architecture and Procedures for 5G System[2]，是针对 5G 独立组网架构的 5G 安全架构、安全特征以及 5G 系统、核心网、无线方面的安全流程及机制而制定的标准。除此之外，3GPP 还制定了各网元功能及组网、交互的安全规范、网络设备安全保障的相关规范、网络能力开放的相关规范等。

上述提到的 5G 安全标准的第一条主线，主要体现在 3GPP 制定的 5G 安全标准中，端到端的安全机制主要在 TS33.501[2]标准中制定。从 Release 16 开始，对于 5G 新场景和垂直行业的需求，相关的安全标准在研究阶段分布在不同的 TR（Technical Report）中，在标准制定阶段，并未形成单独的 TS（Technical Specification），而是多以附录的形式纳入 3GPP TS33.501 中。

5.1.1 5G 安全一阶段标准（R15）

其实在 5G 其他技术标准出现前，3GPP SA3 安全组就已经开始考虑 5G 的安全标准需要解决的问题。如本章开头所述，工业界和学术界在 4G 时代已经发现了一些安全问题和漏洞，这些在 5G 安全一阶段标准研究的过程中进行了讨论和解决。

在这个阶段中，5G 安全的考量主要承袭 4G 的安全机制并进行改进，考虑与接入认证、加密与完整性保护、隐私保护、基于服务化架构的安全、互联互通安全等领域相关的安全问题。这些研究成果，最终写入了 TS33.501 中，囊括了 5G 安全一阶段的所有技术改进点，主要包括以下几方面。

- 接入认证：增加了归属网络控制的 5G AKA，以及进一步在 3GPP 接入场景下引入了基于 EAP 的认证框架。
- 加密与完整性保护：空口接入安全机制中，用户面安全终结于 RAN 侧的 CU 单元。初始的接入信息（即安全上下文建立之前的接入消息）也开始提供加密和完整性保护能力。另外，开始为用户面消息提供完整性保护能力，并能够提供切片级的安全功能使用配置。
- 隐私保护：增加了对用户身份的加密保护，防止用户的永久身份在初始附着或者网络问询用户身份时的泄露。为保证用户身份加密不影响信令路由，还在加密身份内引入了路由信息，以及归属网络和拜访网络之间传递用户永久身份的机制。基于该机制，对用户 USIM 卡提出了新的要求。
- 基于服务化架构的安全：针对服务化架构，引入对网络功能实体之间的认证与授权机制，并考虑在漫游场景下的跨运营商认证和授权的能力。
- 互联互通安全：在运营商之间引入了信令边界安全网元用于信令安全中转，增加了基于 TLS 的传输安全机制，以及基于应用层的传输安全机制。在边界安全网元处可实现对信令来源的验证，并保证传输的信息仅能够在合法的 IPX（IP Packet Exchange）处进行授权的修改，有效防止伪造和篡改的信息转发。

5.1.2　安全保障标准

随着 5G 一阶段安全机制制定的逐步完成，3GPP SA3 于 2018 年 1 月启动了与 5G 安全保障标准（Security Assurance Specification，SCAS）相关的制定工作。这部分工作与之后介绍的 5G 安全二阶段标准的制定同步进行。

5G 安全保障标准可以提供全球通用的设备安全要求与测试用例，帮助运营商设定统一的安全要求，使运营商依据该标准体系采购的设备能够具备最基本的安全保障能力，同时也能够帮助设备厂商证明依据该标准体系生产的设备具有基本的安全性。

根据 5G 网络的架构，5G 安全保障涉及 gNB、AMF、SMF、AUSF（Authentication Server Function，认证服务器功能）、UDM、NEF、UPF、NRF 等具体网元设备的安

全评估。此外，在 2018 年 8 月，考虑到虚拟化设备的引入所面临的的安全威胁和安全测试难题，3GPP SA3 启动了关于虚拟化网元保障评估的研究项目[3]，旨在分析在虚拟化环境下的网元或网络功能实体在安全评估上存在的新的安全要求和测试方法。目前该研究项目还在进行中，预计 2020 年年底结项。

5.1.3 5G 安全二阶段标准（R16）

随着 3GPP 的推进计划，从 2018 年中起的 Release 16 阶段，3GPP SA3 启动了 5G 安全二阶段标准的制定工作。这个阶段的安全标准主要侧重于适配更多的业务场景，进一步完善功能，重点考虑大规模物联网和高可靠低时延场景，以及更多的认证能力和能力开放等问题。

- 新业务的安全：大规模物联网场景的安全、高可靠低时延场景的安全、位置服务的安全、垂直领域局域网接入的安全、固移融合的安全、5G 语音连续性的安全等。
- 老问题的深入研究：安全上下文建立之前的伪基站问题，虚拟化对网络架构/网元/网络功能的影响等。
- 遗留问题的重新启动：由于版本时间限制，对在一阶段搁置的问题重新研究和标准化，包括：安全凭证的更新、算法协商机制的增强、认证机制的增强、切片安全的增强等。
- 开放更多的能力：认证和密钥管理能力的开放。

1. **新业务的安全**

CIoT 是 5G 安全二阶段的重点课题，3GPP 在 2018 年 5 月启动了 CIoT 安全立项研究[4]，主要研究 5G 大规模物联网场景中的安全威胁，以及在 5G 系统实现蜂窝物联网场景中频发和非频发小数据的安全传输、IoT 设备接入 EPC 和 5GC 之间的互操作安全、5G NAS 承载用户面数据的传输安全、用户面终结在 5GC 的安全机制等。目前该项目的研究已基本完成，相关的安全机制也已写入 TS33.501[2]中。

uRLLC 作为 5G 三大场景之一，其安全机制的研究[5]于 2018 年 8 月在 3GPP 启动立项，主要研究针对高可靠传输场景，采用多路径传输下冗余通道的用户面安全机制，包括在 PDU（Packet Data Unit）会话的建立、切换时的安全考虑，以及是否在双连接模式下引入新的密钥等。面向低时延场景，考虑认证以及密钥协商过程的优化以降低时延，以及低时延场景下用户面的安全机制。此外，还统筹考虑所有

uRLLC 业务场景的安全策略以及多个 PDU 会话建立情况下的安全策略处理问题。目前该研究课题已经完成，对应的安全机制已写入 TS33.501[2]中。

针对垂直行业直接部署 5G 网络可能遇到的安全问题，主要考虑垂直行业部署独立的 5G 网络的场景、垂直行业部署 5G 网络与运营商网络交互的场景、垂直行业终端限定接入范围的场景等之中的安全问题，包括使用非运营商的凭证（Credential）带来的认证问题、密钥衍生问题，以及用户接入范围限制被篡改导致的终端被拒绝服务等问题展开研究。目前该项目[6]的研究课题已完成，对应的安全机制已写入 TS33.501[2]中。

2. 老问题的深入研究

伪基站问题长期困扰着移动通信网络，3GPP 于 2018 年 8 月启动的 5G 伪基站问题研究[7]主要针对 5G 中安全性未激活前的单播消息保护、系统消息的安全保护、信号干扰防护、身份验证中继攻击保护以及伪基站的防护进行解决方案研究。截至本书终稿，该研究在 3GPP 目前仍未达成明确结论，而针对伪基站问题的研究也会在 Release 17 继续展开技术与成本的博弈讨论。

3GPP 在 2018 年年底启动了针对虚拟化对 3GPP 网络带来的安全影响研究[8]，考虑到 3GPP 网络引入虚拟化所带来的安全问题主要包括：通过访问虚拟层平台从而访问到 VNF（Virtualized Network Function，虚拟化网络功能）、不同的 VNF 可能会使用相同共享密钥对、VNF 间的隔离机制设计、物理主机的漏洞等，该研究通过确定上述安全问题所带来的一系列安全挑战，识别相应的安全威胁并找出可能的解决方案。目前，该研究项目并未在 Release 16 中完成，将会顺延到 Release 17。

3. 遗留问题的重新启动

为了应对将来可能出现的量子计算对对称密钥体系的影响，3GPP SA3 开展了 5G 系统支持 256 位密钥的研究[9]，最终由于普遍认为量子计算机距离成熟商用、快捷有效地破解移动通信密钥还为时尚早，所以不建议在 Release 16 引入 256 位密钥算法，毕竟支持 256 位密钥将影响芯片、终端、设备的实现，最早将在 Release 17 开始考虑。

4. 开放更多的能力

5G 网络在支持运营商原有业务的基础上，也支持更多的能力开放，供垂直行业和应用使用。基于通信网络已有的安全认证机制，可以实现为应用层提供身份认证和会话密钥分发。3GPP SA3 在 2018 年 4 月启动基于 3GPP 凭证的应用层认证和密钥管理的研究项目[10]：即 AKMA（TR33.835: Authentication and Key Management for Applications Based on 3GPP Credential in 5G），以 5G 网络中海量设备的接入认证需

求及其应用的加密通信需求为切入点，研究 5G 网络中基于用户卡的业务认证和密钥分发方案，旨在向更多领域和行业应用提供运营商特有的安全保障。该研究项目已于 2019 年年底结题，所研究和制定的解决方案已经写入 3GPP TS33.535[11]中。

5.1.4 3GPP 5G 标准汇总

3GPP 中，与 5G 相关的标准见表 5-1。

表 5-1 3GPP 5G 安全相关标准一览

文档号	标题	内容简介
TS33.501	Security Architecture and Procedures for 5G System	制定针对 5G 独立组网架构下的 5G 安全架构、安全特征以及 5G 系统、核心网、无线方面的安全流程及机制
TS33.511～TS519	5G Security Assurance Specification (SCAS)	制定 5G 下各网络设备产品对应的安全保障要求规范，涉及 gNB、AMF、UPF、UDM、SMF、AUSF、SEPP、NRF、NEF 等设备
TS33.535	Authentication and Key Management for Applications Based on 3GPP Credentials in the 5G System (5GS)	制定 5G 下如何利用移动通信网络的凭证为上层业务提供认证和密钥管理的安全服务规范
TS33.112	Security Aspects of Common API Framework (CAPIF) for 3GPP Northbound APIs	3GPP 北向公共 API 的安全要求规范
TS33.434	Service Enabler Architecture Layer (SEAL); Security Aspects for Verticals	制定 5G 下为垂直行业考虑的业务能力开放架构的安全要求规范
TR33.848	Study on Security Impacts of Virtualization	主要分析了虚拟化对 3GPP 定义的网络架构的影响，从而分析安全威胁以及相应的安全需求
TR33.818	Security Assurance Methodology (SECAM) and Security Assurance Specification (SCAS) for 3GPP Virtualized Network Products	针对 3GPP 虚拟化网络产品的安全保障方法和安全保障规范标准进行研究
TR33.855	Study on Security Aspects of the 5G Service Based Architecture (SBA)	针对 5G 网络引入服务化接口，研究相应的安全问题及解决方案
TR33.809	Study on 5G Security Enhancements Against False Base Stations	研究 5G 网络中伪基站带来的安全威胁及隐私问题，并研究和评估对应的解决方案
TR33.813	Study on Security Aspects of Network Slicing Enhancement	针对 5G 切片场景以及特性，研究相应的安全需求及解决方案
TR33.825	Study on the Security of Ultra-Reliable Low-Latency Communication (uRLLC) for 5GS	针对 5G 超可靠低时延场景及其特性，研究相应的安全需求及解决方案
TR33.861	Study on Evolution of Cellular IoT Security for the 5G System	针对 5G 物联网场景以及特性，研究相应的安全需求及解决方案
TR33.819	Study on Security Enhancements of 5GS for Vertical and Local Area Network (LAN) Services	研究 5G 垂直行业的安全需求，并研究和评估对应的解决方案
TR33.814	Study on the Security of the Enhancement to the 5GC Location Services (LCS)	研究 5G 位置服务的安全威胁及安全需求，并研究和评估对应的解决方案
TR33.836	Study on Security Aspects of 3GPP Support for Advanced V2X Services	研究 5G 车联网的安全威胁及安全需求，并研究和评估对应的解决方案

5.2 国际电信联盟（ITU）

国际电信联盟是联合国下属负责信息通信技术（Information and Communication Technology，ICT）事务的专门机构，也是我国政府认可的重要国际标准组织。而其下属电信标准化部门 ITU-T，则是国际 ICT 标准的重要制定者。ITU-T 下各研究组汇集了来自世界各地的专家，制定被称为 ITU-T 建议书的国际标准，这些国际标准是全球信息通信技术基础设施的定义要素[12]。作为联合国的下属电信机构，ITU-T 的标准制定范围广泛，其中，研究组 17（Study Group 17，SG17）是 ITU-T 中专门负责制定安全领域国际标准的组织。SG17 下设的 4 个研究领域（Work Program）共 14 个研究小组（Question），研究范围涵盖网络安全、安全管理、安全架构和框架、反垃圾邮件以及身份管理、个人身份信息保护、物联网（IoT）、智能电网、智能手机应用和服务、软件定义网络（SDN）、网络服务、大数据分析、社交网络、云计算、移动金融系统、IPTV 和远程生物测定等领域的安全。

随着全球 5G 技术的研发和商用步伐进一步加快，5G 安全也成为 ITU-T 关注的焦点。SG17 第 6 研究小组（Q6）积极推动与 5G 直接相关的安全标准制定，主要包括以下几种。

- X.5Gsec-q: Security Guidelines for Applying Quantum-Safe Algorithms in 5G Systems，研究量子时代 5G 系统安全挑战，以及量子安全算法在 5G 中的应用，并提出相应的方案建议。
- X.5Gsec-t: Security Framework Based on Trust Relationship in 5G Ecosystem，研究 5G 生态系统中的信任关系，厘清安全边界，制定 5G 生态系统的安全框架。
- X.5Gsec-Guide: Security Guideline for 5G Communication System Based on ITU-T X.805，研究 5G 通信网络中的组件，描述通用的安全能力、组件面临的威胁及安全能力。该标准基于 ITU-T X.805 安全体系框架，研究 3GPP 5G 安全框架以及非 3GPP 的 5G 网络架构。
- X.5Gsec-ecs: Security Framework for 5G Edge Computing Services，研究 5G 中边缘计算的部署方式以及典型的应用场景，提出 5G 边缘计算的安全威胁、安全需求以及安全框架。

5G 网络拥有更加复杂的体系，面临更加复杂的环境，也更多地依赖其他基础技术。因此，ITU-T 在相关领域也制定了相应的安全标准，如 IT 基础安全领域标准、数据安全领域标准、管理安全领域标准等。此外，ITU-T 制定的一批重要技术标准在 5G 中得到了广泛应用，如证书技术、网络功能虚拟化技术、软件定义网络技术等相关的安全标准，主要包括以下几种。

- X.509:Information Technology-Open Systems Interconnection-The Directory: Public-Key and Attribute Certificate Frameworks，制定公钥证书格式的标准，以及公钥证书的签发和验证方法。
- X.1043: Security Framework and Requirements of Service Function Chain Based on Software Defined Networking，分析 SDN/NFV 网络软件定义存在的安全挑战，并给出相应的安全框架、安全需求及解决方案。
- X.srnv: Security Requirements of Network Virtualization，定义网络虚拟化的安全要求，针对网络虚拟化的安全挑战和威胁，提出网络虚拟化的物理资源层、虚拟资源层和 LINP 层的安全需求。
- X.SDSec: Guideline on Software-Defined Security in SDN/NFV Network，描述基于 SDN 的业务链安全，包括基于 SDN 的业务链安全架构、网元的安全威胁和安全要求、接口的安全、业务链策略管理以及相关的安全机制。
- X.SRIaaS： Security Requirements of Public Infrastructure as a Service（IaaS）in Cloud Computing，研究公有 IaaS 的安全需求，提高 IaaS CSP 在整个 IaaS 平台和服务的规划、构建和运行阶段整体安全水平。
- X.SRNaaS：Security Requirements of Network as a Service（NaaS）in Cloud Computing，分析网络即服务（NaaS）这一具有代表性的云服务类别的应用程序、NaaS 平台和 NaaS 连接面临的安全挑战和安全要求，帮助 NaaS 服务提供商解决安全问题。
- X.SRCaaS：Security Requirements for Communication as a Service（CaaS）Application Environments，提出通信即服务（CaaS）应用程序环境的安全要求，描述 CaaS 的场景和特性，并包含了多方通信的功能，定义由 CaaS 引入的特殊风险，提出身份欺诈、协调安全、多设备安全、反垃圾邮件、隐私保护、基础设施攻击、内部网攻击等方面的安全要求。
- X.sgtBD：Security Guidelines of Lifecycle Management for Telecom Big Data，研究电信运营商大数据全生命周期的各个阶段面临的安全威胁及风险，提出

相应的安全技术要求。

- X.1052-rev：Organization Information Security Management Guideline，为电信组织制定了安全指南，从而将 ITU-T X.1051 定义的控制目标和控制措施映射和集成到电信组织的组织管理和操作上。主要的安全管理过程包括风险评估、政策管理、操作和维护管理等。
- X.1054-rev：Governance of Information Security，提供有关信息安全治理的概念和原则的指导，通过这些概念和原则，可以评估、指导、监控和交流组织内与信息安全相关的活动。还可指导将基于 ISO/IEC 27001 的信息安全管理系统中管理的信息安全治理与在信息安全管理系统范围之外运行的治理活动相集成。
- X.Framcdc：Framework for the Creation and Operation of a Cyber Defense Center，提出建立和运营网络防御中心的框架，通过共享最佳实践，以灵活的方式建立、运营或扩展网络防御中心，满足组织的安全需求和业务战略。
- X.Ciag：Cyber Insurance Acquisition Guideline for Information and Communication Technologies (ICT) Services Provider，规定利用网络保障帮助管理网络事故影响的要求，以及利用安全风险评估结果与保险公司共享相关数据和信息的要求。

ITU-T 通过 5G 标准与这些标准的组合，进一步完善了 5G 安全标准体系。

| 5.3　欧洲电信标准化协会（ETSI） |

ETSI 是一个欧洲标准组织，是公认的制定电信、广播和其他电子通信网络和服务等领域规范的区域标准机构[13]。

虽然 ETSI 是欧洲电信标准化协会，但是由于其标准定义完善、内容规范、运作有效且具有前瞻性，因此具有巨大的影响力，ETSI 的许多标准也在事实上对全球其他国家和地区的系统要求和产品定义产生影响，在网络虚拟化领域更是如此。

ETSI 针对 5G 安全组织了多次专题研讨会，并制定了大量 NFV 和一些 MEC 安全方面的标准和研究报告。

ETSI NFV 安全方面的内容涉及 NFV 安全架构、隐私保护、MANO（管理和编

排）安全、证书管理、安全管理、安全部署等方面。当前主要发布了如下规范。

- GS NFV-SEC 001 Network Functions Virtualisation (NFV); NFV Security; Problem Statement：主要分析 NFV 的安全问题，基于一个典型的部署场景分析 NFV 引入的新安全风险。
- GS NFV-SEC 002 Network Functions Virtualisation (NFV); NFV Security; Cataloguing Security Features in Management Software, NFV Security; Cataloguing Security Features in Management Software：以 OpenStack 为例分析 NFV 管理软件的安全特性并分类，包括认证、授权、机密性、完整性保护、日志和审计等。
- GR NFV-SEC 003 Network Functions Virtualisation (NFV); NFV Security; Security and Trust Guidance：与传统非 NFV 进行比较，提出 NFV 安全和信任技术、实践和流程指南。
- GR NFV-SEC 005 Network Functions Virtualisation (NFV); Trust; Report on Certificate Management：在 NFV 体系中使用数字证书的 CA 体系的建议，列举了需要使用证书的场景。
- GS NFV-SEC 006 Network Functions Virtualisation (NFV); Security Guide; Report on Security Aspects and Regulatory Concerns：提出了 NFV 安全和监管体系指南，辅助指导开发者、架构师、设计师和软硬件提供者的合规工作。
- GR NFV-SEC 007 Network Functions Virtualisation (NFV); Trust; Report on Attestation Technologies and Practices for Secure Deployments：关于 NFV 安全部署中的认证技术和实践建议，包括：NFVI 安全能力、操作流程、互操作要求等方面。
- GS NFV-SEC 012 Network Functions Virtualisation (NFV); Security; System Architecture Specification for Execution of Sensitive NFV Components：针对包含敏感数据或算法的 NFV 部件，提出安全架构要求，包括技术保护措施、接口、软硬件要求等内容，并支持不同安全等级的实例在同一个平台上共存。
- GS NFV-SEC 013 Network Functions Virtualisation (NFV); Security ; Security Management and Monitoring Specification：定义安全管理和监控需求、架构、

协议、配置要求、安全分析等方面，提供安全配置和安全策略设计方法论。

- GS NFV-SEC 014 Network Functions Virtualisation (NFV); NFV Security; Security Specification for MANO Components and Reference Points：对 MANO 的部件（包括：NFVO、VNFM、VIM）和接口进行安全威胁分析。
- GR NFV-SEC 018 Network Functions Virtualisation (NFV); Security; Report on NFV Remote Attestation Architecture：定义和研究 NFV 系统的远程认证体系结构，包括认证范围的定义、相关者、接口和所需的协议。
- GS NFV-SEC 021 Network Functions Virtualisation (NFV); Security; VNF Package Security Specification：VNF 软件包的安全要求和流程，包括 VNF 软件包的真实性、机密性、完整性，加载期间的凭证存储和配置要求。
- GS NFV-SEC 022 Network Functions Virtualisation (NFV); Security; Access Token Specification for API Access：定义 VNF、VNFM、NFVO 和 VIM 之间定义的 API 访问令牌及元数据，包括 API 访问令牌的安全要求、令牌规格及元数据格式。

目前 ETSI 在 MEC 安全方面发布的研究成果较少，仅 GS MEC 002 Mobile Edge Computing （MEC）; Technical Requirements 中包含了对安全需求的描述。

5.4　全球移动通信系统协会（GSMA）

GSMA[14]是在 GSM 技术设计、推广和应用的过程中，由欧洲运营商和厂商逐步联合、协作、推广而发展起来的协作组织。它代表着全球移动运营商的利益，将 750 多家运营商与更广泛的移动生态系统中的近 400 家公司联合起来。GSMA 是一个产业推进组织，是世界移动大会（Mobile World Congress，MWC）等通信行业顶级展览会的主办者和推动者；同时，也会制定一些与产业协作、互联互通密切相关的技术规范。

GSMA 在标准制定方面偏向于解决运营商所面临的实际问题，以及运营商之间的互联互通问题。GSMA 中负责安全领域的工作组为欺诈与安全工作组（Fraud and Security Group，FASG），致力于推动与行业管理、移动技术、网络和服务相关的欺诈和安全事项，从而维护或加强对移动运营商基础设施、用户隐私及安全的保护，使移动运营商维持生态系统中值得信赖合作伙伴的形象。

在 5G 方面，GSMA 目前最重要的工作是制定网络设备安全保障体系。这个保障体系配合 3GPP SA3 所制定的网络设备产品安全保障规范（Security Assurance Specification，SCAS），实施对设备安全保障的执行要求。主要涉及如下规范。

- FS.13 NESAS-Overview：定义网络设备安全保障体系（NESAS）的总体架构，详细要求在 FS.14、FS.15 和 FS.16 中明确。
- FS.14 NESAS-Security Test Laboratory Accreditation：定义 NESAS 的安全测试实验室资质认证的流程和要求。
- FS.15 NESAS-Product Development and Lifecycle Accreditation Methodology：定义对产品开发和生命周期管理流程进行资质认证（Accreditation）的方法论，描述了执行审计和认证的过程。
- FS.16 NESAS-Product Development and Lifecycle Accreditation Security Requirements：定义厂商为了获得资质认证所需要满足的安全要求。

此外，面向 5G 安全，GSMA 还制定了适用于互联互通以及切片的相关安全规范，举例如下。

- IR.77 Interoperator IP Backbone Security Req. For Service and Inter Operator IP Backbone Providers：制定 IPX 网络的安全要求，包括 IPX 网络内部安全、IPX 网络间安全、服务供应商网络和 IPX 网络之间的安全以及数据机密性、完整性、可靠性等方面的安全要求。
- NR.116 Generic Network Slice Template：基于 3GPP Release 15 标准制定网络切片的通用模板，包括必选特性和可选特性。
- GSMA Network Slice Isolation：制定网络切片隔离的具体方案。

5.5 下一代移动通信网络（NGMN）运营商组织

下一代移动通信网络（Next Generation Mobile Network，NGMN）运营商组织是由国际主流运营商推动发起的、传递运营商对网络发展诉求的行业组织平台。NGMN 主要关注 5G、LTE-Advanced 及其生态系统的发展[15]。

目前，NGMN 中负责安全事务的工作组为安全能力小组（Security Competence Team，SCT）。SCT 主要为 NGMN 其他工作组持续提供安全建议，如为 5G 端到端架构白皮书补充安全建议，为 5G 预商用网络测试定义补充安全要求，为底层无线设备分离提供安全支撑等。此外，SCT 还发布了 5G 网络能力开放安全白皮书，并开始研究 5G 网络运维安全方面所面临的问题和挑战。

5.6　中国通信标准化协会（CCSA）

中国通信标准化协会（China Communications Standards Association，CCSA，以下简称“通标协”）是经业务主管部门批准，在国家社团登记管理机关登记，由国内从事信息通信技术领域标准化工作的科研、技术开发、设计、产品制造、运营等企事业单位及高等院校、社会团体自愿组成的行业性、全国性、开放性、非营利性社会组织[16]。通标协通过组织相关企事业单位开展信息通信标准化研究活动，公平、公正、公开地进行标准技术讨论，达成协调一致，形成高技术、高水平、高质量的标准，并推动标准的产业化实施，同时组织会员参与国际以及区域性标准组织的标准化活动。在国内，通标协是最具有影响力的通信行业组织协会，对我国各项通信行业政策制定、标准制定、设备实现以及入网认证都具有极大的影响力。

在通标协中，负责制定安全标准的主要有两大部门。一部分是标准技术委员会下设的第 8 委员会（TC8），专门负责制定面向公众服务的互联网的网络与信息安全标准、电信网与互联网结合中的网络与信息安全标准、特殊通信领域中的网络与信息安全标准等。另一部分则是专门负责无线通信的第 5 委员会（TC5）下设的第 5 组（WG5），专门负责制定无线领域的安全与加密等标准。因此，在 5G 移动通信安全上，主要以 TC5 WG5 牵头，制定与 5G 安全相关的核心规范。同时，也在 TC8 开展了部分与 5G 有一定关联但是更偏向于其他领域如大数据领域等的安全规范制定。

在 TC5 WG5 中，主要制定的 5G 安全规范如下。

- 《5G 移动通信网　安全技术要求》，制定对 5G SA 网络和 NSA 网络的基本安全要求。包括：5G 安全架构、安全需求、安全功能（加密算法、网元设备、认证流程等）实现等内容。是我国第一本真正意义上的 5G 安全标准。
- 《网络功能虚拟化（NFV）安全技术要求》，制定网络功能虚拟化领域的安全技术要求。

- 《移动通信网络设备安全保障通用要求》《5G 移动通信网络设备安全保障要求 核心网网络功能》《5G 移动通信网络设备安全保障要求 基站设备》，制定 5G 移动设备产品所需要具备的安全保障要求。

5.7 小结

标准在移动通信系统中具有基础而关键的作用，贯穿通信系统的整个生命周期。国际标准组织对 5G 安全标准的制定，为 5G 系统在产业链环境、系统架构设计、基础平台、设备实现方面都形成了统一的技术规格、要求和实现指引。而国内的通信行业标准化协会，实现了对国际标准的对接，并根据国内的实际情况制定了本地化的策略和方案，从而使得 5G 安全标准得以在国内 5G 网络研发、设计、建设和运维中真正的落地，为保障 5G 网络的正确实施和安全运营打下了坚实的基础。

参考文献

[1] 3GPP. 第三代移动通信合作伙伴计划(3GPP)简介[EB]. 2020.
[2] 3GPP. Security architecture and procedures for 5G system: TS33.501 V16.3.0[S]. 2020.
[3] 3GPP. Security assurance methodology (SECAM) and security assurance specification (SCAS) for 3GPP virtualized network products: TR33.818 V0.7.0[S]. 2020.
[4] 3GPP. Study on evolution of cellular IoT security for the 5G system: TR33.861 V1.6.0[S]. 2020.
[5] 3GPP. Study on the security of ultra-reliable low-latency communication (uRLLC) for 5GS: TR33.825 V16.0.0 [S]. 2020.
[6] 3GPP. Study on security enhancements of 5GS for vertical and local area network (LAN) services: TR33.819 V16.0.0 [S]. 2020.
[7] 3GPP. Study on 5G security enhancements against false base stations TR33.809 V0.9.0[S]. 2020.
[8] 3GPP. Study on security impacts of virtualization: TR33.848 V0.5.0[S]. 2020.
[9] 3GPP. Study on the support of 256-bit algorithms for 5G: TR33.841 V016.0.0[R]. 2019.
[10] 3GPP. Study on authentication and key management for applications based on 3GPP credential in 5G: TR33.835 V16.1.0[S]. 2019.
[11] 3GPP. Authentication and key management for applications based on 3GPP credential in 5G

V0.5.0[S]. 2020.
[12] ITU-T. 国际电信联盟电信标准化部门(ITU-T)简介[EB]. 2020.
[13] ETSI. 欧洲电信标准化协会(ETSI)简介[EB]. 2020.
[14] GSMA. 全球移动通信系统协会(GSMA)简介[EB]. 2020.
[15] NGMN. 下一代移动通信网络愿景与使命[EB]. 2020.
[16] CCSA. 中国通信标准化协会协会简介[EB]. 2020.

第6章
5G 系统安全

5G网络安全是整个 5G 系统的安全基石，为网络用户和业务提供安全保障和信任根基。本章重点介绍 5G 系统安全架构、与用户接入相关的安全要求、网络内的安全防护手段、与 2G/3G/4G 网络的互通安全以及 5G 的安全能力服务化等安全机制、要求与流程。

与 2G/3G/4G 相比，5G 在业务上更开放、在功能上更灵活、组网方式更多样，网络安全的能力必须与网络和业务的发展匹配；与此同时，攻防技术也在不断发展、对网络安全的认识也在不断深化。这些因素都促进了 5G 网络安全体系的进一步完善。在 ITU、3GPP、GSMA、NGMN 等国际组织中，来自世界各国、产业链各个方面的专家将各自的安全需求与解决方案融合，形成了 5G 网络的安全体系。与 2G/3G/4G 相比，5G 网络的安全设计在多个方面有重大的改变，其中重点包含以下 6 个方面。

- 在网络架构方面，5G 新增了基于 SBA 的服务域安全，使得 SBA 的网络功能能够在服务网络内以及与其他网络间进行安全通信。
- 在信任模型方面，5G 采用了“非信任”模式的理念，即假定用户、运营商网络（包括网络内部）、运营商之间、业务间都是非信任的，由此也带来了大量的网络架构和技术的变革。典型的内容包括：5G-AKA 接入认证算法的增强、核心网内部网元间的认证与授权、网间认证等，这些技术会在后面进行详细讲解。
- 在业务连接方面，5G 网络采用了服务的方式，通过切片对能力进行了定制化，同时通过 NEF 等网元实现对外能力开放，安全能力的开放也是 5G 安全设计的一大特点。
- 在密码算法方面，5G 考虑了量子计算机出现后对现有算法的潜在安全威胁，而对密码算法进行了增强。在 3GPP Release 16 中保持使用 128 位的算法，但仍在持续讨论使用 256 位算法进行安全性增强。
- 在完整性保护方面，5G 增加了对用户数据的完整性保护能力。从 3G 到 4G，一直都强调了对信令的完整性保护，但用户数据的完整性保护始终未能提供。到 5G 时代，数据应用超越了语音通话，完整性保护需求更强烈；而且在 4G 网络中也出现了部分场景可以针对用户数据进行篡改的攻击。同时，网络能力的增强，使得容忍额外的完整性保护开销成为可能；并且上层应用也变得越来越复杂，非 TCP 的应用场景也越来越多，所以对网络层的完整性保护需求也越来越迫切。

- 5G 网络设计时额外考虑了用户隐私保护。除了传统意义上的对信令和用户数据的机密性保护之外，5G 安全提出了一个新的诉求，即对可能出现在空口上的 IMSI（5G 中称为 SUPI）进行隐私保护。从 2G 到 4G，用户的永久身份标记信息都以明文在空口传播，在一定的条件下可被捕获与跟踪。但 5G 标准提供了一个新的、之前各代均不具备的加密特性，即在安全上下文建立之前，就可以对空口上出现的 IMSI（SUPI）进行加密，避免用户被跟踪，进一步增强用户隐私保护能力。

第 6.1 节～第 6.3 节介绍 5G 网络面对的安全环境变化、5G 的安全体系设计、5G 系统的安全特点；此后，将基于 3GPP TS33.501[1]的主线进行 5G 系统安全的整体介绍。

6.1　移动通信网络中信任环境的变化

信任是建立安全体系的前提和基础，没有基础的信任，就无法构造具有可行性的安全体系。随着移动通信网络技术的演进，底层技术、参与方、外部威胁都在不断发生变化。因此，本节从信任关系的变化过程入手，梳理 5G 信任模型，并在此基础上梳理并构建 5G 安全体系。

信任是信息安全界从社会科学中借用的词语。由于其概念抽象性和结构复杂性，对信任没有统一的定义，但是可抽取出共识的观点是：信任是一种依赖关系，信任是建立交易或交换关系的基础，基于信任能建立实体间的合作关系，信任产生安全感，安全感强化信任。与现实社会类似，在数字空间中，如果不以一些机制、方法或对象作为信任的假设和前提，无法从零开始建立起一套安全体系。比如，在 PKI 体系中，基于对证书授权中心（Certificate Authority，CA）的信任，才会相信其颁布的证书可信；进一步，因为信任私钥密码体系和安全算法，才能认证对方的身份。

移动通信网络从 2G 到 5G 的发展过程中，在业务能力、系统结构、组网模式和协议、互联互通机制等方面都发生了重大变化，信任环境和信任模型也在不断演进。

2G 网络中使用厂商的专有设备，采用 TDM 传输方式，使用专有的物理接口和 SS7 协议，所提供的业务仅限于语音通话、消息等简单业务，不对第三方提供访问和能力开放接口；不同国家、地区的 2G 网络通过 TDM 中继链路连接。因此，2G 网络是一个封闭的全信任专网，具有较高的安全等级。

3G/4G 网络中使用 IP 技术替代了 TDM，且支持了移动上网业务，相对于 2G 网络来说，可上网的终端是潜在的威胁主体和被攻击的对象。同时，由于移动通信业务的快速发展，运营商数量规模增大，虚拟运营商作为新生事物出现，部分运营商存在安全管理能力不足的情况；在语音专线、短信服务作为运营商网络能力对外开放的同时，监管手段不健全，会导致骚扰电话、虚假主叫通过互联互通接口落地到运营商网络中。为了规范和管理互操作安全，GSMA 引入和推广 IPX 进行网间互通业务疏通和安全管理。因此，3G/4G 是一个半信任、半开放的网络。

5G 将行业应用作为重要的业务拓展方向，在 SA 架构上引入了网络切片、边缘计算，垂直行业客户对其拥有的资源具有一定的运营管理能力；此外，5G 在架构层面将网络能力开放作为一个重要功能。这些变化决定了 5G 网络必须基于“非信任”的理念构建安全体系，从而引发了对 5G 网络信任模型的分析和研究。

3GPP SA3 前主席 Anand 对 5G 安全的概述中[2]，从数据安全的角度列举了一个 5G SA 架构下的网络功能信任模型，其中包括非漫游和漫游两种场景，如图 6-1 和图 6-2 所示。图 6-1 和图 6-2 中每个同心圆中，中心位置为信任根，从里向外信任等级依次降低。

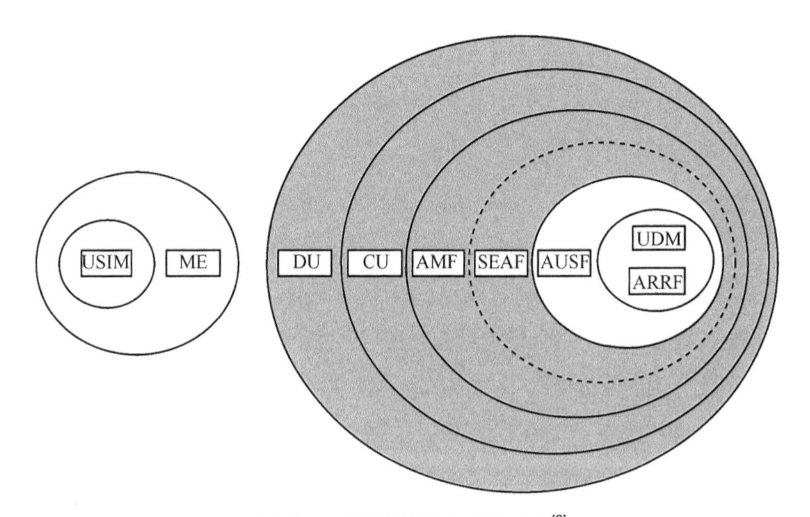

图 6-1　非漫游场景下的信任模型[2]

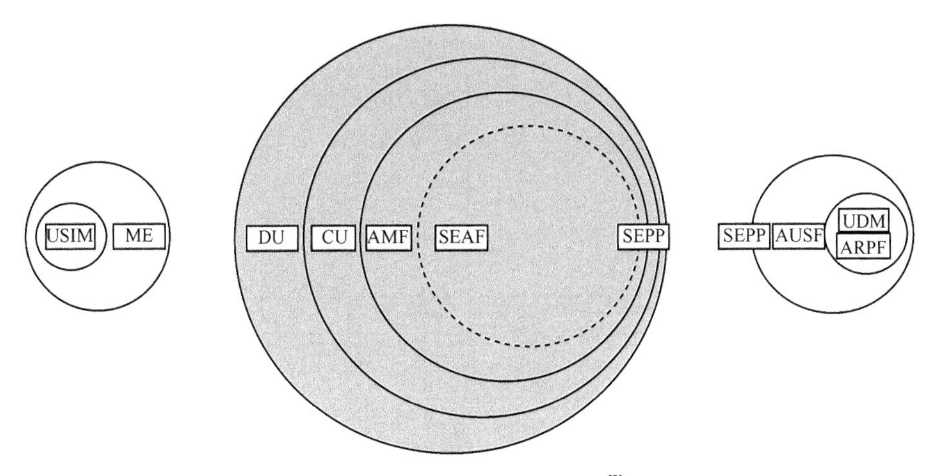

图 6-2　漫游场景下的信任模型[2]

UE 侧包括通用用户身份模块（USIM）和移动设备（ME），其中，USIM 保存用户标识和认证数据，是终端侧安全的基础。

无线接入侧分为分布式单元（DU）和中央单元（CU），DU 和 CU 共同构成 5G 基站 gNB。由于 DU 可能部署在无人管理的站点，因此从物理安全的角度看，信任等级最低。CU 和 N3IWF（Non-3GPP Interworking Function）是 AS 安全的终结点，需要部署在安全等级更高的物理环境中。

在核心网侧，AMF 是 NAS 安全的终结点。SEAF（Security Anchor Function，安全锚点功能）持有访问网络的根密钥 Anchor Key。在 3GPP 5G 一阶段规范中，AMF 与 SEAF 合设，因此目前用虚线标出。

AUSF 保存用户认证成功后导出的密钥，ARPF（Authentication Credential Repository and Processing Function）保存认证凭证。UDM 使用签约数据执行身份验证凭证生成、用户标识、服务和会话连续性等功能。因此，UDM、ARPF 是网络侧信任和安全的基础，需要最高等级的防护。

在漫游场景下，归属和被访问网络通过 SEPP 连接到对方网络的控制平面上，SEPP 提供互通信令完整性保护、链路安全管理等功能。

6.2　5G 安全的范围和目标

针对 5G 的业务场景、技术特点、信任模型变化以及面对的安全威胁，5G 安全

体系将使用多种安全技术，强化安全运营管理手段，从终端安全、接入网安全、核心网安全和业务安全多层面设计安全机制；通过完备的防护措施、齐全的检测手段、迅速的管控能力、健全的运维体系，实现 5G 网络和业务自身的安全可靠；同时能够按需对外提供安全能力开放。与 5G 安全相关的范围如图 6-3 所示。

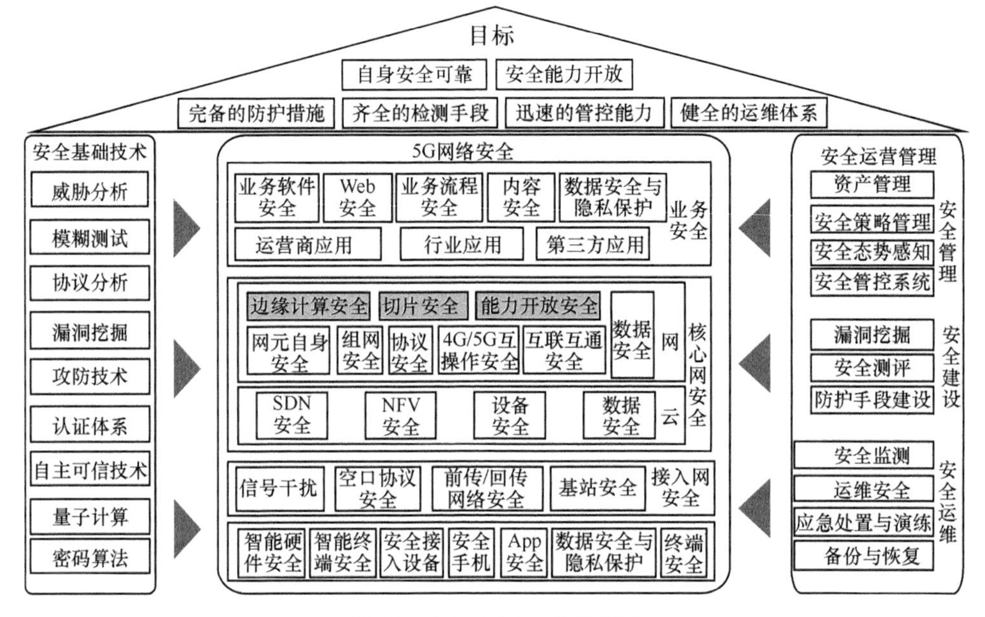

图 6-3　与 5G 安全相关的范围

（1）安全基础技术

包括针对技术和业务特点进行针对性的威胁分析和漏洞挖掘技术研究；对新引入的协议和 2G/3G/4G 互操作协议的安全分析；建立与系统安全相关的模糊测试手段和流程，完善安全认证体系；强化应急演练和攻防技术；加强自主可控的可信技术的研发和引入；前瞻性考虑量子计算、密码算法等技术的新进展，提前做好储备和预案。

（2）5G 网络安全

（a）终端安全

除了传统用户终端、物联网终端外，还将包括大量差异性行业终端、智能硬件，需要从智能硬件、智能终端、安全接入设备（网关）、专用安全手机、App 安全等方面加强安全能力，另外，数据安全和隐私保护也是终端安全的重点方向。

（b）接入网安全：包括基站、传输网等实体设备安全防护方案，此外，还包括空口信号干扰、协议安全等。

（c）核心网安全，包括云和网两部分。

- 云安全：包括物理设备安全、NFV 安全、SDN 安全，以及与这些设备通信的数据、存储在设备中的数据安全。
- 网安全：首先是网元自身的安全、网元间组网、通信机制和通信协议安全，其次，还包括与 2G/3G/4G 互操作安全、与其他运营商互联互通安全；最重要的是，5G 核心网架构中新引入的边缘计算、网络切片、网络能力开放等功能需要对应的安全防护机制；此外，这一层同样需要考虑与这些设备通信的数据、存储在设备中的数据、以及这些设备处理的数据的安全。

（d）业务安全，从类别上分为：运营商自有业务安全、行业应用安全、第三方/互联网应用安全；从功能角度看，包括业务软件自身安全、Web 应用安全、业务流程安全、内容安全；此外，还包括数据安全和隐私保护。

（3）安全运营管理

安全运营管理是实施系统和业务安全机制、保障安全能力持续有效，最终实现安全目标的重要活动，安全运营管理包括以下三方面。

（a） 安全建设：构建满足安全运营需要的工具体系，包括：系统漏洞挖掘、安全测评、防护手段和工具等。

（b） 安全管理：借助软硬件资产管理、安全态势感知以及安全的管控工具和系统，体系化实施安全配置和安全策略管理。

（c） 安全运维：制定完善的运维流程和管理、责任和考核制度；建立业务连续性和灾难恢复计划，并定期进行演练，确保计划可行、措施有效、保障得力；持续进行系统安全监测，确保系统随时处于安全运行状态。

6.3　5G 安全特点

4G 网络的认证、加密算法的安全性已经在现网规模化应用中得到了检验。5G 不仅继承了被大规模验证的有效 4G 安全特性，还对许多安全特性进行了增强。此外，还针对垂直行业需求提供了更强大的扩展安全能力。

5G 安全的特点如下。

（1）更全面的数据安全保护

在机密性保护的密码算法方面，5G 沿用了 4G 所采用的 AES、SNOW 3G、ZUC 等算法，这些算法密钥长度为 128 位，已被业界证明非常安全。为了应对将来可能出现的量子计算对对称密钥体系的影响，5G 系统对 256 位密钥的支持也在研究之中。

5G 安全对用户数据的完整性保护要求更严格。在 5G 之前，通信系统对网络信令进行完整性保护，避免被恶意篡改；5G 进一步增强了完整性保护的要求，除信令外，可根据应用需要对用户面数据开启完整性保护功能，确保用户业务数据在空中接口传输时不会被恶意篡改。

（2）更丰富的认证机制支持

4G 网络的 AKA 认证机制具备很高的安全性。5G 网络认证一方面继承了 AKA 框架，并在机制和能力上进行了增强，称为 5G-AKA；另一方面，引入了 EAP 认证框架，支持将 EAP-AKA'作为 5G 网络的基本认证方法。

首先，5G-AKA 增强了归属网络对认证的控制。不仅提供对用户的认证，还提供对拜访网络的认证，防止拜访网络虚报用户漫游状态、恶意扣费等情况发生。

其次，5G 认证机制新增了对 EAP 认证框架的支持。5G 为垂直行业的信息化应用提供服务，而这些应用通常已经存在一些认证方式和认证基础设施。因此，5G 在支持这些应用场景时，既需要兼容垂直行业应用已有的认证机制，又需要具备良好的扩展性。5G EAP 认证框架既可运行在数据链路层（即 3GPP 所谓的 Non-IP）上，也可以运行于 TCP 或 UDP 之上；可支持多种认证协议，如 EAP-PSK、EAP-TLS、EAP-AKA、EAP-AKA'等；可支持垂直行业的多种已有应用，并可扩展适配垂直行业应用所需的新认证能力。

（3）更严密的用户隐私保护

在 2G 至 4G 网络中，网络和终端通常使用临时移动用户识别码交互，以避免国际移动用户识别码被攻击者窃取，能够在大部分情况下为用户提供隐私保护。但在终端初始接入网络、临时标识和永久标识不同步时，网络会请求终端发送永久标识到网络进行认证，永久标识会包含在信令中，短暂地出现在无线信道上。攻击者可使用 IMSI Catcher 等工具获取用户标识，并进一步构造攻击或追踪用户。

5G 网络利用用户卡上存储的归属运营商的公钥对用户的永久标识加密，不再在空口上明文传输用户的永久标识，从而更加有效地保护了用户的隐私。为抵御中间人攻击，归属运营商的公钥可在发卡阶段直接预置在用户卡内，而不是通过网络下发进行配置或更新。

（4）更灵活的网间信息保护

随着全球通信网的发展，运营商之间的网络互联互通日渐复杂，5G 为保护互联互通信息的机密性和完整性，在网络中新增了安全边界保护代理（SEPP）设备。SEPP 设备在运营商之间建立 TLS 安全传输通道或参与互联互通的运营商以及协助互联互通的中转商之间可以基于共同认同的安全策略，对传输的信息中需要进行保护的字段（用 JSON 等方式编码）进行机密性和完整性保护，有效防止重要数据在传输过程中被篡改和窃听。

6.4 5G 系统安全架构

6.4.1 安全域

3GPP 定义的 5G 系统的安全架构对安全能力进行了归类，并纳入不同的逻辑网络功能域中。3GPP 从用户、接入网、核心网（包括归属网络、服务网络）、应用、管理的角度给出了安全能力的归纳，也称为安全域（Security Domain）或者域安全（Domain Security）。由于 3GPP 中定义的安全域实际上是安全能力集，与我们常说的信任边界与安全域的划分的概念有区别。为了保持概念上的一致，在描述 5G 安全的整体框架时，使用“域安全”。3GPP 33.501 定义的 5G 安全架构如图 6-4 所示[1]。

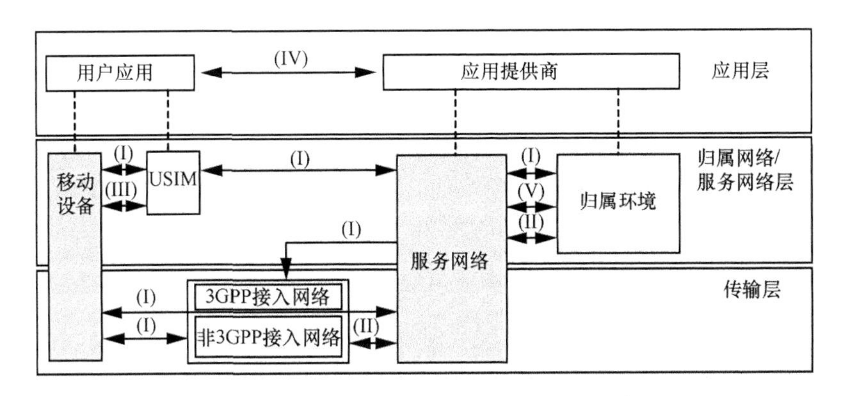

图 6-4 3GPP 33.501 定义的 5G 安全架构[1]

5G 安全架构包括如下域安全。

- 接入域安全（I）：包括一组安全功能，使 UE（由 ME 和 USIM 两部分构成）能够安全地通过网络进行认证及接入（包括 3GPP 接入和 Non-3GPP 接入）服务，特别是防止无线接口的攻击。此外，针对接入安全，还包括从服务网络到接入网络的安全上下文传输。
- 网络域安全（II）：包括一组安全功能，使得网络节点/功能能够安全地交换信令数据和用户面数据。
- 用户域安全（III）：包括一组安全功能，对用户接入移动设备进行安全保护。
- 应用域安全（IV）：包括一组安全功能，使用户域和应用域中的应用能够安全地交换消息。
- 基于 SBA 的服务域安全（V）：包括一组安全功能，使得 SBA 的网络功能能够在服务网络内以及与其他网络进行安全通信。具体功能包括网络功能注册、发现和授权安全，以及对基于服务的接口的保护。
- 安全的可视性和可配置性（VI）：一组安全功能，使用户能够获知安全功能是否正常运行。作为一种非架构层面的安全域，该域在图 6-4 中没有显示。

6.4.2 5G 核心网络中的安全实体

5G 系统架构在 5G 核心网中引入了以下安全功能。

- AUSF：该功能处理所有 3GPP 接入和非 3GPP 接入的认证请求；AUSF 只能在认证成功之后才能将 SUPI 提供给拜访网络；且 AUSF 会向 UDM 通知认证结果（成功或失败）。
- ARPF：该功能存储所有 UE 的身份和凭证，并基于 UE 的身份和凭证产生 UE 接入所需的初始认证向量参数。
- SIDF（Subscription Identifier De-Concealing Function，用户标识去隐藏功能）：该功能根据 SUCI 中所指示的保护方式，将 SUCI 解密还原为 SUPI；该功能存储与 SUCI 解密相关的私钥等参数。
- SEAF：SEAF 通过服务网络中的 AMF 提供认证功能，且支持使用 SUCI 的主认证。

6.4.3 5G 核心网络边界的安全实体

为了保护通过 N32 接口发送的运营商间信令消息，5G 系统架构引入了 SEPP 作为位于移动运营商网络边界的实体，在发送端用于接收来自网络功能的所有信令消息，并从 N32 接口发送出去之前对消息进行保护；在接收端用于接收 N32 接口上的所有消息，并在验证安全性后将其转发到相应的网络功能上。SEPP 为跨两个不同运营商的两个网络功能之间交换的所有信令信息实现基于传输层或应用层安全的保护。

6.5 5G 认证体系及流程

在移动通信系统的认证体系中，AKA 机制的安全性已经经过了 3G、4G 时代的规模化应用检验。在 5G 系统中，AKA 仍作为 5G 接入的认证方式。但伴随着网络接入方式的增加，运营商商业环境日益复杂，以及 5G 更好地支持物联网和垂直行业等场景，5G 认证机制较 4G 相比增加了新的考虑：重点是对认证体系进行扩展，纳入了对 UE 从非 3GPP 接入网络（Non-3GPP Access Network）接入时的认证考虑，从而对 EPS AKA 进行技术增强，并将 EAP AKA’提升为一种主要的认证方法。以下将介绍 5G 系统的两种认证方式及其流程。

6.5.1 5G-AKA 认证

5G 系统中的 5G-AKA 认证相较于 4G 中的 EPS AKA 机制有所增强，主要是增强了归属网络对认证的控制。在 5G 以前，归属网络将认证向量（AV）交给拜访网络之后，就不再参与后续认证流程。5G 系统中，这个情况发生了变化。这是由于在漫游场景中，拜访地运营商能够向归属地运营商获取漫游用户的完整认证向量，个别拜访地运营商可以利用漫游用户的认证向量伪造用户位置更新信息，因而存在伪造话单产生漫游费用的潜在漏洞。5G-AKA 认证机制对该问题的应对是对认证向量进行一次单向变换，拜访地运营商仅能获取漫游用户经过变换之后的认证向量，在不获取原始认证向量的情况下实现对漫游用户的认证，并将漫游用户反馈的认证结果发送给归属地，增强归属地认证控制。

5G AKA 的认证过程如图 6-5 所示，具体流程如下。

（1）UDM/ARPF 对每个 Nudm_Authenticate_Get Request 消息创建一个 5G HE AV。为此，UDM/ARPF 首先生成一个 AMF“separation bit”为 1 的认证向量。“separation bit”是 AUTN 的 AMF 字段的第 0 位。然后，UDM/ARPF 推衍出 K_{AUSF} 和 XRES*。最后，UDM/ARPF 创建一个包含 RAND、AUTN、XRES*和 K_{AUSF} 的 5G HE AV。

（2）UDM 在 Nudm_UEAuthentication_Get Response 消息中向 AUSF 返回所请求的 5G HE AV，并指示 5G HE AV 用于 5G AKA。若 Nudm_UEAuthentication_Get 请求中包含 SUCI，UDM 将在 Nudm_UEAuthentication_Get 响应中包含 SUPI。

（3）AUSF 临时保存 XRES*及接收到的 SUCI 或 SUPI。AUSF 也可以保存 K_{AUSF}。

（4）AUSF 基于从 UDM/ARPF 接收到的 5G HE AV 生成一个 5G AV。从 XRES*计算出 HXRES*，从 K_{AUSF} 推衍出 K_{SEAF}，然后用 HXRES*和 K_{SEAF} 分别替换 5G HE AV 中的 XRES*和 K_{AUSF}。

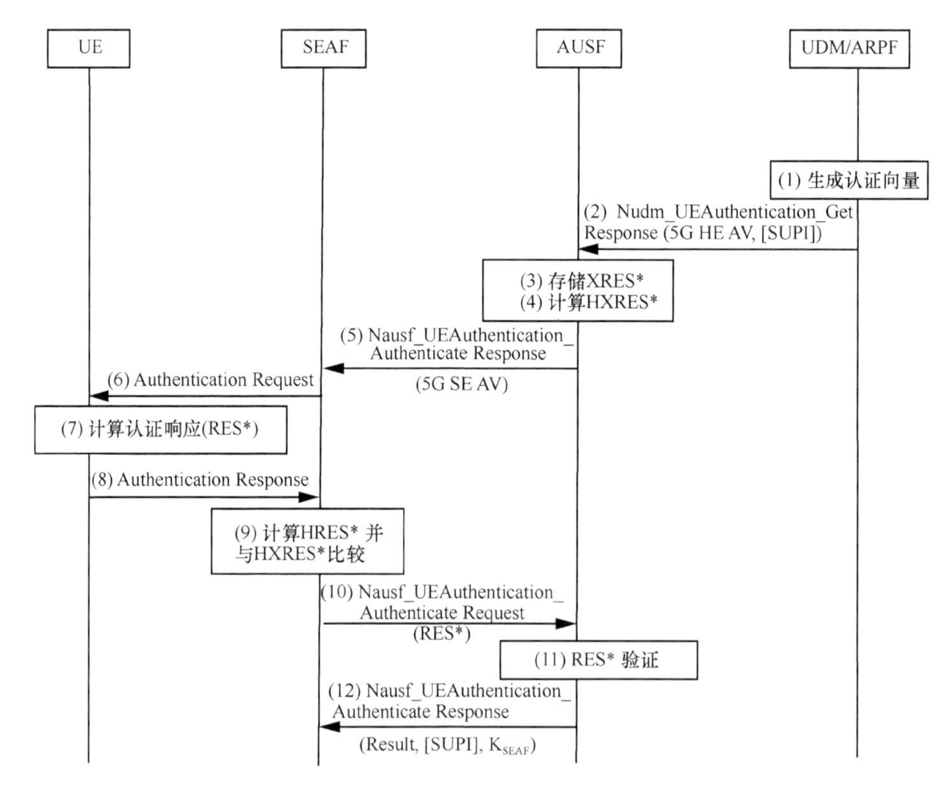

图 6-5　5G AKA 的认证过程

（5）AUSF 从 5G AV 中移除 K_{SEAF}，将（RAND，AUTN，HXRES*）作为 5G SE AV，并通过 Nausf_UEAuthentication_Authenticate 响应把 5G SE AV 发送至 SEAF。

（6）SEAF 应通过 NAS 消息（Auth-Req）向 UE 发送 RAND 和 AUTN。该消息还包含被 UE 和 AMF 用于标识 K_{AMF} 和部分原生安全上下文的 ngKSI，该消息还包括 ABBA 参数。ME 向 USIM 转发 NAS 消息（Auth-Req）中的 RAND 和 AUTN。

（7）收到 RAND 和 AUTN 后，USIM 检查 AUTN 是否被接受，以此来验证认证向量是否为最新。若验证通过，USIM 计算响应 RES，并向 ME 返回 RES、CK、IK。若 USIM 使用 3GPP TS33.102 中描述的转换函数 c3 从 CK 和 IK 计算出 Kc（即 GPRS Kc）并将其发送给 ME，ME 忽略该 GPRS Kc，且 GPRS Kc 不存储在 USIM 或 ME 上。ME 从 RES 计算 RES*，从 CK || IK 推衍出 K_{AUSF}。ME 推衍出 K_{SEAF}。接入 5G 的 ME 在认证期间检查 AUTN 的 AMF 字段"separation bit"是否设为 1。

（8）UE 在 NAS 消息认证响应中将 RES*返回给 SEAF。

（9）SEAF 从 RES*计算 HRES*，并比较 HRES*和 HXRES*。若两值一致，SEAF 从服务网的角度认为认证成功。如果 UE 不可达，且 SEAF 从未接收到 RES*，SEAF 认为认证失败，并向 AUSF 指示失败。

（10）SEAF 将来自 UE 的相应 SUCI 或 SUPI 通过 Nausf_UEA uthentication_Authenticate Request 消息发送给 AUSF。

（11）当接收到包含 RES*的 Nausf_UEAuthentication_Authenticate Request 消息时，AUSF 可验证 AV 是否已到期。若 AV 已过期，AUSF 可从归属网络的角度认为认证不成功。AUSF 将接收到的 RES*与存储的 XRES*进行比较。若 RES*和 XRES*一致，AUSF 从归属网络的角度认为认证成功。

（12）AUSF 通过 Nausf_UEAuthentication_Authenticate Response 向 SEAF 指示认证是否成功。若认证成功，则通过 Nausf_UEAuthentication_Authenticate Response 将 K_{SEAF} 发送至 SEAF。若 AUSF 在启动认证时从 SEAF 接收到 SUCI 且认证成功，AUSF 还在 Nausf_UEAuthentication_ Authenticate Response 中包含 SUPI。

若认证成功，SEAF 把从 Nausf_UEAuthentication_Authenticate Response 消息中接收到的密钥 K_{SEAF} 作为锚密钥。然后 SEAF 从 K_{SEAF}、ABBA 参数和 SUPI 推衍出 K_{AMF}，并向 AMF 提供 ngKSI 和 K_{AMF}。

如果 SUCI 用于此认证，SEAF 仅在接收到包含 SUPI 的 Nausf_ UEAuthentication_Authenticate Response 消息后才向 AMF 提供 ngKSI 和 K_{AMF}；在服务网获知 SUPI

之前，不会向 UE 提供通信服务。

6.5.2 EAP-AKA’认证

为了支持 WLAN 等非 3GPP 接入网络能接入 3GPP 核心网，5G 系统支持了 EAP 认证框架。在 5G 之前，这种支持是一种补充的方式，仅用于 WLAN 等接入方式，且在架构上有一套独立于 AKA 认证的网元（如 AAA Server）来支持。而 5G 采用了统一的认证框架，即各种接入方式可以用一套认证体系来支持。EAP 认证框架是目前所知最能满足 5G 统一认证需求的备选方案。“统一”一方面体现在 3GPP 接入，即在使用 5G 无线网接入的时候，也可以采用 EAP-AKA’认证方式。因此，EAP-AKA’认证方式提升到了和 5G-AKA 并列的位置；另一方面，EAP-AKA’认证和 5G-AKA 认证在网络架构上使用了同样的网元，意味着 5G 的认证网元在标准上同时支持这两种认证方式。

EAP 在 5G 受到青睐还有一个重要原因是 5G 被期望支持各种各样的网络场景，包括物联网、工业互联网等，对于这些垂直行业的网络应用场景，垂直行业可能已经存在一些认证方式和认证基础设施，5G 希望在支持这些场景时，既能支持既有的环境，又能实现良好的扩展性。EAP 框架非常灵活，既可运行在数据链路层上，不必依赖于 IP，也可以运行于 TCP 或 UDP 之上。由于这个特点，EAP 具有很普遍的适用性，支持多种认证协议，如 EAP-PSK、EAP-TLS、EAP-AKA、EAP-AKA’等。当然，对各种网络的支持目前只是预期，因此在 5G 安全标准的正文里面只支持了 EAP-AKA’，而在附录里面阐述了 5G 对 EAP-TLS 的支持。

EAP-AKA’协议技术细节在 IETF RFC5448 中进行了规定，5G 中的 EAP-AKA’的认证流程如图 6-6 所示。

（1）UDM/ARPF 首先生成认证向量，其认证管理字段（AMF）“separation bit”为 1。UDM/ARPF 随后计算 CK’和 IK’，并用 CK’和 IK’替换 CK 和 IK。

（2）UDM 随后把该认证向量 AV’（RAND、AUTN、XRES、CK’、IK’）发送至 AUSF，该 AUSF 向 UDM 发送 Nudm_UEAuthentication_Get 请求以及 AV’，用于 EAP-AKA’的指示，并响应 Nudm_UEAuthentication_Get 消息。

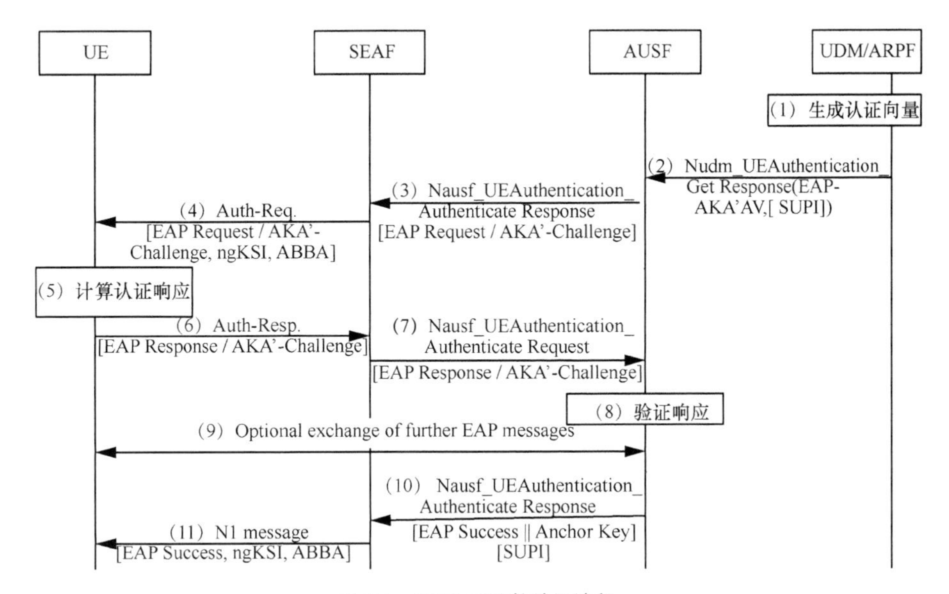

图 6-6　EAP-AKA'的认证流程

若 SUCI 包含在 Nudm_UEAuthentication_Get 请求中，UDM 在 Nudm_ UEAuthentication_Get 响应中包含 SUPI。随后，AUSF 和 UE 按照 IETF RFC5448 的描述进行处理，直到 AUSF 准备发送 EAP-Success。

（3）AUSF 通过 Nausf_UEAuthentication_Authenticate Response 消息将 EAP-Request/AKA'-Challenge 消息发送至 SEAF。SEAF 设置 ABBA 参数。

（4）SEAF 在 NAS 消息认证请求消息中将 EAP-Request/AKA'-Challenge 消息透明转发给 UE。ME 将 EAP-Request/AKA'-Challenge 消息中的 RAND 和 AUTN 转发给 USIM。该消息包含 ngKSI 和 ABBA 参数。实际上，SEAF 在所有 EAP-Authentication 请求消息中包含 ngKSI 和 ABBA 参数。UE 和 AMF 使用 ngKSI 来识别在认证成功后创建的部分原生安全上下文。SEAF 设置 ABBA 参数。在 EAP 认证过程中，SEAF 发送至 UE 的 ngKSI 值和 ABBA 参数不能更改。

（5）在收到 RAND 和 AUTN 时，USIM 通过检查是否可接受 AUTN 来验证 AV' 的新鲜度。若验证通过，USIM 计算响应 RES。USIM 应将 RES、CK、IK 返回给 ME。若 USIM 使用 3GPP TS33.102 中描述的转换函数 c3 从 CK 和 IK 计算出 Kc（即 GPRS Kc）并将其发送给 ME，ME 忽略此类 GPRS Kc 而不在 USIM 或 ME 上存储 GPRS Kc。ME 得出 CK'和 IK'。

（6）UE 在 NAS 消息（Auth-Resp）中将 EAP-Response/AKA'-Challenge 消息发

送至 SEAF。

（7）SEAF 在 Nausf_UEAuthentication_Authenticate Request 消息中将 EAP- Response/AKA’-Challenge 消息透明转发给 AUSF。

（8）AUSF 验证该消息。若 AUSF 成功验证该消息，继续如下步骤，否则返回错误消息。

（9）AUSF 和 UE 可通过 SEAF 交换 EAP-Request/AKA’-Notification 和 EAP-Response/AKA’-Notification 消息。SEAF 透明地转发这些信息。

（10）AUSF 按照 IETF RFC5448 和 3GPP TS33.501 中的描述从 CK’和 IK’推衍出 EMSK。AUSF 使用 EMSK 的前 256 位作为 K_{AUSF}，然后从 K_{AUSF} 推衍出 K_{SEAF}。AUSF 通过 Nausf_UEAuthentication_Authenticate Response 消息向 SEAF 发送 EAP Success 消息，该消息被透明地转发给 UE。Nausf_UEAuthentication_Authenticate 响应消息包含 K_{SEAF}。若 AUSF 在启动认证时从 SEAF 接收到了 SUCI，AUSF 还应在 Nausf_UEAuthentication_Authenticate Response 消息中包含 SUPI。

（11）SEAF 在 N1 消息中将 EAP Success 消息发送到 UE。该消息还包含 ngKSI 和 ABBA 参数。

SEAF 将 Nausf_UEAuthentication_Authenticate Response 消息中接收到的密钥作为锚密钥 K_{SEAF}。然后，SEAF 从 K_{SEAF}、ABBA 参数和 SUPI 导出 K_{AMF} 并发送至 AMF。在接收到 EAP Success 消息时，UE 按照 IETF RFC5448 的描述从 CK’和 IK’推衍出 EMSK。ME 使用 EMSK 的前 256 位作为 K_{AUSF}，然后 AUSF 侧用同样的方式计算 K_{SEAF}。UE 从 K_{SEAF}、ABBA 参数和 SUPI 推衍出 K_{AMF}。若 AUSF 和 SEAF 确定认证成功，SEAF 向 AMF 提供 ngKSI 和 K_{AMF}。

6.6 5G 系统的密钥架构及推衍分发机制

为满足不同信令、不同用户数据的多样化保护方式要求，并考虑状态变更和移动时的安全，移动通信系统采用密钥层级结构来产生相关的密钥集合。

6.6.1 密钥层级结构

图 6-7 是 5G 密钥体系架构，与 4G 相同，密钥架构的上层密钥有根密钥 K 以及

CK、IK。在采用 EAP AKA'认证机制的情况下，还会根据 CK/IK 衍生出 CK'/IK'用于后续的密钥推衍。此外，考虑归属网络和拜访网络间的连接逐步面临着更大的风险，5G 进一步引入了中间密钥 K_{AUSF} 和 K_{SEAF}，用以隔离不同网络间的风险。而考虑到引入了用户数据完整性保护，所以 5G 还在密钥层级结构中进一步强化了对用户数据完整性保护的生成要求。

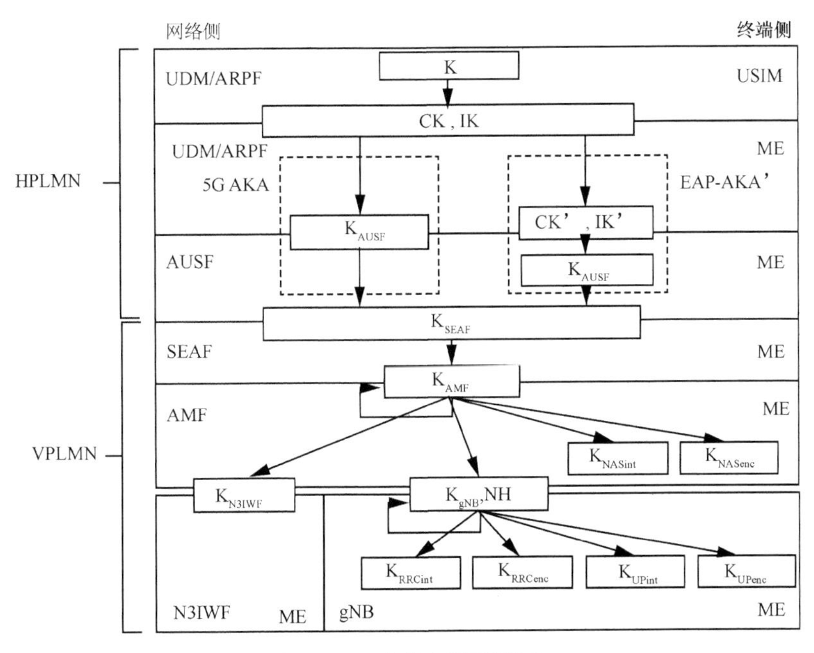

图 6-7 5G 中的密钥层级结构

除了根密钥 K 和 CK/IK，5G 密钥体系中还包括如下密钥。

（1）归属网络中 AUSF 的密钥

K_{AUSF} 通过以下方式推衍得到：对于 EAP-AKA'认证，通过 ME 和 AUSF 由 CK'、IK'推衍得出，CK'和 IK'是 ARPF 发送至 AUSF 的转换 AV 的一部分；对于 5G AKA 认证，通过 ME 和 ARPF 由 CK、IK 推衍得出，K_{AUSF} 是 ARPF 发送至 AUSF 的 5G HE AV 的一部分。

K_{SEAF} 是由 ME 和 AUSF 从 K_{AUSF} 推衍出的锚密钥。K_{SEAF} 由 AUSF 提供给服务网络中的 SEAF。

（2）服务网中 AMF 的密钥

K_{AMF} 是 ME 和 SEAF 由 K_{SEAF} 推衍出的密钥。在移动时，目标 AMF 的 K_{AMF} 还可由

ME 和源 AMF 推衍得出。

（3）NAS 信令密钥

- K_{NASint} 是 ME 和 AMF 由 K_{AMF} 推衍出的密钥，仅用于通过特定完整性算法保护 NAS 信令。
- K_{NASenc} 是 ME 和 AMF 由 K_{AMF} 推衍出的密钥，仅用于通过特定加密算法保护 NAS 信令。

（4）NG-RAN 密钥

K_{gNB} 是 ME 和 AMF 由 K_{AMF} 推衍出的密钥。在切换时，目标 gNB 的 K_{gNB} 还可由 ME 和源 gNB 通过水平或垂直密钥进一步推衍得到。K_{gNB} 可当作 ME 和 ng-eNB 之间的 K_{eNB}。

（5）UP 数据密钥

- K_{UPenc} 是 ME 和 gNB 由 K_{gNB} 推衍出的密钥，仅用于通过特定加密算法保护用户面数据。
- K_{UPint} 是 ME 和 gNB 由 K_{gNB} 推衍出的密钥，仅用于通过特定的完整性算法保护 ME 和 gNB 之间的用户面数据。

（6）RRC 信令密钥

- K_{RRCint} 是 ME 和 gNB 由 K_{gNB} 推衍出的密钥，仅用于通过特定完整性算法保护 RRC 信令。
- K_{RRCenc} 是 ME 和 gNB 由 K_{gNB} 推衍出的密钥，仅用于通过特定加密算法保护 RRC 信令。

（7）中间密钥

- NH 是 ME 和 AMF 推衍出的密钥，用于提供前向安全性。
- $K_{NG\text{-}RAN}$ *是 ME 和 NG-RAN（即 gNB 或 ng-eNB）按照 3GPP TS33.501 中规定的水平或垂直密钥推衍出的密钥。
- K'_{AMF} 是 ME 和 AMF 在 UE 从一个 AMF 移动到另一个 AMF 时推衍出的密钥。

（8）非 3GPP 接入密钥

K_{N3IWF} 是 ME 和 AMF 由 K_{AMF} 推衍出的用于非 3GPP 接入的密钥。在 N3IWF 之间不转发 K_{NEIWF}。

6.6.2 密钥推衍和分发机制

在网络侧，基于根密钥逐步推衍产生多层次、多用途的会话密钥并分发至相应的网元，就构成了系统中的密钥架构。在终端侧，采用相同的密钥推衍机制，可以产生与网络侧完全对应的密钥集合。

6.6.2.1　网络实体中的密钥

（1）ARPF 中的密钥

- ARPF 存储长期密钥 K。密钥 K 的长度应为 128 位或 256 位。
- 在认证和密钥协商过程中，若采用 EAP-AKA’认证，ARPF 从 K 导出 CK’和 IK’。若采用 5G AKA 认证，ARPF 从 K 导出 K_{AUSF}。ARPF 应将推衍密钥发送至 AUSF。
- ARPF 保留归属网络通过 SIDF 解除 SUCI 和重构 SUPI 的私钥。

（2）AUSF 中的密钥

- 若采用 EAP-AKA’认证，AUSF 从 CK’和 IK’推衍出密钥 K_{AUSF}。K_{AUSF} 可在两个连续认证和密钥协商过程期间保存于 AUSF。
- AUSF 在认证和密钥协商过程中根据从 ARPF 接收的认证密钥推衍出锚密钥 K_{SEAF}。

（3）SEAF 中的密钥

- 在每个服务网中成功通过主认证后，SEAF 从 AUSF 接收锚密钥 K_{SEAF}。
- SEAF 不允许把 K_{SEAF} 传送至 SEAF 以外的实体。一旦 K_{AMF} 被导出，K_{SEAF} 被删除。
- SEAF 应在认证和密钥协商流程后立即从 K_{SEAF} 导出 K_{AMF} 并发送至 AMF。这意味着每次认证和密钥协商过程都会推衍出新的 K_{SEAF} 和 K_{AMF}。

（4）AMF 中的密钥

- AMF 从 SEAF 或另一个 AMF 接收 K_{AMF}。
- 对于 AMF 间移动，AMF 根据策略从 K_{AMF} 推衍出密钥 K'_{AMF} 并传送至另一个 AMF。接收 AMF 把 K'_{AMF} 作为其 K_{AMF}。
- AMF 推衍出保护 NAS 层的密钥 K_{NASint} 和 K_{NASenc}。
- AMF 从 K_{AMF} 推衍出接入网密钥：AMF 推衍出 K_{gNB} 并将其发送至 gNB；AMF 生成 NH 并将其与相应的 NCC 值一起发送至 gNB。AMF 还可以将 NH 密钥与相应的 NCC 值一起传送至另一个 AMF。当 AMF 从 SEAF 接收到 K_{AMF} 或从另一个 AMF 接收到 K'_{AMF} 时，AMF 生成 K_{N3IWF} 并将其发送至 N3IWF。

（5）RAN 侧的密钥

- NG-RAN（即 gNB 或 ng-eNB）从 AMF 接收 K_{gNB} 和 NH。ng-eNB 把 K_{gNB} 作为 K_{eNB}。
- NG-RAN（即 gNB 或 ng-eNB）从 K_{gNB} 和/或 NH 推衍出所有其他 AS 密钥。

（6）N3IWF 中的密钥

- N3IWF 从 AMF 接收 K_{N3IWF}。
- 在不可信的非 3GPP 接入流程中，N3IWF 把 K_{N3IWF} 作为 UE 和 N3IWF 之间 IKEv2 的密钥 MSK。

图 6-8 表示了不同密钥之间的相关性，以及从网络节点推衍的过程。

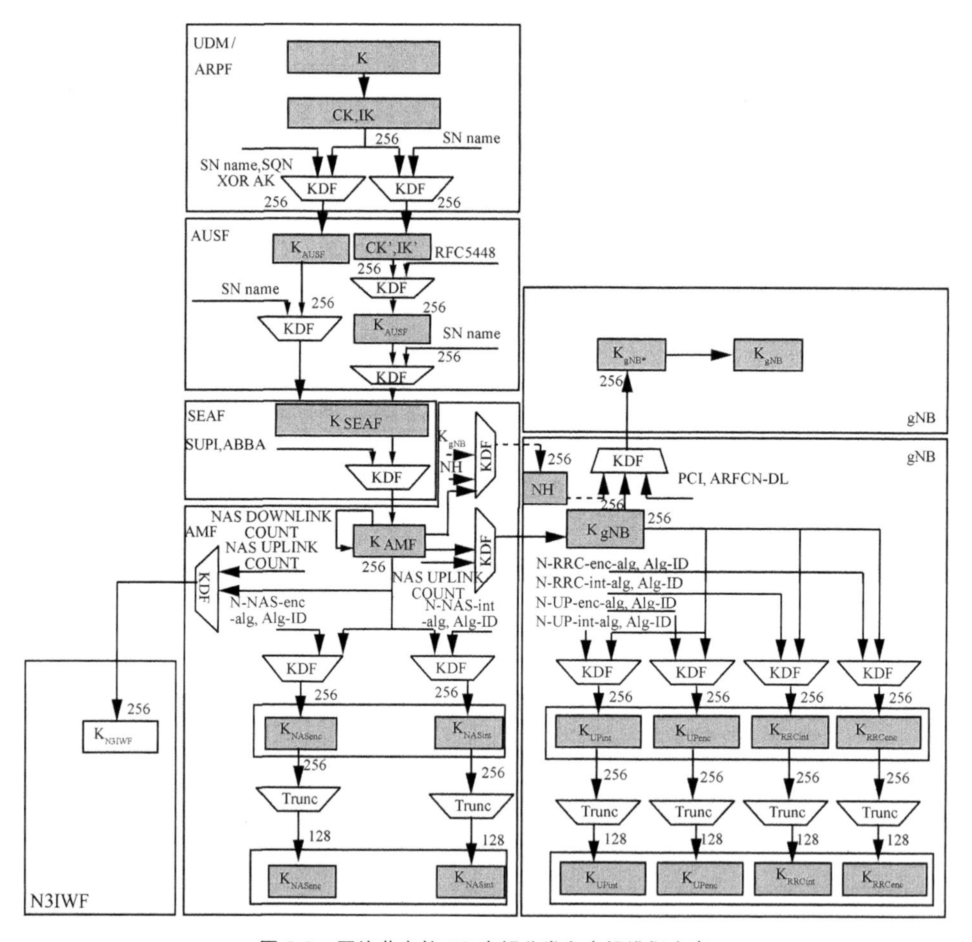

图 6-8　网络节点的 5G 密钥分发和密钥推衍方案

6.6.2.2　UE 中的密钥

对应网络实体中的每个密钥，UE 中都应有相应的密钥。图 6-9 展示了在 UE 中不同密钥之间的相关性和推衍方案。

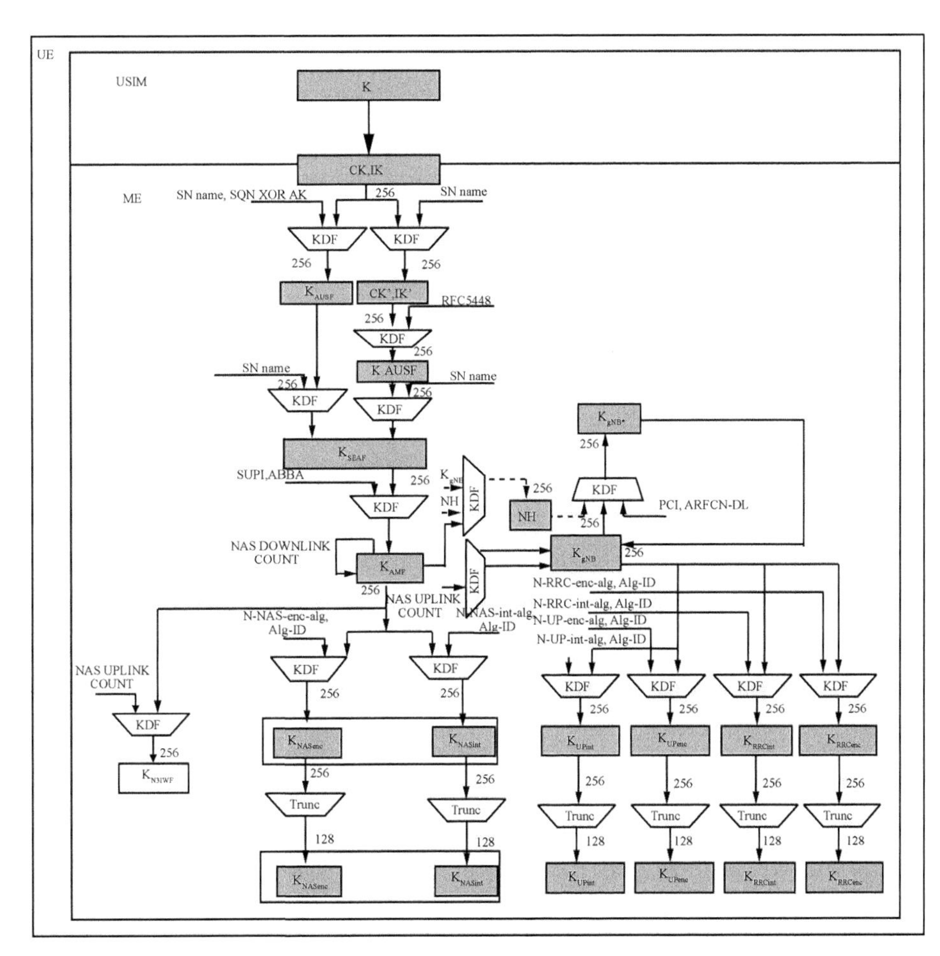

图 6-9　UE 的 5G 密钥分配和密钥推衍方案

（1）USIM 中的密钥

- USIM 存储与 ARPF 中相同的长期密钥 K。
- 在认证和密钥协商过程中，USIM 从 K 生成密钥材料，并将其传送至 ME。
- 如果 USIM 由归属运营商提供，USIM 存储用于隐藏 SUPI 的归属网络公钥。

（2）ME 的密钥

- ME 跟据来自 USIM 的 CK、IK 导出 K_{AUSF}。不同的认证方法对此密钥有不同的推衍方法。
- 使用 5G AKA 时，从 RES 推导 RES*应由 ME 执行。
- UE 可选保存 K_{AUSF}。如果 USIM 支持 5G 参数存储，则 K_{AUSF} 应存储在 USIM 中；否则，K_{AUSF} 应存储在 ME 的非易失性存储器中。
- ME 从 K_{AUSF} 推衍出 K_{SEAF}。如果 USIM 支持 5G 参数存储，K_{SEAF} 应存储在 USIM 中；否则，K_{SEAF} 应存储在 ME 的非易失性存储器中。
- ME 执行 K_{AMF} 的推衍。如果 USIM 支持 5G 参数存储，则 K_{AMF} 存储在 USIM 中；否则，K_{AMF} 存储在 ME 的非易失性存储器中。
- ME 从 K_{AMF} 推衍出所有其他后续密钥。

如果出现以下情况，则应从 ME 中删除存储的任何 5G 安全上下文、K_{AUSF} 和 K_{SEAF}：

- USIM 在 ME 处于通电状态下从 ME 中移除；
- ME 上电，ME 发现 USIM 与用于创建 5G 安全上下文的 USIM 不同；
- ME 上电，ME 发现自己没有 USIM。

6.7 5G 安全上下文

当 UE 接入网络时，UE 与网络间需要维护相关的参数以便于维持用户与网络之间的连接，这些参数集合被称为上下文，其中与通信安全相关的参数集合被称为安全上下文。由于 5G 像 4G 一样存在 NAS 连接和 AS 连接，5G 安全上下文也就分为 5G NAS 安全上下文和 5G AS 安全上下文。基于 5G 兼容非 3GPP 接入的特性，与 4G 安全上下文相比，5G 安全上下文还多了面向非 3GPP 接入的 AS 安全上下文。

（1）5G NAS 安全上下文包括：

- K_{AMF} 及其密钥集标识符；
- UE 的安全能力；
- 上、下行 NAS COUNT 值。

（2）面向 3GPP 接入的 5G AS 安全上下文包括：

- AS 层密钥及其标识集；

- 下一跳参数 NH；
- 下一跳链计数器 NCC（用于产生下一跳接入密钥）；
- 选定的 AS 层密码算法标识符；
- 网络侧用户面安全策略；
- 用于重放保护的计数器。

（3）面向非 3GPP 接入的 5G AS 安全上下文包括：

- 密钥 K_{N3IWF}；
- 在 IPSec 层用于保护 IPSec SA 安全的密钥、密码算法及安全关联参数。

6.8　非接入层安全机制

UE 和 AMF 之间的 N1 接口传送 NAS 信令，本节描述了在 N1 上保护信令的安全机制，包括完整性和机密性保护。NAS 保护安全参数是 5G 安全上下文的一部分。

6.8.1　NAS 完整性机制

NAS 信令消息的完整性保护是 NAS 协议的一部分，NAS 完整性使用 NAS SMC（Security Mode Command）流程或者在 EPC 系统切换后激活。

在激活完整性保护的同时，除非选择了空完整性保护算法，否则抗重放保护也应激活。抗重放保护确保接收方仅接收一次使用相同 NAS 安全上下文保护的 NAS COUNT 值。

激活 NAS 完整性后，UE 或 AMF 不应接收没有完整性保护的 NAS 消息。在激活 NAS 完整性之前，只有在无法应用完整性保护的情况下，UE 或 AMF 才能接收没有完整性保护的 NAS 消息。

在 UE 或 AMF 中删除 5G 安全上下文之前，NAS 完整性保持激活状态。不应从非空完整性保护算法更改为空完整性保护算法。

6.8.2　NAS 机密性机制

NAS 信令消息的机密性保护和完整性保护一样，是 NAS 协议的一部分。NAS

机密性也使用 NAS SMC 流程或者在 EPC 系统切换后激活。一旦 NAS 机密性被激活，UE 或 AMF 不接收没有机密性保护的 NAS 消息。在激活 NAS 机密性之前，只有在无法应用机密性保护的某些情况下，UE 或 AMF 才能接收没有机密性保护的 NAS 消息。

NAS 机密性保持激活状态，直到在 UE 或 AMF 中删除 5G 安全上下文。

6.8.3 初始 NAS 消息的保护

初始 NAS 消息是在 UE 接入网络之后发送的第一个 NAS 消息，由于此时尚未进行 NAS SMC 流程，所以 UE 与网络侧可能没有安全上下文，无法提供完整性保护。这种情况下，UE 将发送一组有限的明文 IE（Information Element，信元），仅包含在没有 NAS 安全上下文时建立安全性所必需的 IE。当 UE 有安全上下文（例如，UE 和网络在上次接入时留存的安全上下文）时，UE 发送的消息应进行完整性保护，此时消息中包括完整的初始 NAS 消息，即在 NAS 容器中进行加密的完整消息和未加密的明文 IE。

保护初始 NAS 消息的流程如图 6-10 所示，其具体流程如下。

（1）UE 将初始消息发送给 AMF。若 UE 没有 NAS 安全上下文，则初始 NAS 消息仅包含明文 IE，即用户标识符（如 SUCI 或 GUTI（Global Vnique Temporary Identifier））、UE 安全能力、S-NSSAI（Network Slice Selection Assistance Information，网络切片选择辅助信息）、ngKSI、UE 从 EPC 移动到 5G 的指示、Additional GUTI 包含从 LTE 移动至 NR 的 TAU 请求的 IE。

若 UE 有 NAS 安全上下文，发送的消息包含其中上述明文发送的信息和完整的初始 NAS 消息（初始 NAS 消息在 NAS 容器中进行加密），且发送的消息应受到完整性保护。在初始消息受到保护且 AMF 具有相同的安全上下文的情况下，可省略（2）～（4）。此时 AMF 对 NAS 容器中的完整初始 NAS 消息进行响应。

（2）若 AMF 没有安全上下文或完整性检验失败，AMF 启动与 UE 的认证过程。如果 AMF 从 UE 上次访问的 AMF 获取上下文信息（（2a））的话，则 AMF 可能会使用相同的安全上下文对 NAS 容器中的消息进行解密，并获取初始 NAS 消息，这样（2b）～（4）可省略。如果 AMF 从 UE 上次访问的 AMF 获取新的 K_{AMF}，则（2b）可省略。

（3）成功验证 UE 后，AMF 发送 NAS SMC 消息。若发送的初始 NAS 消息被完整性保护但未通过完整性检验（由于 MAC 失败或 AMF 无法找到可用安全上下文），其他 AMF 将无法解密 NAS 容器中的完整初始 NAS 消息，则 AMF 在 NAS Security Mode Command 消息中包含一个 flag，请求 UE 在 NAS Security Mode Complete 消息中发送完整初始 NAS 消息。

（4）UE 响应 NAS Security Mode Command 消息，向网络发送 NAS Security Mode Complete 消息。NAS Security Mode Complete 应受到加密和保护完整性。另外，若 AMF 请求或 UE 未保护发送的初始 NAS 消息，则应在 NAS Security Mode Complete 中包含完整的初始 NAS 消息。此时 AMF 对 NAS 容器中的完整初始 NAS 消息进行响应。

（5）AMF 对初始 NAS 消息发送响应。此消息应受到加密和完整性保护。

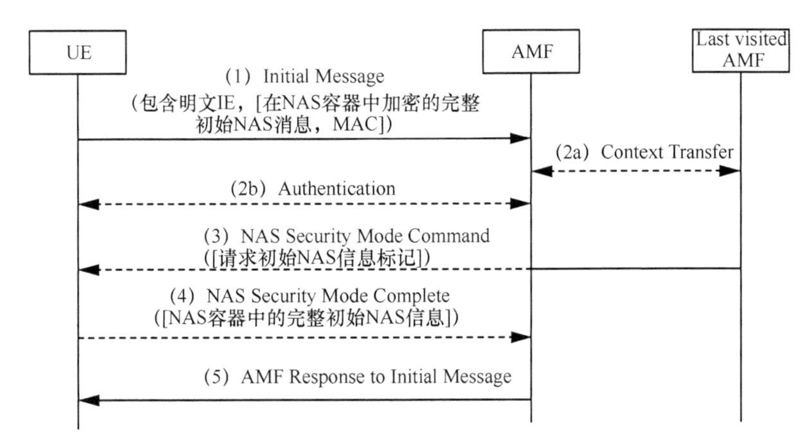

图 6-10　保护初始 NAS 消息的流程

6.9　RRC 安全机制

6.9.1　RRC 完整性机制

RRC 完整性保护由 UE 和 gNB 在 PDCP（Packet Data Convergence Protocol，分组数据汇聚协议）层提供，PDCP 层以下的信息不受完整性保护。激活完整性保护的同时会激活抗重放保护。抗重放保护可以确保接收方仅接收一次使用相同 AS 安全上下文保护的消息，避免消息被重复处理。如果终端和 gNB 在完整性保护开始后的完整性检验过程中失败（即消息错误或丢失 MAC-I），则丢弃相关消息。丢弃过程可发生在 gNB 侧或 ME 侧，并由 UE 触发恢复过程。

6.9.2 RRC 机密性机制

RRC 机密性保护由 UE 和 gNB 在 PDCP 层提供。

6.10 接入层用户面安全机制

移动通信网络在建立之初，主要用于语音通信。一方面，语音通信的特点是实时性要求高，而完整性要求并不苛刻，通话双方可以通过通话的前后语境自动修复模糊的语音，从而理解信息的准确含义；另一方面，移动通信网络发展初期，通信质量差、环境干扰多，通信信息的传递面临着失真等客观问题。因此，在移动通信网络初期并未针对用户面提供完整性保护，以避免因施加完整性保护而导致信息不断校验失败重传，进而带来语音用户体验下降的问题。但是在 5G 网络应用的今天，移动通信网络已经广泛地用于人们生活的各个角落，移动通信网络所承载的也不再仅仅是语音信息，大量的数据也通过移动通信网络进行传输。而当部分应用的控制数据通过 5G 网络传输时，其对信息传递的准确性要求将会比信息传递的时间要求更高。考虑到这种情况的出现，5G 网络引入了对用户数据的完整性保护，又考虑到数据完整性所带来的时延增加等可能带来的业务体验问题，所以设置了较为灵活的用户数据完整性保护方式，即通过设置 5G 用户完整性保护策略来灵活地决定用户数据完整性保护是否开启。

6.10.1 UP 安全策略

SMF 在 PDU 会话建立流程中向 ng-eNB/gNB 提供该 PDU 会话的用户面安全策略。

UP 安全策略会指示是否对属于该 PDU 会话的所有 DRB（Data Radio Bearer）激活 UP 机密性和/或 UP 完整性保护。UP 安全策略用于激活属于 PDU 会话的所有

DRB 的 UP 机密性和/或 UP 完整性。

ng-eNB/gNB 会根据接收到的 UP 安全策略，为每个 DRB 激活 UP 机密性和/或 UP 完整性保护。当用户面安全策略指示值为“需要”或“不需要”时（除取值为“优先”外），则 ng-eNB/gNB 不应覆盖来自 SMF 的 UP 安全策略。当接收到的 UP 安全策略是“需要”而 ng-eNB/gNB 无法激活 UP 机密性和/或 UP 完整性保护时，gNB 拒绝为 PDU 会话建立 UP 资源并向 SMF 指示拒绝原因。当接收到的 UP 安全策略是“不需要”时，PDU 会话的建立按照 3GPP TS23.502 的相关流程进行。

如果 UE 在切换命令（HANDOVER COMMAND）中接收到在目标 ng-eNB/gNB 处启用 UP 会话的完整性保护和/或 UP 加密的指示，则 UE 生成或更新 UP 加密密钥和/或 UP 完整性保护密钥，且激活针对相应 PDU 会话的 UP 机密性和/或 UP 完整性保护。如果安全策略是“优先”，则可在切换之后改变 UP 完整性的激活策略。

此外，在 Path-Switch 消息中，目标 ng-eNB/gNB 将从源 gNB 接收的 UE 的 UP 安全策略和相应的 PDU 会话 ID 发送至 SMF。SMF 验证从目标 ng-eNB/gNB 接收的 UE 的 UP 安全策略是否与 SMF 本地存储的 UE 的 UP 安全策略相同。若不匹配，SMF 应将其本地存储的相应 PDU 会话的 UE 的 UP 安全策略发送至目标 gNB。SMF 在发送至目标 ng-eNB/gNB 的 Path-Switch Acknowledge 消息中包含该 UP 安全策略信息。此外，SMF 可记录事件并可采取额外措施，例如发告警。

若目标 gNB 在 Path-Switch Acknowledge 消息中接收到来自 SMF 的 UE 的 UP 安全策略，目标 gNB 把 UE 的 UP 安全策略更新为接收到的 UE 的 UP 安全策略。若 UE 当前激活的 UP 机密性和/或完整性保护策略与接收的 UE 的 UP 安全策略不同，目标 gNB 应发起小区内切换过程，包括 RRC 连接重新配置过程，根据来自 SMF 的策略重新配置 DRB 激活或去激活 UP 完整性/机密性保护。

在目标 ng-eNB/gNB 同时接收到 UE 安全能力和 UP 安全策略的情况下，ng-eNB/gNB 向 UE 发起包含所选算法和 NCC 的小区内的切换过程，在 UE 和目标 gNB 处推衍并使用新的 UP 密钥。

N2 切换时 SMF 通过目标 AMF 把 UE 的 UP 安全策略发送至目标 ng-eNB/gNB。目标 ng-eNB/gNB 应拒绝所有不符合接收到的 UP 安全策略的 PDU 会话，并通过目标 AMF 向 SMF 指示拒绝原因。对于所有其他 PDU 会话，目标 ng-eNB/gNB 根据接收到的 UE 的 UP 安全策略激活每个 DRB 的 UP 机密性和/或 UP 完整性保护。

6.10.2 UP 安全激活机制

用户面安全激活机制如图 6-11 所示，其具体步骤如下。

（1a）gNB 只在 AS SMC 过程中激活 RRC 安全之后，才执行用于添加 DRB 的 RRC 连接重配置过程。

（1b）gNB 向 UE 发送 RRC 连接重配置消息以激活 UP 安全，其中包含用于根据安全策略激活每个 DRB 的 UP 完整性保护和加密的指示。

（1c）按照 RRC 连接重配置消息的指示激活 DRB 的 UP 完整性保护后，若 gNB 没有 K_{UPint}，则 gNB 生成 K_{UPint} 并对 DRB 进行 UP 完整性保护。类似地，按照 RRC 连接重配置消息的指示激活了 DRB 的 UP 加密后，若 gNB 没有 K_{UPenc}，则 gNB 生成 K_{UPenc} 并启动对上述 DRB 进行 UP 加密。

（2a）UE 验证 RRC 连接重配置消息。若验证成功：

（2a.1）按照 RRC 连接重配置消息的指示激活 DRB 的 UP 完整性保护后，若 UE 没有 K_{UPint}，则 UE 生成 K_{UPint} 并对 DRB 进行 UP 完整性保护；

（2a.2）类似地，按照 RRC 连接重配置消息的指示激活 DRB 的 UP 加密后，若 UE 没有 K_{UPenc}，则 UE 生成 K_{UPenc} 并对 DRB 进行 UP 加密。

（2b）若 UE 成功验证了 RRC 连接重配置消息的完整性，UE 向 gNB 发送 RRC 连接重配置完成消息。

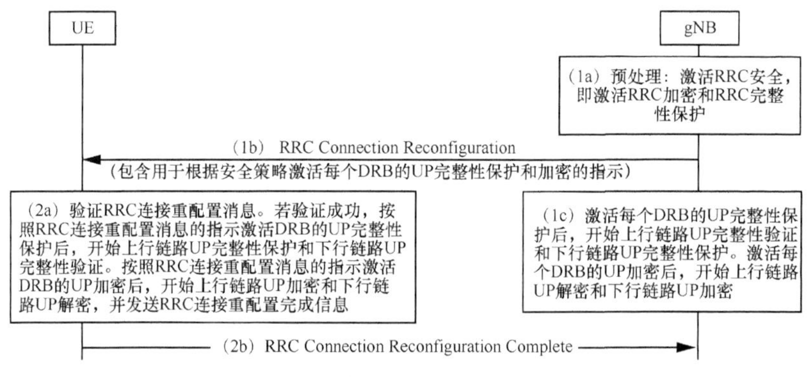

图 6-11 用户面（UP）安全激活机制

若没有为 DRB 激活 UP 完整性保护，gNB 和 UE 不应对这些 DRB 的流量进行完整性保护，且不应将 MAC-I 置于 PDCP 分组中。

若没有为 DRB 激活 UP 加密，gNB 和 UE 不应加密这些 DRB 的流量。

6.10.3　UP 机密性机制

UE 和 5G-RAN 之间的用户面数据机密性保护由 PDCP 提供。

128 位 NEA 算法的输入参数包括消息分组、作为 KEY 的 128 位密码密钥 K_{UPenc}、5 位承载标识 BEARER（其值按 3GPP TS38.323 的规定分配）、1 比特传输方向 DIRECTION、密钥流的长度 LENGTH、与承载方向相关的 32 比特输入 COUNT（对应 32 比特 PDCP COUNT）。

6.10.4　UP 完整性机制

UE 和 5G-RAN 之间的用户面数据完整性保护由 PDCP 提供。

128 位 NIA 算法的输入参数包括消息分组、作为 KEY 的 128 位完整性密钥 K_{UPenc}、5 位承载标识 BEARER（其值按 3GPP TS38.323 的规定分配）、1 比特传输方向 DIRECTION、与承载方向相关的 32 比特输入 COUNT（对应 32 比特 PDCP COUNT）。

若 gNB 或 UE 收到未通过完整性验证的 PDCP PDU（出错或缺少 MAC-I），PDU 应被丢弃。

6.11　用户身份标识与隐私保护

移动通信网络中接触到的用户个人信息大致上可以分为两类：一类是用户在通信过程中，利用通信网络传输的个人信息。例如，当用户在某网站注册邮箱时，需要告知网站的用户名、密码，还有可能包含用户姓名、地址等信息。通常在应用层会有相应的安全机制对这类用户个人信息提供防护，而对于通信网络来说，这类信息被视为用户通信数据的一部分，受到通信网络传输安全机制的保护，即通过空口的加密、完整性保护，以及通信网络内传输时的安全保护，保证数据在经过通信网络的时候不被人非法窃取、伪造或者监听。另外一类用户个人信息则是移动通信网络为了便于为用户提供服务，所关联产生的控制类信令中包含的信息，包括用户与网络连接时的标识符，即用户身份标识，以及用户的位置等信息。需要针对这类信息考虑制定针对性的安全保护机制，防止被恶意获取或者伪造。移动通信网络中的隐私保护，通常指的是针对第二类信息的安全保护。

对于攻击者来说，如果无法确定用户的身份，则无法将获取的位置等信息与用户的绑定关系，进而无法对用户持续地进行分析。所以，如何使攻击者无法获得用户的身份，成为通信网络中隐私保护的主要考虑方向。

在 5G 以前的通信网络中，对于国际移动用户识别码（IMSI）通常采用临时移动用户识别码（TMSI）或 GUTI 替代的方式进行保护，即在用户成功接入网络并建立安全连接后，由通信网络为用户生成 TMSI，并且通过受到加密和完整性保护的信令通道将标识发送给用户终端 UE，在后续通信过程中使用 TMSI 而不是 IMSI 来指代 UE。由于 TMSI 在使用过程中会在用户向网络发起系统请求位置更新、呼叫尝试或业务激活时进行更时新，所以攻击者无法长时间利用 TMSI 来对特定 UE 进行跟踪，这解决了大部分情况下用户隐私保护所遇到的问题。

但使用 TMSI 代替 IMSI 并不能完全解决用户标识隐私的问题,这是因为在极个别特殊的情况下，例如当用户开机第一次接入网络时，网络侧由于某些原因删除了保存的 TMSI（比如用户很长一段时间与网络失去联系），或者用户漫游至一个新的网络，但原网络和漫游网络间没有建立漫游时的连续性协议等，网络无法维护用户 IMSI 和 TMSI 的对应关系，使得 UE 将不得不使用 IMSI 接入网络。

因此，5G 系统针对这些特定场景下 IMSI 暴露的问题进行了改进。在 5G 系统中，用户的标识符被称为 SUPI。SUPI 拥有两种格式，其中一种为传统的 IMSI；另外一种则是 NAI（Network Access Identifier）。这是因为 5G 系统统一了用户的接入方式，使得 UE 既可以通过无线蜂窝接入，也可以通过 WLAN 等其他方式接入。因此，5G 必须将用户标识的范围也进行扩大，使得通过非无线蜂窝方式接入的用户也能够被标识。

在 5G 系统中，引入了用户隐藏标识 SUCI，用于用户开机等传统网络中 IMSI/SUPI 不得不暴露的场景。在产生 SUCI 时，需要利用 USIM 中预置的归属运营商公钥对 SUPI 进行加密运算，并且根据算法原理，每次使用时产生的 SUCI 也并不相同。因此攻击者无法根据 SUCI 推算出 SUPI，也无法利用 SUCI 长时间对用户进行探测，进而无法针对用户进行持续性的跟踪。

考虑到 SUCI 的出现仅为解决 UE 无法使用临时身份标识的问题，因此 UE 仅在以下场景中包含 SUCI：

- 如果 UE 向 PLMN 发送类型为“初始注册”的注册请求消息，且 UE 中尚未存有 5G-GUTI，则 UE 应在注册请求消息中包含 SUCI；
- 如果 UE 在向 PLMN 发送类型为“重新注册”或“周期性注册更新”的注册请求消息中包含 5G-GUTI 时，网络未能查找到用户对应的 SUPI，并因此发送身份请求消息要求 UE 进行响应时，UE 应在身份响应消息中包括新的 SUCI。

因此，借助 SUCI 标识，在 5G 响应身份请求消息时，UE 将永远不发送 SUPI。

此外，由于引入了 SUCI，接入网络无法识别用户的身份，因此接入网络需要将用户的 SUCI 传回归属网络，由归属网络的 UDM 对 SUCI 进行解密，重新获取用户 SUPI 后方可继续正常流程。由于 SUCI 的使用仅在“初始注册”“重新注册”以及“周期性注册更新”时，因此访问网络将 SUCI 的传递放在认证向量请求消息中传递给归属网络，而归属网络在认证成功后通过认证响应消息将用户 SUPI 传递给接入网络，如图 6-12 所示。

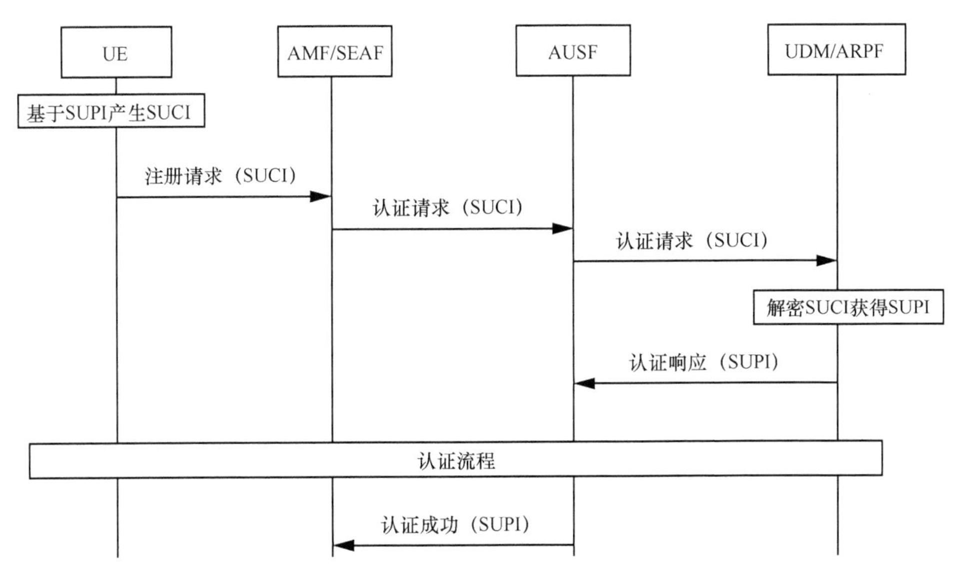

图 6-12　用户标识的解析与传递

在计算 SUCI 时，引入了非对称的密钥，由用户归属地运营商产生一对公私钥，将私钥保留，而公钥以及相关的配置参数（即保护方案标识、归属网络公钥标识、路由指示标识等）通过预置或者在线更新的方式安全地放入用户的 USIM 卡内。在

产生 SUCI 时，UE 使用运营商公钥，采用 ECIES 的方法对 SUPI 的用户标识部分进行加密。

在这些相关的配置参数中，归属公钥标识用于表明 SUCI 在计算时使用的是具体哪个公钥。这样可以为运营商引入多个公私钥对带来便利，有助于运营商对公钥的使用时间或者使用范围进行限制，提升对用户标识隐私保护的能力。

保护方案标识用于识别 UE 具体使用了哪种机制对 SUPI 进行了处理。这是因为 SUCI 计算引入了公私钥之后，对用户的 USIM 卡提出了新的计算和存储要求，而存量用户的 USIM 卡需要进行更新才能真正应用这个机制。在存量用户中，有部分用户是无法通过在线更新的方式更改 USIM 卡上的数据的，因此必须考虑这些用户没有公私钥的情况。为了解决这个问题，对用户的隐私保护机制引入了空方案的处理方法，在使用空方案时，用户的 USIM 卡上无须拥有运营商的公钥。当然，这种空方案也无法真正地对 SUPI 进行保护，仅作为兼容性方案被接受和使用。另外，不同的地区对非对称的加密方式要求也不一样，为了满足不同国家和区域的要求，因此 SUCI 计算中，为 ECIES 的应用提供了两套不同的参数集，以便于不同的运营商进行选取。因此，需要引入保护方案标识，表明 SUCI 计算时使用了具体的哪个机制。并且，引入了保护方案标识，也为部分运营商引入私有的 SUCI 加密方式留出了空间。

由于空方案仅为为解决兼容性问题而提出的方案，所以要对空方案的使用进行限制。UE 仅在以下情况中使用空方案生成 SUCI：

- 如果 UE 正在进行未经认证的紧急会话且没有所选 PLMN 的 5G-GUTI；
- 如果归属网络配置为“null-scheme”；
- 如果归属网络没有提供生成 SUCI 所需的公钥。

路由指示标识则用来解决用户归属网络中存在多个 UDM 的情况。对于用户归属网络中存在多个用户签约服务器时，在以往的网络中，IMSI 中通常包含相应服务器的路由信息，以便于拜访网络能够向具体的归属网络服务器发起业务请求。但在 5G 中，用户永久身份标识被加密导致其中的所有信息均被保护，因此网络无法通过加密后的数据得知具体的归属网络服务器信息，所以需要引入额外的路由指示标识，以便于和 MCC、MNC 共同配合确定用户具体对应的归属 UDM 信息。

所以，UE 使用公钥（即归属网络公钥）的保护方案产生 SUCI 的具体要求如下：

- 确定用户标识部分；

- 对于使用 IMSI 的 SUPI，SUPI 的用户标识部分为 IMSI 中的 MSIN；
- 对于采用 NAI 形式的 SUPI，SUPI 的用户标识部分为 NAI 的“用户名”部分；
- 根据所构造的保护方案的输入来执行保护方案，并将输出作为保护方案的输出。

在产生 SUCI 时，UE 不应隐藏归属网络标识和路由指示符。

由于 SUPI 具有 IMSI 和 NAI 两种形式，因此 SUCI 的产生也将根据 SUPI 包含 IMSI 还是 NAI 进行不同的计算。

当 SUPI 包含 IMSI 时，UE 应构建具有以下数据字段的 SUCI：

- 标识 SUCI 代表的 SUPI 是包含 IMSI 的；
- 将归属网络标识设为 IMSI 中的 MCC 和 MNC；
- 路由指示标识；
- 保护方案标识；
- 归属网络公钥标识；
- 加密运算输出结果。

当 SUPI 包含 NAI 时，UE 会构建具有以下数据字段且为 NAI 格式的 SUCI：

- 将 SUCI 的 real part 设为 SUPI 的 real part；
- SUCI 中用户名部分，包含 SUPI 类型、路由指示符、保护方案标识、归属网络公钥标识、加密运算输出结果。

在 SUCI 的计算过程中，如果采用了空方案，那么 SUCI 中的加密运算输出结果将完全等于输入的参数，即用户 IMSI 标识中的 MSIN，或者采用 NAI 形式表示时的“用户名”部分。

如果不采用空方案，那么 SUCI 的计算将采用相同的加密和解密流程，但将根据不同的参数集产生相应的结果。两套不同的参数集所对应的方案分别被命名为方案 A 和方案 B。

在 UE 侧，使用归属网络的预配公钥，然后通过归属网络提供的 ECIES 参数产生 ECC（Elliptic Curves Cryptography，椭圆曲线加密）临时公钥/私钥对。UE 侧的处理应根据 SECG SEC1 规范[3]中定义的加密操作完成，但采用下述方式对规范中的操作细节进行替换。

- 生成长度为 enckeylen + icblen + mackeylen 的密钥数据串 K。
- 将 K 最左边的以 enckeylen 为长度的字节解析为加密密钥 EK，将 K 中间以 icblen 为长度的字节解析为 ICB，将 K 最右边的以 mackeylen 为长度的字节作为 MAC 密钥 MK。

最终输出为 ECC 临时公钥、密文值、MAC-tag 和任何其他参数的串联。

UE 侧 SUCI 的加密流程如图 6-13 所示。

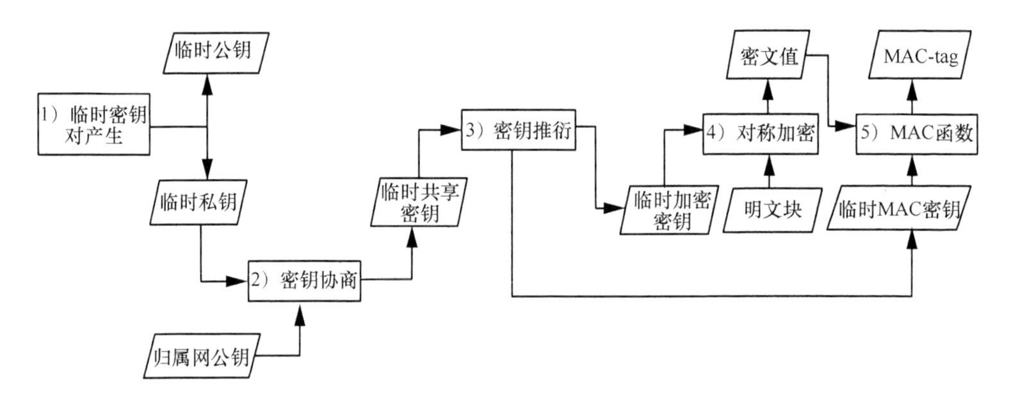

图 6-13　UE 侧 SUCI 的加密流程

由于用户终端 UE 实际上包含用户 USIM 卡和终端设备 ME，所以 UE 上的计算需要考虑是在 USIM 卡上完成还是在 ME 上完成。考虑到适应不同的部署场景，因此要求 ME 必须具备 SUCI 的计算能力，而 USIM 卡则可以有选择地支持 SUCI 的计算。因此，当 USIM 卡决定计算 SUCI 时，还需要向 ME 告知这一情况。

如果 USIM 指示的运营商的决定是 USIM 计算 SUCI，则 USIM 不给 ME 任何用于计算 SUCI 的参数，包括归属网络公钥标识、归属网络公钥和保护方案标识。如果 ME 确定由 USIM 指示的 SUCI 的计算由 USIM 执行，则 ME 需要删除用于计算 SUCI 的任何先前接收到的或本地缓存的参数。这些参数包括 SUPI 类型、路由指示、归属网络公钥标识、归属网络公钥和保护方案标识。如果运营商打算使用私有方案，那么需要使用未做标准定义的保护方案标识进行标记，并在 USIM 中完成 SUCI 的计算。

如果运营商决定由 ME 计算 SUCI，则归属网络运营商需要在 USIM 中提供运营商允许的保护方案标识优先级列表。此时 USIM 中保护方案标识的优先级列表将仅包含空方案、方案 A 和方案 B。不过该列表可以包含一个或多个保护方案的标识。ME 从 USIM 读取 SUCI 计算信息，包括 SUPI 类型、SUPI、路由指示、归属网络公钥标识、归属网络公钥和保护方案标识列表。然后 ME 从 USIM 获得的列表中选择其能支持的最高优先级的保护方案对 SUCI 进行计算。此外，如果 USIM 没有提供归属网络公钥或优先级列表，此时 ME 应使用空方案产生 SUCI。

而在网络侧，当 UDM 接收到加密的用户标识 SUCI 后，将在 SIDF 模块中对 SUCI 进行解密。SIDF 需要根据 SECG SEC 1 规范中的定义完成解密操作，同时采用下述方式对规范中的操作细节进行替换。

- 生成长度为 enckeylen + icblen + mackeylen 的密钥数据 K。
- 将 K 最左边的以 enckeylen 为长度的字节解析为加密密钥 EK，将 K 中间以 icblen 为长度的字节解析为 ICB，将 K 最右边的以 mackeylen 为长度的字节作为 MAC 密钥 MK。

网络侧 SUCI 的解密流程如图 6-14 所示。

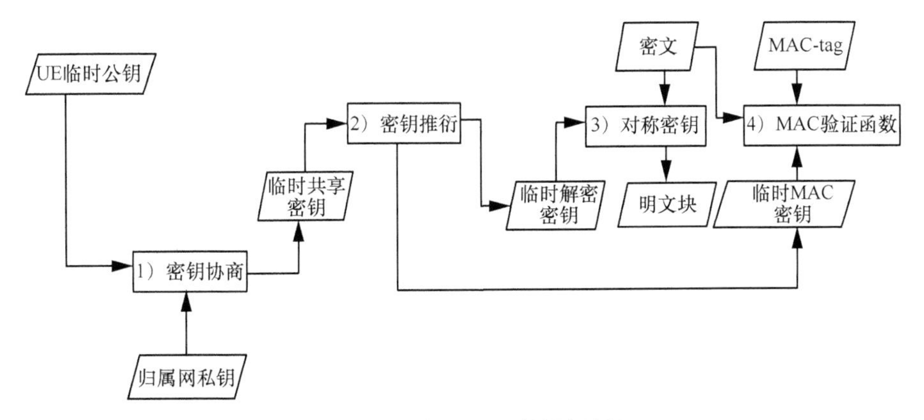

图 6-14 网络侧 SUCI 的解密流程

6.12 服务化架构的接口安全

对于传统网络而言，不同网元之间的通信需要预先定义和配置它们之间的通信接口，这样特定的协议消息便只能在特定的网元间传输，而没有定义接口的网元之间无法直接通信，必须通过额外的协议或利用其他网元中转相关信息。在这样的机制下，在两个特定网元间传输的信息不会被其他网元获取。在 5G 的服务化架构中，每个网络功能都可以在网络中注册自己的服务并订阅其他服务。这样一来，一方面，虽然各网络功能可以提供统一的接口便于调用，但是也意味着传统的固定接口模式被打开，每个网络功能均可以被其他网络功能所访问；另一方面，服务化带来网络功能部署和更新便利化的同时，也为攻击者伪造成合法 NF 构造攻击提供了更便利的条件。比如，攻击者可利用一个受到控制的 NF 对目标 NF 发送信令，利用目标 NF 的本地漏洞或者协议实现漏洞实施对目标 NF 的攻击。如果网络中存在非法的 NF 向特定 NF 请求敏感数据（例如虚构应用功能 AF 访问 UDM），或者利用合法的网络功能实体获取原本不应当获取的数据（例如使用 SMF 访问 UDM 获取认证向量），均可以获得原本不应当获取的信息。

此外，服务化网络功能之间的交互以 HTTP/2 承载。相对于 SS7 和 Diameter，HTTP/2 的协议灵活性更大，对运营商间互联互通和互操作安全性也产生了影响。

6.12.1 基于服务化架构的安全防护机制

针对上述分析的服务化架构所带来的安全风险，网元之间的通信除了要考虑传统的网络层（即 IP 层）安全保护之外，还要考虑网络层之上的传输层和应用层安全机制，以确保服务化架构的安全。

以下是 5G 服务化架构中最关键的三种安全机制。

（1）在传输层采用 TLS 协议实现网元之间的传输层认证及信息传输保护。

（2）在应用层引入 IETF 定义的 OAuth 2.0[4]授权框架，以确保只有被授权的网络功能才有权访问提供服务的网络功能。基于此，5G 网络还采用了一套由 NRF 提供完善的服务注册、发现、授权安全机制来保障服务化安全。

（3）采用增强的互联互通安全机制，包括在两个不同的运营商之间引入安全边界保护代理（SEPP）并使不同的 SEPP 之间相互认证，以及在 SEPP 之间的接口（N32）采用新的应用层安全保护方案。

6.12.1.1 传输层安全

既然服务化的理念来源于 IT 技术，那 5G 服务化安全机制也应参考互联网架构中的安全机制和协议。3GPP 制定的 5G 安全标准[1]要求所有的网络功能都应支持 TLS 协议，且同时支持服务端和客户端证书，以便建立 TLS 连接时进行双向认证。这样，运营商内部的网络功能实体之间都可以采用 TLS 进行传输层保护，确保两个网络功能之间交互信息的机密性和完整性。当然，考虑到不同业务的特点与成本开销，运营商也可以自行决定是否开启和使用 TLS 对服务化接口进行传输层保护。

6.12.1.2　网络功能之间的认证与授权

为了解决网络功能（NF）之间灵活的访问所带来的安全问题，需要引入网络功能请求业务时的授权机制，确保被授权的网络功能才能访问特定业务或资源。而引入授权机制，还需要考虑实现网络功能间的认证机制，从而确保通信过程中网络功能的身份都是真实可靠的，授权信息不会被滥用。

1. NRF 与 NF 之间的认证和授权

在 5G 网络架构中，网络仓库功能（NRF）负责各网络功能服务能力的注册，以及网络功能对其他网络功能服务能力的请求进行响应。NRF 将获取并维护整个网络内所有网络功能服务的信息，进而对服务进行管理。因此，作为管理类网络功能，NRF 有必要引入授权机制，以防止被非法网络功能使用业务。

NRF 和 NF 会在服务发现、注册和访问令牌请求期间进行双向认证。认证可根据运营商是否使用了传输层保护机制而采用传输层安全机制的认证机制或隐式认证，如采用网络域安全机制（NDS/IP）或物理安全机制。当 NRF 接收到来自未经认证的网络功能的消息时，NRF 进行错误处理并可以向网络功能返回错误消息。在认证成功后，NRF 根据本地的授权策略决定是否授权网络功能执行发现和注册服务。

2. NF 之间的认证和授权

当网络功能通过 NRF 的授权检查并获取服务信息后，此时该发起请求的网络功能（记作 NF consumer）可以根据 NRF 反馈的信息向提供服务的网络功能（记作 NF provider）发起业务请求。在进行业务请求之前，NF provider 和 NF consumer 之间也需要进行认证。NF 间的认证机制与 NF 和 NRF 之间的双向认证机制一样，仍然是传输层安全机制的认证机制，或者是网络域安全机制或物理安全隐式实现方式等。此外，考虑到 NF consumer 从 NRF 获取 NF provider 的信息时已经与 NRF 进行过双向认证，而 NF provider 在注册服务时也需要与 NRF 进行双向认证，因此 NF consumer 可以认为其所访问的 NF provider 是经过了认证的，这种情况下 NF consumer 可以不对 NF provider 做进一步的认证。

不论是 NF 与 NRF，还是 NF 与 NF 之间的授权，均可以采用以下两种授权的方法：一种是借助于 IETF 定义的 OAuth 2.0 授权框架[4]实现授权，可以被称为显式授权；另一种是借助于现有 5G 服务发现流程，在 NRF 和 NF provider 本地进行授权验证的方法，可以称为隐式授权。

3. **显式授权**

对于显式授权来说，采用 OAuth 2.0 框架，遵循客户凭证授权类型的授权方式，访问令牌为 JSON Web Token[5]，并根据 RFC7515[6]中的 JSON Web Signature（JWS）使用数字签名或消息认证码进行保护。NF、NRF 都需要具备基于 OAuth 2.0 授权的功能，在授权过程中，NF consumer 充当 OAuth 2.0 客户端，NF provider 充当 OAuth 2.0 资源服务器，NRF 则充当 OAuth 2.0 授权服务器。

NF consumer 首先需要向 OAuth 2.0 授权服务器（NRF）注册 OAuth 2.0 客户端。在 NF consumer 服务访问特定的 NF provider 之前，需要先向 NRF 请求访问令牌。

NF consumer 向 NRF 获取访问令牌流程如图 6-15 所示。NRF 根据 NF consumer 的令牌访问请求，基于本地的授权策略进行判定。如果授权通过，NRF 就可以根据其请求的要访问服务类型以及服务提供者的相关信息生成对应的令牌（Token），并将该令牌等信息返回给 NF consumer。

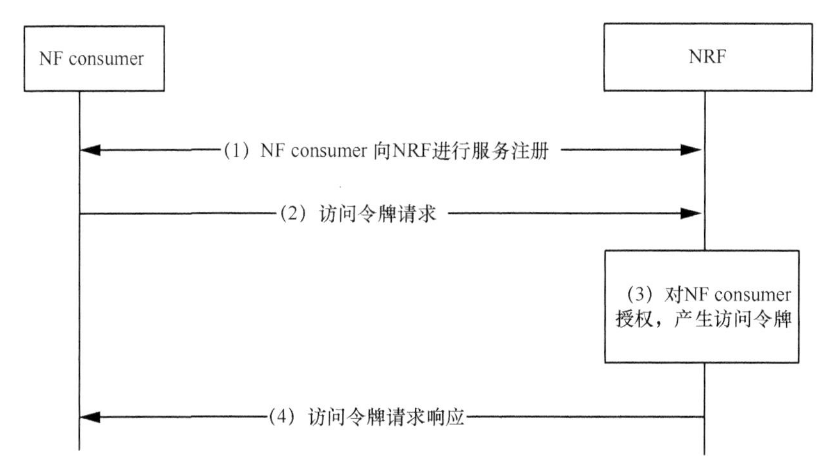

图 6-15　NF consumer 向 NRF 获取访问令牌流程

NF consumer 向 NRF 获取访问令牌流程如图 6-16 所示。NF consumer 向 NF provider 发起业务请求时，需在请求中携带 NRF 颁发的对应令牌。NF provider 在收到业务请求时对令牌进行验证，如果验证成功，则响应 NF consumer 的请求并执行相应的服务，否则将进行错误处理。NF consumer 也可以存储接收到的令牌进而在其有效期内重复使用该令牌向 NF provider 请求服务。

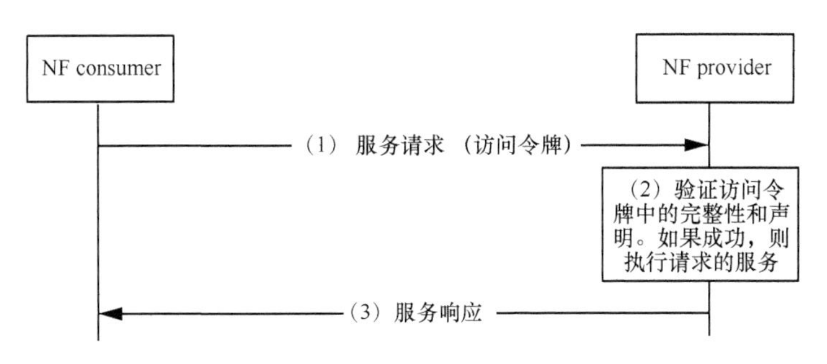

图 6-16　NF consumer 向 NRF 获取访问令牌流程

上述过程需要通过特定的消息发起授权请求，还需要产生对应的令牌，以及对令牌进行验证以判定是否通过授权，使得授权过程能够较为明显地与其他业务交互流程所需信息区分开，因此被称为显式授权。

4. 隐式授权

对于隐式授权来说，当 NF consumer 向 NRF 发起业务发现请求时，NRF 需要借助本地的授权策略进行判定。如果授权通过，则向 NF consumer 返回发起业务所对应 NF provider 的相关信息。如果授权不通过，则不返回 NF provider 的信息并告知错误。而当 NF consumer 向 NF provider 发起业务请求时，NF provider 将基于本地策略设置决定是否对 NF consumer 做进一步的验证并执行可选的验证过程。对于隐式授权来说，无须单独的令牌授权请求消息，也不会产生专门用于授权的信息，更不需要对授权的信息做进一步的校验。由于所有的授权均是依赖于业务交互流程的顺利执行而完成的，所以被称为隐式授权。

6.12.2　域间安全

5G 系统为保护运营商之间的信令安全，引入了 SEPP，并与之同时引入应用层安全保护机制，一方面保证了运营商间互联互通信令的机密性和完整性保护，另一方面也为 IPX 对信令必要的修改提供了空间。所有跨运营商的信令传输均需要通过 SEPP 进行处理和转发。

在 SEPP 提供服务时，根据归属的运营商不同，分别被称为业务请求方的 cSEPP 和业务响应方的 pSEPP。通常 cSEPP 和 pSEPP 之间存在一个或多个互联互通运营商。与 cSEPP 所属运营商有商业合同的互联互通运营商被称为 cIPX，与 pSEPP 所属运营商有商业合同的互联互通运营商被称为 pIPX。

SEPP 使用基于 IETF RFC7516[7]定义的 JWE（JSON Web Encryption）机制为 N32 接口上的消息提供加密，使用基于 IETF RFC7515[6]定义的 JWS（JSON Web Signature）机制为 N32 接口上的中间节点所需的信令修改提供签名。

当业务请求方的一个 NF 要向业务响应方的 NF 发送消息时，如果这个消息是跨运营商的，那么业务请求方的 cSEPP 从 NF 处接收消息后，对消息进行处理，并使用运营商间协商好的对称密钥生成 JWE 对象，对消息提供应用层的保护。cSEPP 将生成的 JWE 对象通过中间节点即 cIPX 和 pIPX 发送至 pSEPP。pIPX 和 cIPX 可以对互联互通接口上传输的消息进行修改，并对消息的修改内容进行签名。进行签名后，IPX 将包含签名和修改内容的 JWS 对象附加在消息后面。pSEPP 接收来自于 pIPX 的消息，验证 JWE 对象的真伪，并恢复来自于 NF 的原始消息，再验证 JWS 对象中的签名，并结合中间节点的改动更新消息内的相应内容。最终，pSEPP 将消息转发给目标 NF。运营商域间信令安全框架如图 6-17 所示。

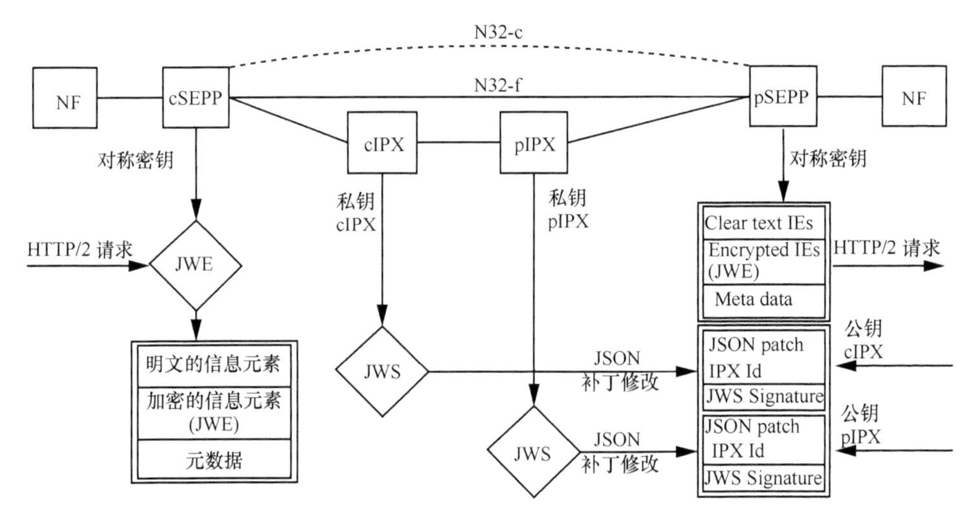

图 6-17 运营商域间信令安全框架

6.12.2.1 域间安全协商

在运营商间接口提供服务传递与 NF 服务相关的信令之前，运营商间的 SEPP 之间应该有一个约定的安全机制。如果在运营商之间未就 SEPP 间使用的安全机制提前预置的话，SEPP 可以通过协商机制来确定使用哪个安全机制来保护与互联互通相关的信令。

当 SEPP 注意到它没有与对端 SEPP 约定的 N32 保护安全机制，或者 SEPP 的安全能力已经更新时，SEPP 应与对端 SEPP 进行安全能力协商，以确定使用哪个安全机制来保护 N32 接口上与 NF 服务相关的信令。安全能力协商需要在 SEPP 之间采用双向认证的 TLS 连接进行保护。TLS 连接可以提供完整性、机密性和抗重放保护。域间安全协商机制如图 6-18 所示。

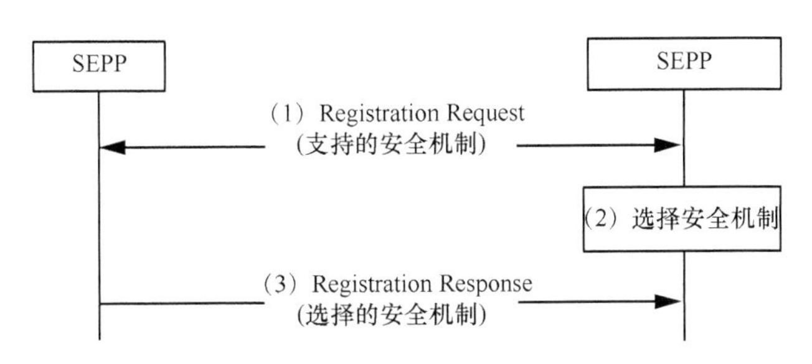

图 6-18　域间安全协商机制

6.12.2.2　域间信息传输时的安全处理

在进行网间互联互通安全保护时，当 SEPP 接收来自于 NF 的请求或响应消息时，需要对消息进行处理、加密后再发送。这是由于 JWE 机制仅能保护 HTTP 消息中的消息体，无法针对 HTTP 消息头中的信息进行保护。但在 5G 通信消息中，很多敏感信息被放置在 HTTP 消息头中，为了避免这些敏感信息被泄露，SEPP 需要首先将这些敏感信息从消息头中移动至消息体中进行保护，在对端的 SEPP 对消息进行解密和完整性校验后，再恢复到消息头中。此外，对于不希望 IPX 探知的信息，如用户的会话密钥、身份标识等，均需要施加 SEPP 之间的端到端加密保护，而对于非敏感的信息，则无须施加端到端的加密保护。因此，SEPP 还需要区分消息体是否需要受到加密保护。由于所有信息均需要在 SEPP 之间传输过程中防止被篡改，所以所有信息均需要受到完整性保护。因此，SEPP 改写后的消息，将包含仅受完整性保护的信息部分，以及同时受完整性和加密保护的信息部分。

然后，SEPP 将这些信息作为输入，使用 JWE 的方式产生受到保护的消息。JWE 支持的所有加密方法都是 AEAD（Authenticated Encryption with Associated Data）方法，可以在一次操作中实现对原始信息的机密性和完整性保护，以及对信息进行的单独完整性保护。需要受到机密性和完整性保护的数据对象和需要受到完整性保护的数据对象应分别以明文和 JWE 附加认证数据（AAD）的形式将数据输入 JWE，

JWE AEAD 算法生成 JWE 加密文本（密文）和 JWE 认证标签（消息认证代码）。密文是对明文使用对称加密后的输出，而身份验证标记则可用于验证生成的密文和其他已验证数据的完整性。

计算完成后，SEPP 将加密后的信令发向对端的 SEPP，SEPP 之间的路径可能通过 cIPX 和 pIPX 的节点。而 IPX 节点可以根据自己的运营需求对消息进行修改。首先，IPX 节点可以恢复 HTTP 消息体内 JWE 对象中未加密（即明文）的数据，根据修改策略修改数据，并计算、创建一个临时性的 JSON 对象，包含修改操作信息以及重放包含的相关参数。然后，IPX 将临时 JSON 对象作为输入，使用 JSON Web Signature（JWS）产生一个 JWS 对象，并将这个 JWS 对象添加到接收消息的后面并发送给下一跳。这样，由两个 IPX 运营商生成的 JWS 对象构成了一个可审计的修改链，在验证补丁是否符合修改策略后，修改内容可以被用于更新接收端的解析消息。

在接收端，SEPP 需要基于与发端 SEPP 共享的会话密钥，以及从 JWE 对象获取到的参数、额外的已验证数据值和 JWE 身份验证标记对 JWE 密文进行解密。

接下来，SEPP 验证 JWE 对象中的 JWE 认证标签，检查明文封装的消息和加密文本的完整性和真实性，也同时验证中间 IPX 没有将加密的数据移动或复制到后续不加密的位置，以便避免接收端 NF 在返回的消息中将该类数据以明文方式发送导致信息泄露。SEPP 使用 NF API 数据类型替换映射和加密策略来验证信息元素是否已正确地实施了加密。验证后，只有当 JWE 身份验证标记正确时，算法才返回解密的明文（需要受到机密性和完整性保护的数据对象）。

接下来，SEPP 还需要通过验证中间节点添加的 JWS 签名来验证 IPX 运营商的更改是否正确。对于与接收端 SEPP 运营商没有业务关系的 IPX 运营商的修改，SEPP 需要使用从发送端 SEPP 处获得的 IPX 运营商安全信息列表中的相应原始公钥或证书来验证 JWS 签名。然后，SEPP 根据 IPX 提供商安全信息列表中给出的信息，检查修改数据的完整性保护块中 JWS 签名中的公钥或者证书指示的 IPX 标识是否与发送端 SEPP 添加的“授权 IPX id”字段中提到的 IPX 运营商匹配。

然后，接收端 SEPP 检查中间节点进行的修改是否得到各自修改政策的允许。如果在许可范围内，那么接收端 SEPP 将按顺序根据操作字段字段中的指示根据补丁更新接收数据，并再次进行数据校验。在校验通过后，SEPP 将根据更新后的明文封装数据，创建新的 HTTP 请求。

最后，接收端 SEPP 还需要验证接收互联互通接口的信令消息中包含的

PLMN-ID 是否与相关上下文中的 PLMN-ID 匹配，防止假冒运营商欺骗。

6.13　5G 与 2G/3G/4G 互操作安全

为了保证存量用户的使用，移动通信系统在设计时通常是需要考虑后向兼容的，即新设计的系统应能够保证存量用户接入新的网络，并且可以在不同制式的网络（如 2G、3G、4G）间进行连接转换，以避免新系统在开展初期覆盖不全面、容量不充分等导致的用户无法使用的问题。这种允许用户在不同制式的网络进行连接转换的过程被称为互操作。因此，在现有网络中，UE 是可以在 2G、3G、4G 网络之间自由地互操作的。

但是互操作在给用户带来便利的同时，也会带来特定的问题。通常来说，由于新一代的系统在设计时会考虑在系统架构上解决上一代系统遗留的安全问题，被视为新一代的网络较上一代的网络拥有更多的安全机制。因此，当用户在不同网络制式间进行互操作时，就意味着用户终端需要能够接入不同制式的网络，启用不同制式网络条件下的安全机制。而这就意味着虽然已知的安全风险在新的网络系统中不存在，但是一旦用户互操作返回到原有系统，原有安全风险仍需要通过部署额外的防护手段进行防御，而这将极大地依赖具体的网络部署实施情况。而部分网络运营商的防护手段可能不完善，因此在用户漫游等情况下接入缺乏防护的运营商范围内，仍然面临一定的风险。因此，在 5G 中，充分考虑了已有网络的安全风险，仅允许与 4G 网络系统进行互操作，而不允许直接返回 2G/3G 网络。

为了用户正常地在不同制式的网络间互操作，尤其是为了保证 UE 在互操作时能够持续地进行业务，UE 与通信网络通常需要将不同制式下的不同格式的安全参数集合（即安全上下文）进行转换，使 UE 和网络之间的通信能够持续地得到安全保护。此外，UE 与网络之间的连接存在不同的状态：连接态和空闲态。当 UE 与通信网络发生实际业务（例如，UE 进行通话，或者 UE 利用通信网络传输数据）时 UE 处于连接态。当 UE 没有发生实际业务时，UE 仍需要与网络保持必要的连接，以便于接收来自网络的指令（例如，被呼叫，或者需要接收消息等），此时 UE 处于空闲态。所以，当 UE 在不同制式之间进行互操作时，就需要分别考虑 UE 处于连接态还是空闲态的情况。再考虑 UE 是从低安全等级网络进入高安全等级网络，还是 UE 从高安全等级网络进入低安全等级网络。所以，互操作需要按照此四种情况分别考虑。

但上述互操作是在 5G 与 4G 之间存在相关接口的情况下需要考虑的。在 5G 中，

负责执行互操作的网元为接入与移动管理功能（AMF）；4G 中负责执行互操作的网元为移动管理实体（MME），两者之间的接口被称为 N26 接口。考虑到特定部署场景下，AMF 与 MME 之间没有接口，因此 5G 与 4G 之间的互操作还要考虑接口不存在的情况。

6.13.1 无 N26 接口时的互操作安全

当 UE 所在的移动通信系统中没有 AMF 与 MME 之间的 N26 接口时，UE 无法在连接态下保持 5G 与 4G 之间的业务连续性，只能在空闲态下进行网间的互操作。

当 UE 试图从 5G 移至 4G 时，如果 MME 和 UE 上保留有 4G 当前的 NAS 安全上下文参数，则 UE 与 MME 使用 4G 当前的 NAS 安全上下文实现对 4G 消息的保护。

当 UE 试图从 4G 移至 5G 时，如果 AMF 和 UE 上保留有 5G 当前的 NAS 安全上下文参数，则 UE 与 AMF 使用 5G 当前的 NAS 安全上下文实现对 5G 消息的保护。

6.13.2 空闲态下 UE 从 4G 到 5G 的安全移动

当空闲态的 UE 试图从 4G 移至 5G 时，UE 与 MME 拥有 4G 当前的 NAS 安全上下文。如果 UE 前期曾经与 5G 网络连接过，那么 UE 与 AMF 也可能共享由 5G 系统产生的 5G NAS 安全上下文，由 5G 系统产生的 5G NAS 安全上下文被称为原生 5G NAS 安全上下文。

因此，在 UE 向 AMF 发送的注册请求消息中，包含 TAU 请求，该 TAU 请求使用与 MME 共享的 4G NAS 安全上下文保护完整性。此外，UE 还要在消息中包含 UE 的 5G 安全能力、由 4G GUTI 映射而成的 5G GUTI。如果 UE 拥有前期与 5G 网络共享的原生 5G NAS 安全上下文，那么 UE 还应包括用来标识的 5G GUTI 和 ngKSI 密钥标识。

AMF 在接收到注册请求后，将通过映射的 5G GUTI 标识与 MME 交互来检索 UE 上下文。AMF 在上下文请求消息中将封装的 TAU 请求给 MME。MME 则使用 UE 安全上下文验证 TAU 请求，如果验证成功，则 MME 将 UE 上下文发送到 AMF。

5G 系统在设计时认为 5G 系统安全性要高于 4G。因此，如果 AMF 从消息中获得了由 5G GUTI 标识的原生 5G 安全上下文，就可以直接用来验证注册请求消息的完整性。如果验证成功，AMF 就继续处理在上下文响应消息中得到的来自于源 MME

的任何 4G 安全参数，并跳过 NAS SMC 过程，直接发送使用 5G GUTI 标识的原生 5G 安全上下文保护的注册接收消息，并在注册请求消息中包含 ngKSI，便于 UE 识别使用了原生 5G 安全上下文。

如果验证失败或者发现 UE 的 5G 上下文不可用，此时 AMF 需要将注册请求消息视为没有受到保护的消息。在这种情况下，AMF 可以选择基于源 MME 接收的 4G 安全上下文推导出映射的 5G 安全上下文，也可以选择重新与 UE 进行主认证过程以创建新的原生 5G 安全上下文。如果 AMF 选择使用映射的 5G 安全上下文，则需要将 ngKSI 以及新导出的映射 5G 安全上下文与上下行链路的 5G NAS COUNT 关联。如果创建了映射的 5G 安全上下文或更改了原生 5G 安全上下文（例如，新的 K_{AMF}'推衍或 NAS 算法更改导致的安全上下文变更），AMF 将通过 NAS SMC 过程激活生成的 5G 安全上下文，并在 NAS SMC 过程中将 ngKSI 发送给 UE。当 UE 接收到 NAS SMC 并根据接收到的 ngKSI 中的类型值判断为映射的安全上下文时，UE 利用所接收的 ngKSI 中的值域来识别 UE 中的 4G 安全上下文，然后利用它产生对应的映射 5G 安全上下文。待 NAS SMC 结束后，AMF 发送使用映射的 5G 安全上下文保护的注册接收消息给 UE。

6.13.3　连接态下 UE 从 4G 到 5G 的安全切换

当 UE 处于连接态时，表明 UE 正处于业务处理过程中，此时保持业务的连续性成为安全切换的重点。因此，UE 将利用当前正在与 4G 保持的 4G 安全上下文映射出相应的 5G 安全上下文，而不再区分 UE 与 5G 网络在前期是否拥有原生 5G 安全上下文。此外，由于 UE 处于连接态，安全上下文中不仅包含 UE 与核心网之间的 NAS 安全上下文，还包括 UE 与基站间的 AS 安全上下文，因此还需要考虑如何产生 UE 与 5G 网络间的 AS 安全上下文。

当 UE 试图进行互操作切换时，UE 向 MME 发起 TAU，这个 TAU 中间包含 UE 的标识 GUTI，以及 UE 的安全能力，这个消息本身受到 4G 安全上下文的保护。当 MME 收到后，将根据用户标识找到对应的 AMF，然后发送转发重定位请求，并包含用户的 4G NAS 安全上下文。AMF 在收到用户的 4G NAS 安全上下文之后，将其映射为对应的 5G NAS 安全上下文，并根据映射的 5G NAS 安全上下文推衍产生 5G AS 所需的密钥。然后 AMF 将按照 4G 切换协议的安全流程要求将相关安全信息进行封装，然后连带 UE 安全能力等信息一并发送给 5G 基站 gNB。gNB 根据 UE 安全能力等信息推衍出完整的 AS 安全上下文，然后将封装的信息放入切换响应消息中，经过 AMF，MME 返回给 4G 下的基站 eNB。当 eNB 收到转发来的响应消息后，向 UE 发出切换命令并在消息中携带封装的信息，要求 UE 切换到 5G 网络下。UE 将根据指令首先产生切换至 5G 所需要的 NAS 安全上下文，然后基于新映射的 NAS 安全上下文解析封装的信息，进而产生 AS 安全上下文，从而建立与 gNB 之间的无线安全信道。

6.13.4 连接态下 UE 从 5G 到 4G 的安全切换

当 UE 在连接态下从 5G 到 4G 进行切换时，安全过程与前述过程基本类似，只是变成了从源 gNB、AMF 到目标 MME、eNB。在此过程中，AMF 与目标 MME 通信时，将基于 5G 安全上下文产生 4G 相关安全参数并发送给 MME，由目标 MME 按照 4G 切换的流程产生相应的参数发送给 eNB，并完成整个切换流程。

6.13.5 空闲态下 UE 从 5G 到 4G 的安全转换

当 UE 在空闲态下从 5G 移动到 4G 时，安全处理过程与空闲态下 UE 从 4G 到 5G 的安全转换过程类似。UE 也采用当前 5G 网络的 5G NAS 安全上下文对 TAU 消息进行保护，消息由 MME 收到后，根据消息携带的映射 GUTI 找到对应的 AMF，并转发 TAU 消息，由 AMF 进行校验。待校验通过，AMF 将生成映射的 4G NAS 安全上下文并发送给 MME。MME 将基于 4G 原有的空闲态移动安全机制，直接使用映射的 4G NAS 安全上下文与 UE 通信。

6.14 安全能力服务化（SECaaS）

在 2G/3G/4G 系统中，网络策略和安全机制在全网相对统一。相应地，提供的网络服务和安全能力也较固定。由于 5G 网络会更加广泛地服务于各类垂直行业，不同的垂直行业又需要不同强度的认证、隔离、数据安全防护等能力，因此 5G 网络对安全能力也提出了更精细化、差异化的要求。此外，5G 网络自身所具备的安全机制和功能，对于运营商来说具有可开放的价值，不仅可以满足垂直行业的需求，同时也实现了网络资源的价值最大化。

6.14.1　安全即服务

面对更加弹性的安全需求，5G 所采用的新技术为 5G 网络提供定制化、自适应的安全服务提供了基本条件，可以使 5G 网络快速、智能化满足各垂直行业应用的不同安全需求。比如：网络切片技术可以实现不同切片在核心网的设备组网隔离以及数据分流转发机制，这为运营商向用户提供差异化的安全能力及安全保护提供了可能；NFV 和 SDN 技术可以使网络具备统一的安全编排能力，通过调度、编排虚拟和物理安全资源池，实现安全资源自动分配、安全业务自动化发放、安全策略自动适应网络业务变化等能力，以多网元、多层次协同保障网络安全；在此基础上，通过构建安全资源池和安全集中编排点，并结合大数据和人工智能技术，实现安全策略集中管理和编排，可以实现为用户按需提供安全服务的目标。

此外，垂直行业普遍需要对用户进行安全管理，对业务内容进行安全保护，如身份管理和认证、防（D）DoS 攻击、机密性或完整性保护等。但是并非所有的垂直行业都具备安全管理能力和安全保护能力，或者建设安全能力需要较大成本。这时，使用外部的安全服务往往是垂直行业的一种选择。对于电信运营商来说，经过长期的运营，其安全能力已经得到了检验，且积累了较好的用户信任，可以进一步将安全能力开放。通过能力开放，运营商可以更好地为垂直行业提供安全服务，一方面，基于对网络和通信管道的掌控，通过能力开放可以促进网络功能的使用，实现其网络资源的最大化，也可以探索基于这些功能的创新服务；另一方面，通过能力开放可以扩大其产业影响力。安全能力作为运营商独有的网络优势，其开放价值也不言而喻。5G 网络本身具备较全面的安全能力，包括密钥的产生与管理、认证能力、访问控制、安全管理等，部分安全能力可以开放给垂直行业，为垂直行业提供快捷、可靠的安全服务，构建基于 5G 的安全生态体系。

综上所述，利用 5G 技术的优势和 5G 自身安全能力，可以实现为用户和垂直行业提供更加灵活和开放的安全服务，这样的特性也被叫作“安全即服务”。

6.14.2　5G 可开放的安全能力和服务

通过应用编程接口，运营商可以将网络安全能力开放给垂直行业应用，从而让垂直行业的服务提供商能有更多的时间和精力专注于具体垂直行业应用的业务逻辑开发，进而能快速、灵活地部署各种新业务，以满足用户不断变化的需求。网络中相同的安全能力通过实例化能共享给多个垂直行业应用，同时还能保持与安全相关的数据的隔离，从而提高运营商网络安全能力的使用效率。

NGMN 发布的 5G 安全能力开放白皮书[8]中，分析了一系列 5G 系统可开放的网络安全能力。图 6-19 是该白皮书中总结的各标准组织对 5G 能力开放的工作概览。

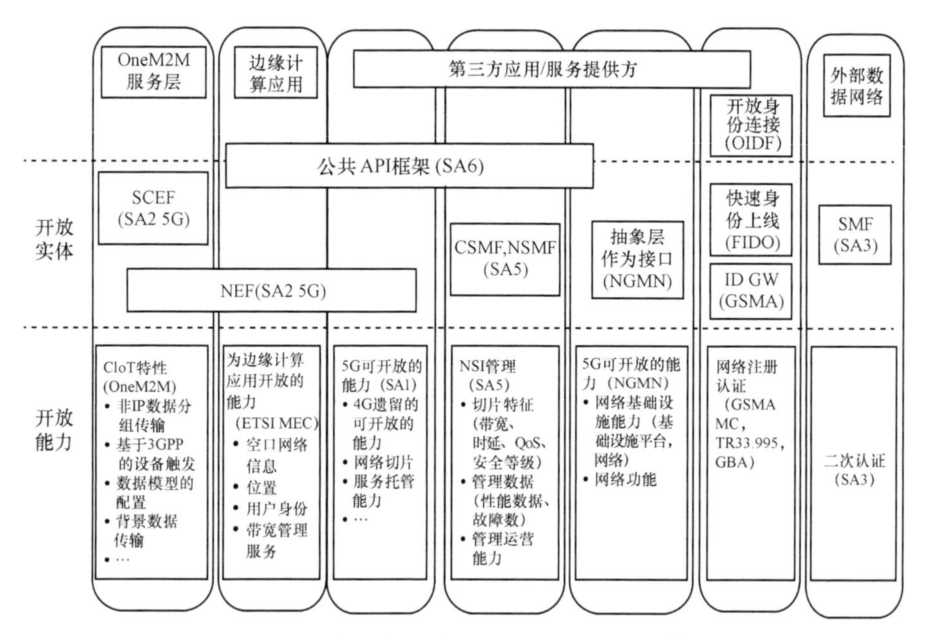

图 6-19　各标准组织涉及的能力开放工作概览[8]

可以看出，除了有网络本身的可开放能力之外，还有多种可开放的安全能力，比如：

- 基于网络接入认证向垂直行业应用提供访问认证，即如果垂直行业应用与运营商网络层互信，用户在成功通过网络接入认证后可以直接访问垂直行业的应用，从而在简化用户访问垂直行业应用认证的同时提高了访问效率；
- 基于 5G 网络提供对外部数据网络的次认证接入控制能力，使得垂直行业可以控制用户接入特定数据网络，使运营商网络可以作为垂直行业应用安全的屏障；
- 向垂直行业开放接入切片的控制能力，增强切片接入的安全性，同时也可引入面向客户的标识和认证体系，进一步支持垂直行业向客户提供不受终端限制的多级别服务；

- 开放对集成安全功能网元的安全策略配置和监控能力，便于更好满足垂直行业的网络安全需求；
- 基于终端智能卡的安全能力，可以拓展垂直行业应用的认证维度，增强认证的安全性；
- 基于通信网络已有的安全认证机制为业务应用产生新的密钥，供应用和终端之间实现通信加密，帮助垂直行业解决密钥分发和管理难题。

下面将主要对基于网络切片提供增强的安全服务、5G 网络提供的对外部数据网络的次认证服务以及基于通信网络已有的安全认证机制为应用层提供认证和密钥管理能力的服务进行介绍。

6.14.3 基于网络切片提供增强的安全服务能力

各垂直行业应用在向用户提供服务时，需要建立网络连接并获得通信安全保障。这些应用不但对网络连接的带宽、时延、覆盖范围、服务质量、可靠性等提出了差异化需求，对安全能力也提出了更精细化、差异化的要求。首先，差异化的安全能力要求在不同切片中部署不同安全设备，并通过组网、定向路由等方式将流量牵引到对应的安全设备上，其部署难度大、配置周期长，无法快速满足垂直行业安全需求，特别是在业务发生变化时。其次，个性化的安全设置需要运营人员针对每个切片做繁杂的安全配置、审核和监控，安全运维成本高，需要投入大量的资源和人力。

网络切片、软件定义网络、网络功能虚拟化、业务链、云计算以及人工智能等新技术的出现，使运营商在 5G 网络切片中提供定制化、自适应的安全服务，快速、智能化满足各垂直行业应用的不同安全需求成为可能。

关于网络切片安全服务的目标、定制化网络切片安全的关键技术等具体内容将在本书第 8 章 5G 切片安全中进行详细介绍。

6.14.4 对外部数据网络提供的次认证能力

在前几代移动通信系统中，终端和第三方业务应用服务器之间建立网络连接后，由应用服务器与终端侧的应用配合进行应用层数据通道的访问控制，运营商的网络在这个过程中除了提供传输通道外，并不参与应用层访问控制的策略和过程。这样的机制下，如果出现恶意用户频繁调用应用服务器提供的身份验证服务，就会造成拒绝服务（DoS）攻击。

在 5G 系统中，考虑到上述攻击的可能性和安全风险，也考虑到一些垂直行业客户使用自己的安全凭证控制其用户的网络访问需求，5G 网络提供了把访问第三方数据网络的身份认证授权给承载数据网络的第三方的能力，这就是 5G 网络特有的次认证能力。

次认证发生的前提条件是终端已经接入运营商的 5G 网络并成功完成了初始认证。此外，如果第三方数据网络提供商想要使用次认证能力的话，需要基于用户终端中预存的认证凭证进行。

次认证的一个巧妙设计是其使用了 EAP 框架。由于 EAP 框架在互联网中被广泛使用，所以次认证采用 EAP 框架可以适用于不同第三方业务提供商使用的各种证书类型和认证方法。在次认证的过程中，5G 网络中的 SMF 扮演 EAP 认证器的角色，而外部数据网络的认证服务器（DN-AAA）则扮演 EAP 后台认证服务器的角色。

次认证流程如图 6-20 所示。在终端向 SMF 请求建立用户面 PDU 会话时，SMF 根据终端用户的注册信息和本地策略决定是否需要次认证流程。如果是的话，由 SMF 发起 EAP 认证流程，触发终端和 DN-AAA 之间的 EAP 认证交互消息，当认证成功后，才由 SMF 继续触发 PDU 会话建立流程，为终端和 DN-AAA 之间建立 PDU 会话。

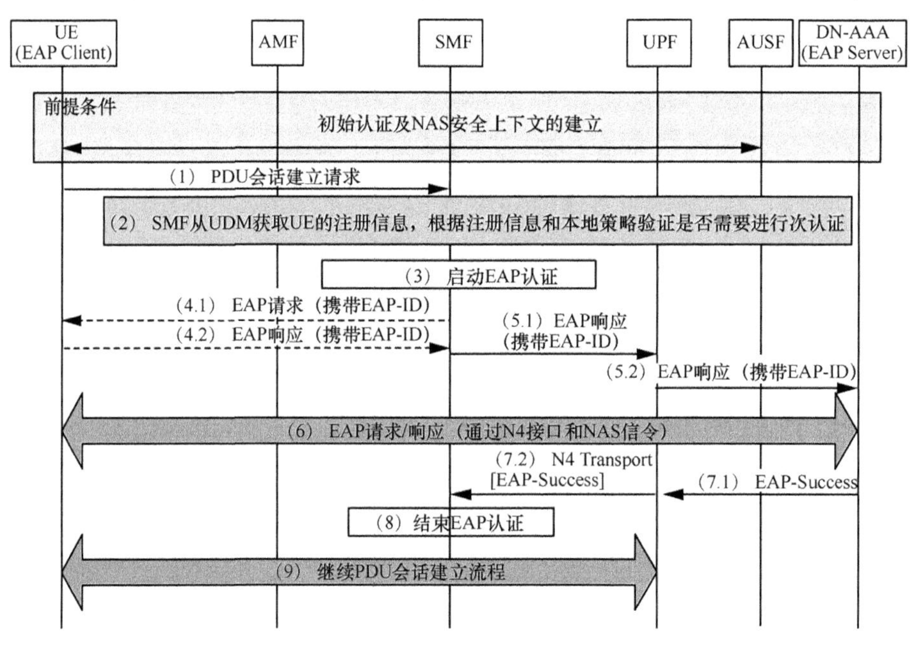

图 6-20　次认证流程

如果说主认证为用户接入 5G 网络提供了安全保障，那次认证便为用户通过 5G 网络访问外部数据网提供了额外的一层安全保障。第三方数据网络提供商可以根据业务的安全需求灵活选择是否使用次认证能力，也为运营商面向 5G 垂直行业的应用提供有效的安全保障。

6.14.5 基于运营商认证凭证为应用层提供的认证和密钥管理能力

在移动互联网和物联网业务中，业务平台需要有可靠的认证机制来保证用户对业务的合法使用，同时也要保障业务的正常运行不受非法用户的恶意干扰。为了验证用户的合法性以便其使用业务，应用平台需要对终端用户进行登录认证；另外，如果应用数据流需要进行加密，应用平台与终端用户间需要首先分发安全凭证（如预共享密钥、证书等），然后基于该凭证建立安全通信（如安全传输通道、应用层加密机制等）。

不论是进行认证，还是传输层加密、应用层数据加密，一般都需要有密钥的支持，即需要应用平台与用户终端之间共享密钥，用来建立安全通信或加密数据。一般来说，在传统互联网应用中，用户终端与应用平台之间的共享密钥主要采用预置密钥和短信下发这两种方式。其中，预置密钥是将密钥在终端出厂时就预置在终端上，所以一旦密钥泄露，除了反馈给厂商升级软件、重置密钥之外，无有效补救措施；且大部分厂商一般会在出厂时为同一个批次的设备设置相同的密钥，这样安全性极低，极容易泄露。而使用短信下发密钥，比如下发动态口令进行登录认证，这种方式容易被攻击者截获空口短信从而进行监听或篡改，所以使用这种方式进行登录认证的安全性也是一大问题；同时，在物联网等场景中，通常很难在终端上进行短信密钥的接收、显示和配置。其实，对于应用平台来说，其根本目的是保障业务接入的安全性和端到端的通信安全；对于用户从运营商网络接入应用来说，直接使用运营商提供的安全能力，无疑是一种更明智的选择。

在移动通信网络中，网络层认证和密钥协商采用 3GPP 标准组织定义的 AKA 技术，利用（U）SIM 卡内与网络侧共享的对称密钥实现接入认证和会话密钥协商。利用 AKA 的认证结果，基于 3GPP 网络的认证和密钥，也可为应用层提供基于 SIM 卡的身份认证服务，并为在 3GPP 网络之上的应用提供会话密钥，以提供统一化的、有保障的安全能力。在 2005 年完成的 3GPP 标准 Release 6 中就已经有了支持运营商网络开放认证和密钥管理能力给应用的标准，即 GBA（Generic Bootstrapping Architecture）[9]。GBA 可以为业务提供安全服务，不仅可以解决上述预置密钥或短信下发密钥带来的安全问题，也可以避免为每一种业务都提供独有的认证机制，以一致的方式解决业务的安全认证问题。另外，3GPP 在 Release 15 制定的 BEST（Battery Efficient Security for Very Low Throughout Machine Type Communication Devices）[10]技术方案，也使用开放的网络层认证和密钥协商能力为物联网设备提供低功耗的安全方案。

6.14.5.1 AKMA 诞生的背景及目标

上述提到的 GBA 和 BEST 方案，虽然已是 3GPP 标准方案，但它们在面向场景应用、产业推广时仍存在着一些问题：协议和流程的限制导致 GBA 在物联网场景中难以使用；BEST 则由于其定制化的协议在产业推广时受阻。在 5G 的大背景下，业务场景更加多元化，大规模物联网设备的部署将成为必然，物联网应用也会随之层出不穷，且现有的 GBA、BEST 架构和协议体系是基于 4G 网络的，不再适用于 5G 新的网络架构和服务化接口与协议。因此，对于运营商来说，提供一套适用于 5G 网络架构、针对物联网应用的通用认证和密钥管理的方案是必要且具备价值的。

基于这样的背景，3GPP SA3 在 Release 16 启动了方案研究和标准制定工作（AKMA）[11-12]，主要面向 5G 物联网应用的认证与密钥管理制定解决方案，解决上述提到方案的局限性，同时致力于研究为 5G 垂直行业提供身份认证和通信加密的端到端解决方案，帮助垂直行业解决密钥分发和管理难题。

6.14.5.2 AKMA 设计的关键问题及解决方案

在 AKMA 方案设计之初，基于 AKMA 的原理和目标，3GPP SA3 工作组对方案设计时需要考虑的关键问题进行了研究和评估。以下是重点考虑和评估的几个关键问题。

（1）网络侧锚点网元

为了实现认证和会话密钥的能力开放，在 AKMA 架构中，需要考虑定义一个逻辑功能的锚点网元，用来在 UE 和第三方应用服务器之间实现对 UE 的认证，且将会话密钥开放给第三方服务器。在 5G 网络架构中，该锚点网元可以是单独的网络功能实体，也可以与现有的网络功能合设。该网元可以实现 5G 核心网与外部应用服务器的业务交互，并保证运营商网络层密钥与第三方应用密钥的隔离。AKMA

锚点网元示意图如图 6-21 所示。

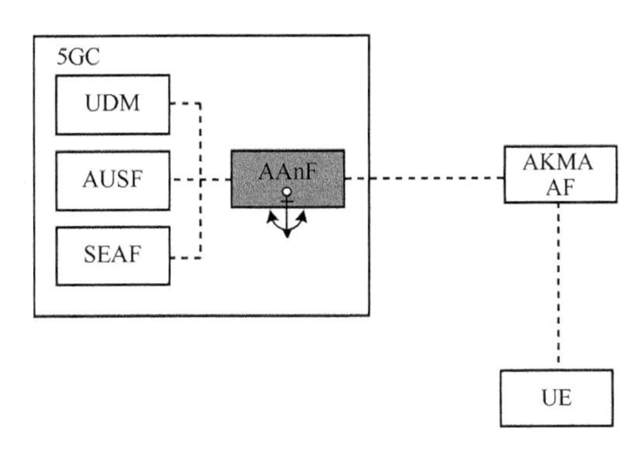

图 6-21　AKMA 锚点网元示意图

（2）UE 与锚点网元的相互认证

为了在 UE 和应用服务器之间建立安全通信，在允许应用服务器利用 AKMA 服务之前，UE 和锚点网元首先需要能够基于 5G 认证架构实现相互认证，以便在 UE 和应用服务器之间建立安全通信。如果不对 UE 进行身份验证的话，非法的 UE 就会与锚点网元通信并访问 AKMA 服务。非法的锚定功能可能会与 UE 通信，就可能导致用户隐私的暴露。所以，UE 和锚点网元应能够使用 5G 认证框架，基于 5G 凭证相互认证。

（3）用户隐私

在 5G 通信系统中，用户永久标识符（SUPI）被视为敏感信息，因为攻击者可以通过该永久 ID 识别某个用户。结合其他类型的信息，例如地理位置，攻击者可能能够跟踪用户且进一步获取敏感信息。因此，用户永久标识符（SUPI）需要被保护。同时，作为在 5G 网络中提供任何服务的基础，SUPI 必须为运营商所知，这意味着运营商有义务确保 SUPI 不会透露给任何其他方。

当运营商向第三方应用提供身份认证和密钥管理能力时，必须能够向第三方应用提供用户的标识信息，以使第三方应用服务器能够确定其用户的身份。因此，需要定义一类标识符（永久和/或临时）来标识 3GPP 网络向应用服务器提供服务时的用户身份，且运营商可以将该类标识符与其内部的永久标识符相对应。所以，用户标识以及其与运营商网络用户身份标识的对应关系也是 AKMA 设计时考虑的重点。

（4）密钥的选择及密钥衍生机制

在 5G 密钥体系架构中，由根密钥 K 衍生出来的 CK/IK、K_{AUSF}、K_{SEAF} /K_{AMF} 均作为中间密钥，用于不同层级的后续密钥推衍。AKMA 的思路就是能够利用这些中间密钥进行后续的会话密钥推衍，从而开放给第三方供其使用。所以，选择哪个中间密钥进行 AKMA 密钥的推衍也是 AKMA 方案设计中重点考虑的问题。在选择密钥的过程中，需要考虑该密钥的归属方是归属运营商还是拜访运营商，该问题涉及 AKMA 的服务提供运营商对密钥的掌控能力及后续第三方使用密钥的安全问题；同时，考虑到各密钥在 5G 网络内的传递是受限于安全性限制的，所以选择的中间密钥在 5G 网络中的存储位置以及使用用途也是需要考量和评估的。

（5）应用层密钥的隔离

运营商提供的应用层密钥，对于不同的应用来说，密钥隔离非常重要。如果不同的应用服务器使用同一个密钥会导致一个 AKMA 应用可以解密另一个 AKMA 应用之间的通信，这是第三方应用提供商所不能接受的。所以，AKMA 需要支持不同的 AKMA 应用服务之间的密钥隔离。

关于上述关键问题的进一步分析及候选方案评估选择可以进一步参考 3GPP 的研究报告[11]，本书将不做具体介绍。下面对于通过研究和评估之后制定的标准方案做简要介绍。

AKMA 网络架构如图 6-22 所示，在 5G 网络架构中，AAnF（AKMA Anchor Function，也就是 AKMA 服务的锚点网元）用于从 AUSF 获取中间密钥，并基于该中间密钥进一步生成会话密钥以开放给应用服务器。AAnF 是 AKMA 服务的核心网元，也管理和存储着 AKMA 业务流程中的密钥周期参数以及上下文信息。

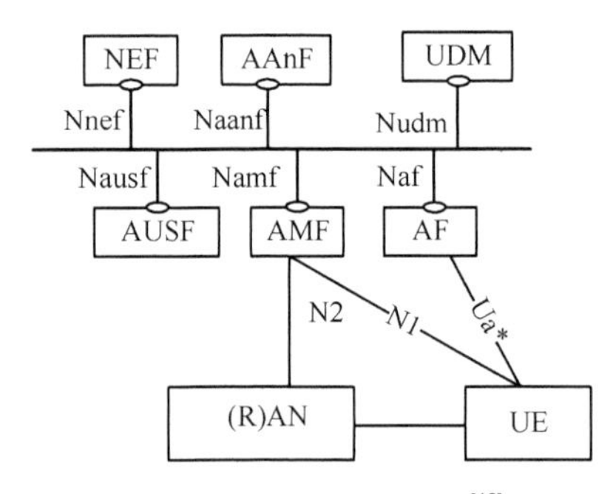

图 6-22　AKMA 网络架构[12]

AKMA 流程如图 6-23 所示。在用户终端接入运营商网络并执行完初始接入认证之后，终端和网络侧的 AUSF 中就会存有密钥 K_{AUSF}，如果终端注册并签约了 AKMA 服务，那么在初始认证完成之后，终端和 AUSF 就会相应地生成 AKMA 中间密钥及对应的密钥标识符，用于后续向应用服务器请求进一步的推衍密钥。随后，终端向应用服务器发起业务请求时，在请求消息中会携带密钥标识符，当应用服务器收到该请求时，会带着该密钥标识符向 AAnF 请求会话密钥。AAnF 根据从 AUSF 处获取的 AKMA 中间密钥（K_{AKMA}）推衍出会话密钥（K_{AF}），并返回给应用服务器。终端在收到应用服务器返回给自己的应用层响应消息后，也根据自身存储的 K_{AKMA} 推衍出会话密钥 K_{AF}。这样，应用服务器和终端即可使用该会话密钥进行后续的应用层认证或数据加密等。

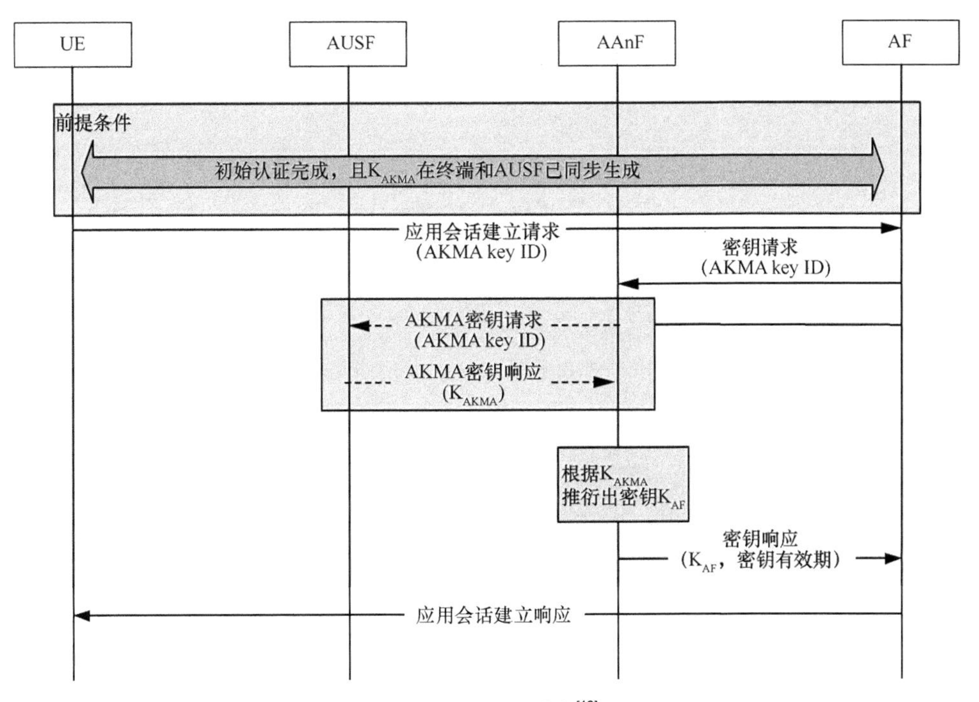

图 6-23　AKMA 流程[12]

按照上述流程，利用 5G 网络的认证凭证以及安全机制为应用层提供了认证和应用层通信加密的服务。对垂直行业应用而言，无须预置安全凭证，也无须建立自身密钥管理体系进行密钥分发，使用 5G 的 AKMA 能力即可实现认证和密钥管理能力。

6.14.6　其他扩展的安全服务能力

除了上述介绍的、可开放的安全能力之外，运营商基于 5G 网络及其增值业务体系，也可以提供下述各种安全能力，开放给垂直行业，并根据业务需求提供定制化安全能力。主要包括以下几种。

- 安全基础设施能力：包含 CA、密钥管理等安全基础设施，为垂直行业提供安全基础设施。
- （D）DoS 防护：基于运营商大网协同技术，为垂直行业提供流量攻击的防护能力。
- 主机的安全扫描与监控：基于运营商的网络主机漏洞扫描与异常监控能力，为垂直行业提供安全扫描与监控服务。
- 数据安全：包含数据的认证、授权、审计、脱敏、溯源等数据安全能力，保护用户的数据可管、可控、可溯。

6.15 小结

在业务的驱动下，5G 网络的架构与功能进行了大量革新，受网络与业务的驱动，5G 制定了新的安全机制为服务化架构、切片、边缘计算等新能力提供保护；同时，5G 网络在安全设计时，还重点考虑了现有网络中存在的安全风险和新发现的安全问题，进行了安全机制增强，解决诸如运营商间认证欺骗、用户永久身份泄露、异构网络接入安全等问题。此外，5G 网络安全机制还面向垂直行业，制定了一系列与能力开放相关的安全机制，从而提供普通能力开放时的安全保护，并可以对外提供安全能力的开放应用。

可以说，上述三方面的融合，形成了 5G 网络的新安全体系。虽然 3GPP Release 16 的相关标准已经发布，但 5G 网络和业务还在不断发展，网络形态仍然在不断的演化过程中，新的网络架构及网元、新的能力与服务、新的攻防技术都将持续出现，5G 安全的技术体系仍将在未来持续演进。

参考文献

[1] 3GPP. Security architecture and procedures for 5G system: TS33.501 V15.4.0[S]. 2019.

[2] PRASAD A R, SIVABALAN A, SHEEBA B, et al. 3GPP 5G security[J]. Journal of ICT Standardization, 2018, 6(1): 137-158.

[3] SECG. SEC 1: elliptic curve cryptography[S]. 2009.

[4] HARDT D. Auth2.0 authorization framework: RFC6749[S]. 2012.

[5] JONES M, BRADLEY J, SAKIMURA N. JSON Web token (JWT): RFC7519[S]. 2015.

[6] JONES M, BRADLEY J, SAKIMURA N. JSON Web signature (JWS): RFC 7515[S]. 2015.

[7] JONES M, HILDEBRAND J. JSON Web encryption: RFC7516[S]. 2015.

[8] NGMN. Security aspects of network capabilities exposure in 5G[R]. 2018.

[9] 3GPP. Generic authentication architecture (GAA); generic bootstrapping architecture (GBA): TS33.220 V16.0.0[S]. 2019.

[10] 3GPP. Battery efficient security for very low throughput machine type communication (MTC) devices (BEST): TS33.163 V16.2.0[S]. 2019.

[11] 3GPP. Study on authentication and key management for applications based on 3GPP credential in 5G: TR33.835 V16.1.0[S]. 2019.

[12] 3GPP. Authentication and key management for applications based on 3GPP credential in 5G: TS33.535 V0.5.0[S]. 2020.

第 7 章
5G 云基础设施安全

基于电信云基础设施部署 5G 系统是大多数运营商的共同选择。本章在介绍电信云的概念和特点的基础上，分析电信云核心技术——SDN、NFV 引入后电信网架构和部署方式的变化、安全挑战及解决方案，最后介绍一种充分利用电信云基础设施技术特点和优势的未来电信网安全参考架构——软件定义安全体系。

近年来以云计算为代表的 IT 技术取得了长足发展。云计算技术对通用硬件和软件进行集中化管控，提供可靠、灵活、易管理的业务运行和服务提供环境。在支持业务快速部署和迭代更新、功能和性能弹性扩展以及节省部署运维成本等方面优势明显。SDN 和 NFV 是云计算理念在电信网中的运用和实践，两者共同促进了电信基础设施云（以下简称“电信云”（Telco Cloud））的形成。NFV 实现了计算资源的按需部署和弹性扩缩容，实现了网元、网络功能的虚拟化；SDN 实现了网络拓扑和路由的有效管理，支持按需配置网络路由和调度流量，实现了网络连接的虚拟化。两类虚拟化技术是电信云的重要特征，为电信网注入了通用化、虚拟化、软件化、可编程等新特性，也为 5G 网络提供用户可定制的能力以及按需部署和提供切片服务打好了基础。因此，虽然在 3GPP 标准中并没有明确要求使用，但在 5G 网络技术研究和产品开发中，产业界普遍选择了 SDN 和 NFV 技术。

本章基于电信云的概念和安全特点，重点分析 SDN/NFV 引入后电信网的特点、安全挑战及解决方案，然后介绍了一种充分利用 SDN/NFV 技术特点和优势的未来电信网安全参考架构——软件定义安全体系。

7.1 电信云安全

电信云是承载电信网络网元的运营商私有云，在安全层面除了要遵循云平台安全机制外，还应考虑到电信网对网元可靠性和业务质量、安全性的严格要求，进行针对性安全方案的设计、实施和运营。

7.1.1　电信云的概念及安全特点

电信云作为一种特殊用途的 IaaS，其主要特点体现在针对电信网元的高可靠性、高可用性、大容量、自动化管理进行了专门的设计和增强。SDN 和 NFV 是目前电信云使用的核心技术。电信云作为运营商未来的基础设施云平台，其安全范畴如图 7-1 所示：首先，需要符合 IT 系统基本的安全要求，包括硬件安全、软件安全、物理安全、安全管理与运维等；在此基础上，实施私有云 IaaS 平台的安全体系，包括虚拟化网络安全、计算安全、存储安全；与电信云引入的 NFV、SDN 等新技术相关的安全问题和解决方案，是电信云安全的核心内容，也是本章的重点。

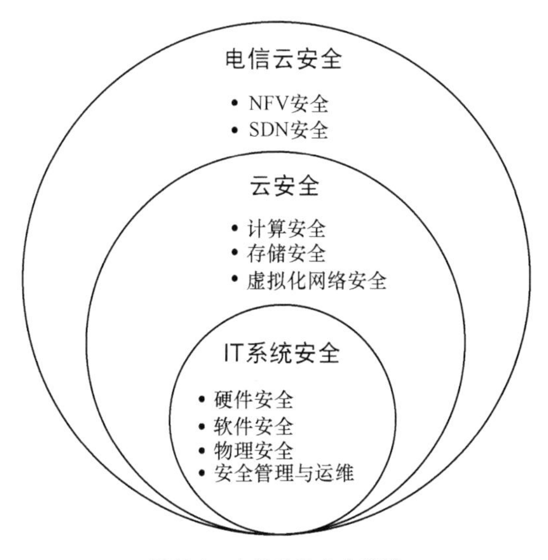

图 7-1　电信云的安全范畴

如图 7-1 所示，电信云的安全需要一个全方位的安全体系，除了面对传统 IT 系统、电信网络安全风险外，还需要应对云化、虚拟化带来的新挑战。云化、虚拟化给电信网带来了新特性和便利性的同时，也引入了新的安全问题，主要体现在：

- 虚拟化技术使电信系统的物理安全边界模糊，传统的网络边界防御手段无法适应计算资源虚拟化、网络架构动态化带来的安全边界的模糊化和快速变化，缺乏对虚拟化软件及虚拟机间的通信的有效防护手段；

- SDN 控制器、NFV 编排器等集中控制点成为攻击目标，一旦被操纵就会造成全面安全事故；
- 分层解耦、多厂商集成增加了系统复杂度，对问题定位和溯源困难，跨层的安全策略难以协同和执行，可能导致对攻击的处置响应变慢；
- 开源软件大量引入，其公开性强，在电信环境下的适用性尚需规模化应用来检验，脆弱性及安全漏洞难以完全避免，亟需有效的安全评估和修复手段；
- 新的网络架构对安全运维人员的知识、经验、技能提出了新挑战。

7.1.2 电信云的基本安全方案

针对电信云的基本特点，本节提供了一些安全方案，可作为电信云安全方案设计的基础。

7.1.2.1 服务器的安全加固，保证全生命周期安全

电信云中的网元、网络功能作为软件方式运行在通用服务器上，因此，对服务器所在的云数据中心物理安全、服务器的物理安全、硬件和软件安全都需要进行必要的加固。物理安全方面的要求比较通用，本书不再赘述。对于软件安全，需要选择安全性有保障的操作系统、数据库、中间件等软件版本，进行针对性安全加固后作为安全基线；制定补丁和漏洞管理要求，实现产品设计时有安全要求保证基本安全、产品部署和运营时有检测手段和管理手段维护安全，从而实现设备全生命周期的安全防护。

虚拟化通过对硬件的抽象化，以软件方式打破硬件固有的边界，实现硬件资源的自由调配。当前，电信云中主要使用基于虚拟机（Virtual Machine，VM）的虚拟化技术，通过虚拟化管理软件（Hypervisor）将单个物理服务器分解成独立运行的多个虚拟机。虚拟化管理软件负责虚拟机的资源配额管理和运行状态监控。虚拟化的目标是在保证隔离的前提下，更高效、更灵活地共享资源。因此，虚拟化安全解决方案要在共享和隔离之间做好平衡。

针对虚拟化的安全风险主要包括虚拟机逃逸、虚拟机间的资源抢占和攻击、虚拟机迁移过程中配置/数据泄露与丢失、虚拟化管理软件配置与使用漏洞、虚拟机间东西向流量分析手段欠缺等。主要从如下几个方面提升虚拟化安全。

- 宿主机安全：物理安全、硬件、操作系统、软件及中间件加固。

- 虚拟机安全：操作系统、中间件及软件安全加固，引入端点检测、流量采集功能，加强分析和检测。
- 虚拟化管理软件安全：虚拟化管理软件自身加固，保证资源管理和运行监控功能正常运行。
- 加强边界防护等。

可信计算作为服务器、虚拟化和软件的主动安全防御技术，是电信云安全下一步可研究和评估的潜在方案。针对攻击者可能利用硬件、软件漏洞，在服务器和虚拟机启动过程中篡改装载程序和系统软件的情况，可信计算保证服务器、操作系统和应用软件的启动过程符合用户预期，如图 7-2 所示。在该方案中，可信计算芯片存储了设备的可信状态的摘要值，设备从可信根启动，对 BIOS（Basic Input Output System）、操作系统、应用进行逐层验证（度量）、逐层启动，从而构建从 BIOS 到操作系统、再到应用的可信链，保证设备状态符合预期的可信状态[1-2]。

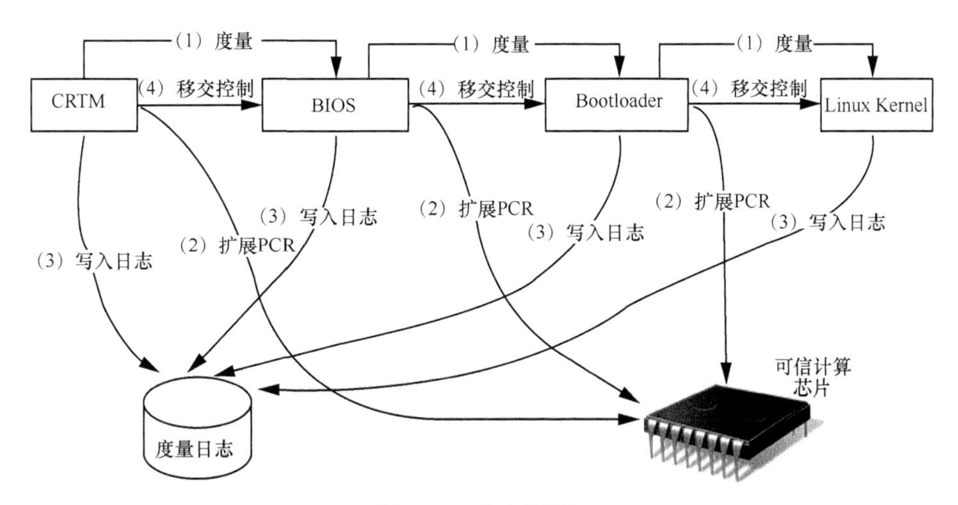

图 7-2　可信度量流程

7.1.2.2　通过多种机制保障通信安全

通信安全包括对通信流量的完整性、机密性和可用性的保护。通信安全机制包括：认证、授权、隔离、加密、完整性保护等。目前运营商的核心网一般采用物理边界安全保护，位于同一核心网机房的两个网元之间通信通常不再进行额外的保护。在 5G 及未来电信网络中，由于基于云计算、虚拟化技术来部署网络和业务功能实体，即使采用 VLAN/VxLAN 进行通信流量隔离，仍然无法防范入侵者从 VLAN/VxLAN 内部通过仿冒节点发起攻击，VLAN Hopping 等攻击方法可以使攻击者在未经授权的情况下从一个 VLAN 进入另一个 VLAN。同时，由于分层解耦方案逐步普及，上层安全性更加难以依赖底层安全方案的支持。比如，两个配置成直连的网络功能之间的实际通信流量可能经过不安全网络环境中转，因此，需结合网络环境设计相应的通信安全机制。

另外，在网络通信层面，通常使用的 TLS/DTLS 协议依赖于数字证书体系。与传统网元相比，电信云中的数字证书管理工作（包括证书的发放、更新、撤销）会更繁重。一方面，由于虚拟化的动态性，网络功能在编排系统的调度下可灵活地扩缩容和迁移，安全连接也需要动态建立和切换。因此，需要为每个新创建的网络功能实例配置相关的数字证书；另一方面，来自不同设备提供商、不同运营商的网络功能需要信令交互，但这些网络功能内置了来自不同 CA 的数字证书，要考虑建立全球 CA 或 Bridge CA 实现不同 CA 颁发的数字证书互信互认。此外，在电信网络中，由于安全要求和组网限制，设备通常无法连接证书服务器，因此必须考虑证书有效期、数字证书状态的查询解决方案，避免证书失效或状态错误带来网络故障。

7.1.2.3 加强生命周期管理，保障数据安全

数据安全是所有 IT 系统中必须首先考虑的问题，包括：如何保证数据的机密性、完整性、可用性，仅授权的用户才能访问、修改指定的数据，此外，数据不会以任何形式被泄露、篡改或滥用，数据访问过程可追溯，数据得到妥善的归档和备份，数据生命周期结束后得到合适处理。传统的数据安全从数据存储、数据传输、数据处理三层面实施数据安全保障手段。

在云计算系统中，数据存储在资源动态分配和数据动态存取的云端服务器上，云平台中其他业务系统或者管理员可能会非法访问数据，导致数据泄露；虚拟机删除或迁移时，某业务系统的数据被删除后变成剩余数据，存放这些剩余数据的空间可以被释放给其他业务系统使用，这些数据如果没有经过特殊“净化”处理，其他业务系统或恶意运维人员可能获取到原来业务的关键信息，引发敏感数据泄露。

因此，在电信云系统中，通常采用分片化存储、加密存储等方法保证数据文件在存储介质中的机密性，通过多复本、Hash 校验等方式保证数据的可用性和完整性，通过细粒度访问授权、日志和审计实现数据访问控制，通过数字水印实现数据共享

过程中可溯源，通过多方计算技术保证数据使用过程中的机密性，通过数据分类、生命周期管理手段保证数据安全等级得到持续维护、数据生命周期结束后得到妥善处理。

7.1.3　电信云的安全体系

电信安全体系的目标是保障云基础设施、网络功能、应用的安全。

电信云的基础安全体系如图 7-3 所示，电信云的安全体系将从云基础设施安全、网络功能安全、应用安全电信云的基础安全体系三个层面来保证电信网及其业务的安全，其中虚拟计算资源安全、虚拟网络资源安全、编排与控制安全是电信云特有的安全要求。

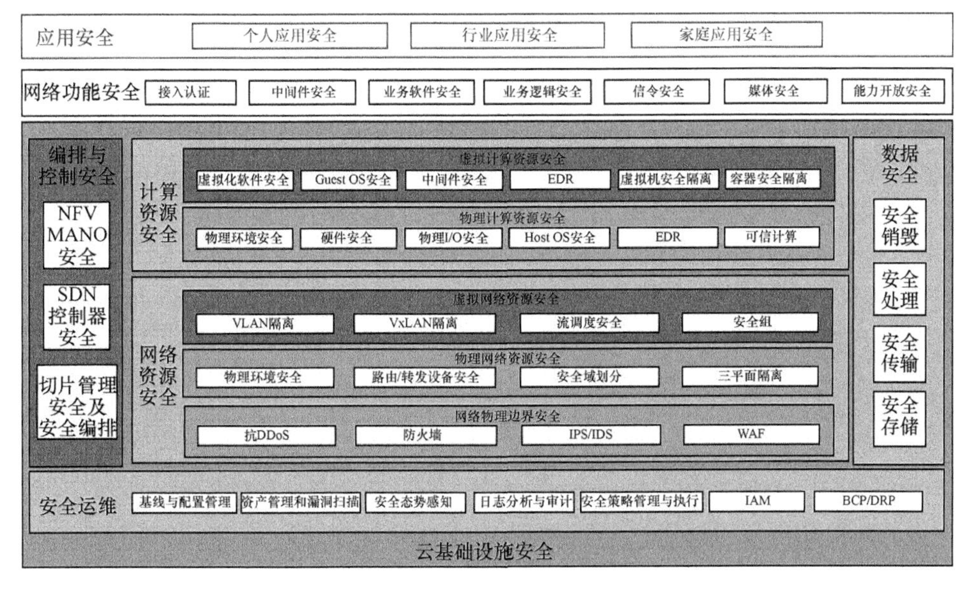

图 7-3　电信云的基础安全体系

（1）云基础设施安全

云基础设施的安全是电信云安全的前提，业务层面包含计算资源安全、网络资源安全、数据安全，管理层面包括编排与控制安全、安全运维等方面。

（a）计算资源安全

- 物理计算资源安全：物理计算资源主要包括分布在局端数据中心和边缘节点（边缘计算场景）中的服务器资源，需要从物理环境、硬件、物理 I/O 访问控

制等方面做好安全控制；可部署 EDR（Endpoint Detection and Response）、防病毒工具进行主动的安全控制，实时监控端点、识别潜在威胁；另外，为了保证服务器固件安全和安全引导，可引入可信计算技术。

- 虚拟计算资源安全：存在两类虚拟计算资源，虚拟化软件 Hypervisor 和容器引擎分别支撑虚拟机和容器的创建、运行及资源隔离，其安全性是虚拟计算资源安全的基础；针对虚拟机，还应考虑虚拟机中操作系统（Guest OS）安全；此外中间件安全加固、EDR 也是虚拟化计算资源安全的重要保障手段。

（b）网络资源安全

- 网络物理边界安全：包括传统的抗 DDoS 攻击设备、防火墙、IPS/IDS（Intrusion-Prevention System，Intrusion Detection System）、WAF（Web Application Firewall）等重要安全设备，部署在物理网络的边缘、安全域之间，提供流量检测、攻击识别和安全防护能力。
- 物理网络资源安全：包括网络设备部署的物理环境安全、路由器/交换机安全；同时，根据电信网本身的特点，划分管理、控制、业务三个平面并保证三平面之间的物理隔离；根据网元和部署情况，划分不同的安全域，不同域间设置必要的流量隔离和安全管控手段。
- 虚拟网络资源安全：在基础网络之上，在 SDN 控制器的指挥下，与虚拟计算资源相配合，以 VLAN/VxLAN 等方式实现虚拟机、网元、网络功能之间的按需连接。做好 VLAN/VxLAN 之间的隔离，基于 SDN、SFC 等方式实现数据流按需安全调度，使用安全组为同一个 VPC（Virtual Private Cloud，虚拟私有云）内具有相同安全保护需求并相互信任的弹性云服务器提供访问控制策略。

（c）数据安全

- 数据安全存储：无论采用云存储还是传统的磁盘阵列，均须在存储层面保证网络、业务和用户数据的安全性，包括但不限于内容分片、加密存储、配额管理。
- 数据安全传输：通过传输通道加密、传输内容加密等手段，避免数据在传输过程中出现机密性、完整性破坏。
- 数据安全处理：通过操作系统、进程隔离、异常错误处理等手段，避免数据在使用过程中出现泄露、篡改等问题。

- 数据安全销毁：在虚拟机或虚拟网元停止使用时，需要对废弃数据和介质做好净化处理。

（d）编排与控制安全

- NFV MANO 安全：通过 MANO 安全加固、接口和 API 安全设计及实现等保证 MANO 系统的安全。
- SDN 控制器安全：包括 SDN 控制器安全加固、SDN 控制器过载保护、应用安全管控以及策略冲突检测/解决等，并通过接口安全、API 安全保证 SDN 控制器及南北向接口的安全。
- 切片管理安全及安全编排：针对 5G 切片业务，根据应用和用户的需求，规划物理或逻辑的隔离机制，实现切片资源、切片内数据、切片中承载的业务的端到端安全。

（e）安全运维

通过 IAM（Identity and Access Management）或 4A[3]实现管理运维人员的统一账号管理、统一认证管理、统一授权管理和统一安全审计；通过基线与配置管理工具、资产管理和漏洞扫描工具配合，保障资产的基本配置安全；使用安全态势感知工具、日志分析与审计系统，从流量、日志两个层面掌握网络实时安全状态、追溯和还原安全攻击、法律取证；使用安全策略管理与执行工具，同编排与控制系统配合，实现安全策略的下发、生效和执行结果检查确认；进行必要的冗余设计与规划，制定灾难恢复计划（Disaster Recovery Plan，DRP）、业务连续性计划（Business Continuity Plan，BCP）等应急预案，确保面对攻击和灾难时网络和业务的可用性。

（2）网络功能安全

主要包括网络功能间通信协议安全、网络功能软件安全以及网络功能自身存储和处理的数据安全。

（3）应用安全

应用或用户可通过网络能力开放接口、编排与控制系统接口获得定制化的网络和业务安全。由于业务存在差异性和多样性，本章将不专门介绍，具体可参见与边缘计算、切片安全相关的章节。

由于物理计算资源、物理存储资源、物理网络资源安全与传统的 IT 系统的安全机制一致，与安全运维相关的工具和手段也与传统 IT 系统类似；网络功能安全已经在第 6 章描述过。因此，本节重点描述与 NFV、SDN 相关的虚拟化安全、编排与控制安全功能。

7.2 NFV 架构及安全

NFV 架构及其技术特点导致 NFV 系统中出现了新安全挑战，需要针对性的安全加固和防护解决方案。

7.2.1 NFV 架构

NFV 是 ETSI 制定的满足运营商网络设备虚拟化标准的框架，其目标是通过基于行业标准的通用服务器、存储和交换设备，取代通信网的那些私有专用的网元设备；NFV 使用通用设备替代厂商专有设备，节省投资成本，NFV 提供开放的 API 为运营商提供更多、更灵活的资源编排能力，以便与运营商的生产运营系统集成。当然，最重要也最基本的是 NFV 继承了云计算技术的优点，资源可以充分共享，支持新业务的快速开发和部署，并基于业务需求自动部署、弹性伸缩、故障隔离和自愈等。

NFV 的系统架构如图 7-4 所示[4]。

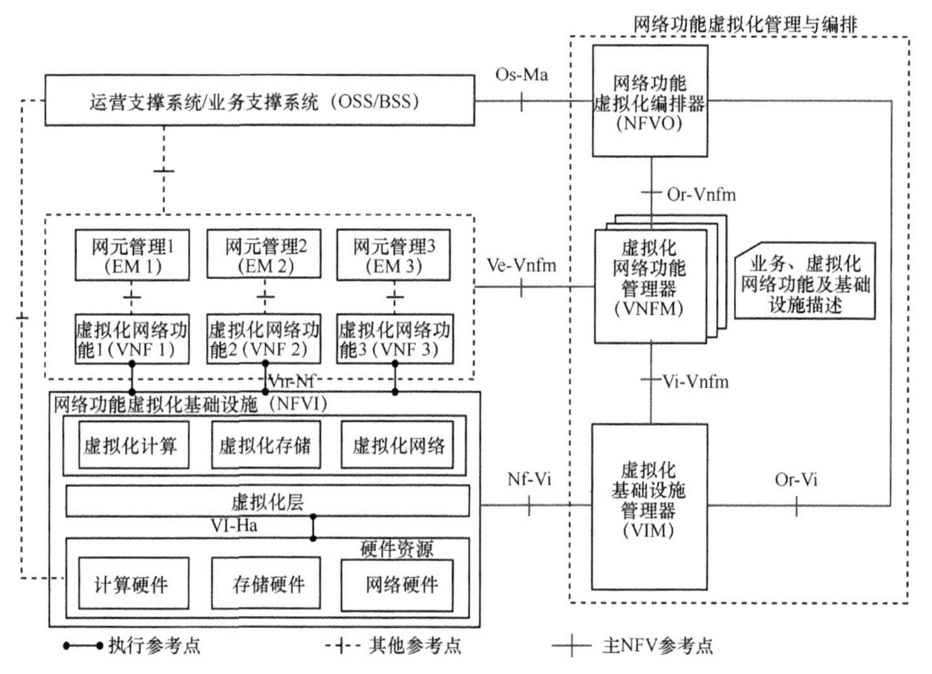

图 7-4　ETSI NFV 系统架构

各功能模块说明如下。

（1）NFVI（NFV Infrastructure，NFV 基础设施）

通过虚拟化层（Hypervisor、容器引擎）将物理硬件资源（包括计算、存储、网络资源）虚拟化成虚拟的计算、存储、交换资源池，为 VNF 的部署、管理和执行提供资源池，NFVI 支持跨地域、跨数据中心部署；NFVI 对上层提供的资源可以是虚拟机、容器，也可以是 bare-metal 物理机。

（2）VNF（Virtualized Network Function，虚拟化网元）

实现电信网元的处理、存储和通信功能。VNF 所需资源来自 NFVI 的计算、存储、网络资源池，VNF 在 NFVI 上以软件形式存在。一个 VNF 可以部署在一个或多个虚拟机或容器上。

（3）EM（Element Management，网元管理）

等同于传统网元的网管系统，实现 VNF 的配置、告警、性能分析等功能。

（4）MANO（Management and Orchestration，管理与编排）

提供了 NFV 的整体管理和编排，由 NFVO（NFV Orchestrator）、VNFM（VNF Manager）以及 VIM（Virtualised Infrastructure Manager）三者组成，北向接入 OSS/BSS。

- NFVO（NFV Orchestrator，NFV 编排器）：提供网络服务、物理和虚拟资源和策略的编排和维护管理功能。与 VNFM 配合实现 VNF 的生命周期管理和资源的全局视图功能。
- VNFM（VNF Manager，VNF 管理器）：提供 VNF 的生命周期管理，包括 NFV 的部署与操作模板管理、VNF 实例的初始化、VNF 的扩缩容、VNF 实例的终止。
- VIM（Virtualised Infrastructure Manager，虚拟设施管理器）：主要负责基础设施层硬件资源、虚拟化资源的管理、监控和故障上报，向 VNFM 和 NFVO 提供虚拟化资源池信息。

（5）OSS/BSS（Operations Support System/Business Support System，运营支撑系统/业务支撑系统）

提供包括计费、结算、账务、客服等功能。

7.2.2 NFV 引入的安全问题

NFV 实现了网络、计算、存储资源的高度聚集，广泛使用通用硬件，以及提供

开放接口。因此，NFV 首先要面对 IT 系统常见的网络及系统攻击，例如：操作系统与软件漏洞、病毒、蠕虫、木马、网络攻击（如僵尸网络、拒绝服务等）。同时，由于计算、网络和存储资源的共享，更容易由于隔离机制不完备、配置不完善、运维不合规等原因带来安全隐患。

以下从虚拟化技术、系统组成部件和交互接口两个角度分析安全挑战。

从虚拟化技术角度看，NFV 面临如下安全挑战。

（1）虚拟化安全

包括虚拟化软件自身的安全以及与虚拟机相关的安全问题。

- Host OS（Operating System，操作系统）和虚拟化软件漏洞或者配置错误导致对 Host OS 和虚拟化软件的攻击。攻击者可能通过 VM 利用各种虚拟化软件安全漏洞或配置错误渗透到虚拟化软件、Host OS、甚至其他 VM 中，造成虚拟机/容器逃逸、跨虚拟机数据泄露等风险。
- 存在虚拟机/容器资源未完全隔离、网络功能之间的流量难于监控等风险，可能导致非授权访问虚拟机或容器、虚拟机/容器之间相互攻击。
- 虚拟机/容器的软件镜像被恶意篡改，可能导致虚拟机、容器实例被植入感染病毒、木马或无法正常运行。
- 虚拟机/容器实例本身安全保护措施不足，可能导致敏感信息泄露。
- 虚拟机/容器迁移时安全策略未同步迁移，可能导致安全策略在新的虚拟机上未生效，安全配置缺失或不一致产生时序性漏洞。
- 虚拟机、容器之间的通信未受保护，可能导致通信内容中的敏感数据泄露等。

（2）管理安全

与传统网络相比，云计算系统的内部运维人员能够更大范围地接触到业务和用户的数据。如果缺乏有效的监督和管理，恶意内部运维人员的安全威胁在电信云系统中更为严重。

从系统组成部件和交互接口的角度看，NFV 还面临着下述安全风险[5]，具体包括如下三个方面。

（1）MANO 安全

作为 NFV 系统中特有的虚拟化资源管理和编排系统，攻击者可能利用 MANO 自身的漏洞来攻击 NFV 系统。一旦攻击者控制了 MANO 系统，就控制了整个资源池的虚拟资源的管理和编排，极易干扰多个网络功能、系统的正常运行。此外，攻击者也可能假冒 MANO 系统中的某个网元或者其他系统（如 EMS（Element Management System，网元管理系统））与 MANO 的网元通信，从而实施获取业务网元的虚拟资源信息或恶意请求虚拟资源等安全攻击。

（2）VNF 安全

- VNF 网元功能自身的软件漏洞也可能被攻击者利用，导致业务和用户信息泄露、非授权访问等风险；传统的通信业务和协议的安全风险，仍然会影响 VNF。
- VNF 的运行环境（虚拟机或容器）的安全风险将影响 VNF，由于云基础设施的资源共享，与传统网元的资源独享相比，安全风险的后果会更加严重。
- 传统的网元数据备份、容灾机制，在 NFV 环境下不再适用，必须增强网元数据的备份、容灾机制。

（3）交互接口安全

MANO 的开放 API 可能被攻击者非法访问，从而滥用资源、错误调度，导致网络功能失效。例如，VIM 请求服务时，接口如果没有严格的通信通道安全保护、API 认证、授权机制，攻击者可以恶意假冒身份，实现对 NFV 系统中资源的非授权访问。

7.2.3 NFV 安全技术

7.2.3.1 虚拟化安全隔离

目前主流的虚拟化技术主要包括虚拟机和容器两种方式，如图 7-5 所示。

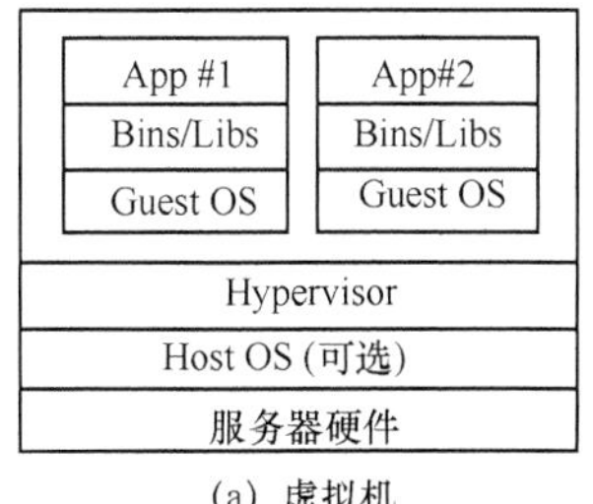

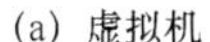

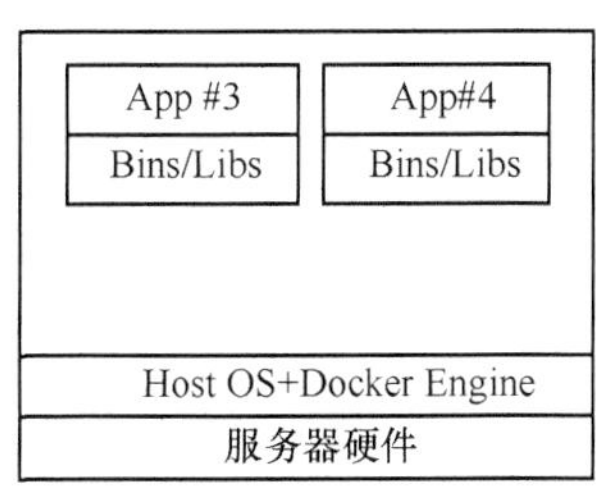

图 7-5　虚拟机与容器的架构对比

其中：虚拟机通过软件模拟具有完整硬件系统功能的、运行在一个完全隔离环境中的完整计算机系统，包含全虚拟化、半虚拟化以及硬件辅助虚拟化等类型。这里要说明的是，在服务器虚拟化场景中，Hypervisor 与 Host OS 通常是一体的，因此图 7-5 中标注 Host OS 为可选（Optional）。

容器技术不同于传统的虚拟化技术，由容器引擎给每个应用分配一个任务进程，操作系统根据资源标识在进程间隔离、无操作系统级隔离。与传统 VM 相比，Docker 具有占用资源少、秒级操作启动、承载更多应用、开源、轻量级的特点，但是隔离性比虚拟机差。

虚拟机是目前 NFV 中使用较多的虚拟化技术，但随着 5G SBA 的引入，诸多运营商和设备商正在研究将容器引入电信云中。

虚拟机和容器的技术特性对比见表 7-1。

表 7-1　虚拟机与容器的技术特性对比

对比项	虚拟机	容器
镜像大小	>3 倍	1 倍
启动时间（不包括应用）	分钟级	秒级
系统开销	>10%	<5%
性能开销	有影响	可忽略
应用隔离性	好	中等
多租户安全风险	低～中	中～高
操作系统支持	支持多种操作系统	主要基于 Linux
微服务架构支持	支持	更优支持

7.2.3.2　MANO 安全加固

MANO 是 NFV 中负责虚拟资源编排和管理的系统，一旦遭受攻击，将影响整个网络的虚拟资源分配，带来严重的安全风险。目前 MANO 网元功能均部署在虚拟机上，所以应对 MANO 网元所在的主机 OS、虚拟机 OS、数据库、中间件进行安全加固。其安全加固方式可采用现有的机制。

应对 MANO 网元的主机、虚拟机操作系统、数据库、中间件进行统一基线管理，比如限定安全性高、业界普遍认可的操作系统和数据库，并针对这几类 OS 和数据库提出安全加固要求，作为安全基线。另外，MANO 作为一个全新的系统，需要开发针对 MANO 安全的检测工具和加固手段，制定补丁和漏洞管理要求，实现产品设计时有安全要求保证基本安全、产品部署和运营时有检测手段和管理手段维护、加强安全，从而实现 MANO 网元的全生命周期的安全。

| 7.3　SDN 架构及安全挑战 |

7.3.1　SDN 架构

对数据中心、乃至跨数据中心的网络拓扑和流量进行统一调度管理，是 SDN 的主要功能。2008 年，斯坦福大学 Mckeown N 教授的博士生 Casado M 发表了一篇题为《OpenFlow：Enabling Innovation in Campus Networks》的论文，提出了一种“分合并举”的新型网络架构：“分”体现在将传统网络设备的控制平面与数据平面在物理上分离，转发设备标准化、低成本，支持高速转发；“合”体现在利用网络控制器构建全网集中控制中心，控制器灵活化，可由应用软件化定义网络行为[6]。简单说，SDN 的技术本质就是转发高效化、控制集中化、网络服务化，从而实现系统智能化和软件化。SDN 系统架构如图 7-6 所示。

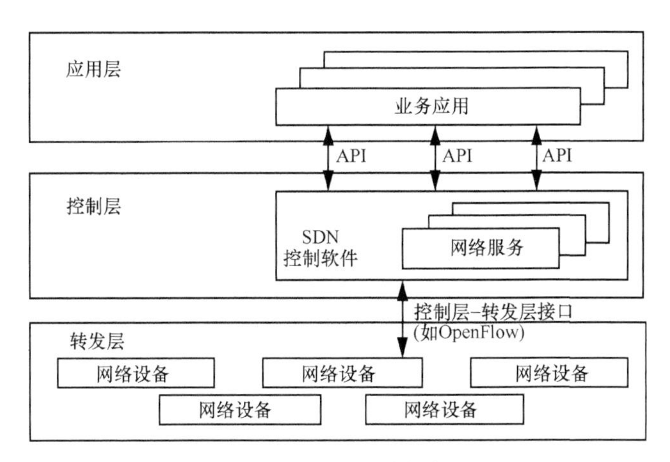

图 7-6　SDN 系统架构

- 转发高效化：相对于传统的控制与转发一体的路由器，SDN 的转发层功能大大简化，控制功能被抽象到控制层实现，转发器只须根据流表转发，转发效率大大提高；此外，由于功能简化、接口标准化，大大降低了基础设施层的技术门槛，可大量引入标准化、通用化的白盒交换机，降低系统采购和运维成本。
- 控制集中化：控制层集中化掌握 SDN 的核心，可实时获取整个网络的全局拓扑图并设计流策略，统一控制基础设施层的数据传输路径，降低了网络在运维、故障定位上的开销。

• 网络服务化：控制层通过北向接口向应用提供编程接口，将网络服务开放，由应用层的业务逻辑控制数据的转发；上层的软件应用可以通过这套接口控制网络中的资源以及经过这些网络资源的流量，并能按照应用需求灵活地调度这些流量。

• 系统智能化和软件化：由于脱离了过去传统网络中专用硬件、专用操作系统及专有网络功能的局限，SDN 整个网络对于应用、网管人员来说，类似一个集中控制的、智能化的、可软件编程的、满足云计算需要的大型交换机。

综上所述，SDN 作为一种转发/控制分离、控制面集中以及向应用开放 API 的分层网络架构，可以根据业务的需求，快速打通路由，以实现业务快速部署、动态业务流量调配、网络拓扑敏捷调整、报文快速转发。

SDN 控制器对网络流量具有全局控制能力，可细粒度地灵活配置策略，并实时生效这些策略。这与传统路由网络在技术上存在如下不同[7]。

（1）SDN 对信息流的控制方式不同

在传统 IP 网络中，防火墙等安全设备部署在网络的关键位置，以组网或路由的方向将信息流强制调度到对应的安全设备上，进行实时监控和检测。SDN 是一个流规则驱动型网络，SDN 控制器通过下发流规则动态决定信息流是否流过某个安全设备以及何时流过该安全设备，不合适的 SDN 转发规则可能导致信息流绕过 SDN 中的安全设备，使得预先部署的安全设备的防护措施失效。

（2）SDN 对网络拓扑和安全态势信息的获取方式不同

在传统 IP 网络中，由于缺乏统一的控制中心，管理员需要同时收集多个设备上的路由和状态信息，才能得出当前网络拓扑和安全态势信息。而在 SDN 中，控制器作为整个网络的“指挥控制中心”，具备整个网络全局视图，能够实时、容易地获取全网拓扑和状态信息。同样地，这种便捷的网络态势信息获取方式和集中化信息存储方式也极易成为攻击者的目标，需要进行更严密的安全防护。

7.3.2　SDN 引入的安全挑战

SDN 具有控制和转发分离、控制集中化、接口开放化等特点，同时，也具有如下安全风险[8]。

（1）SDN 控制器安全

控制器是 SDN 的核心，也是网络中最重要的设备之一，控制层的典型安全挑战是集中式管控带来的。

- SDN 的集中管控机制，使得获取控制器访问权的攻击者将有能力控制整个网络，进而摧毁整张网络及业务；同时，作为集中控制点，若不进行仔细规划，控制器可能会成为系统的单点故障点。
- 攻击者利用 SDN 控制器集中控制的特点，对 SDN 控制器发起（D）DoS 攻击，如向多个交换机不停地发送畸形或异常报文，交换机通过南向接口（如 OpenFlow 的 Pack In）将无法匹配流表的报文发给控制器，导致控制器的处理超载。
- SDN 控制器软件本身的漏洞可能被攻击者利用，攻击者也可能在控制器软件中植入病毒、木马等。攻击者还可以通过攻击安装控制器软件的平台（如服务器、虚拟机）实现对 SDN 控制器的攻击（如查看网络拓扑、篡改流表规则等）。一旦控制器被攻击者控制，攻击者可以管控整个网络的流量，导致严重的安全事故。
- 面对众多 SDN 应用，不同的用户、同一个用户的不同应用的控制策略产生的流表可能冲突，如果冲突处理不当，可能产生安全漏洞。

（2）SDN 应用安全

恶意 App 窃取合法 App 的身份和凭证信息（如登录账号、口令），或者 App 本身存在漏洞被攻击者利用，获取该 App 的隐私信息；一旦身份和凭证信息泄露，攻击者还可通过北向接口以 App 身份向控制器发起攻击。

（3）转发设备安全

转发层由交换机等一些基础设备组成，负责数据的快速处理、高效转发和状态收集，对控制器下发的流规则绝对信任。因此存在多种潜在安全风险：

- 恶意/虚假流规则注入、DoS/DDoS 攻击、数据泄露、非法访问、身份假冒和交换机自身的配置缺陷等；
- 基础设施层还可能面临着虚假控制器的无序控制指令导致的交换机流表混乱等威胁；
- 控制器针对不同应用下发给转发设备的转发规则可能导致策略冲突，造成数据转发路径失效、数据泄露等风险；策略冲突是一个较复杂的问题，第 7.3.3 节会从成因、影响、解决方案等多个方面进行详细分析。

（4）接口安全

- 攻击者可能通过假冒控制器与交换机、北向应用通信，或者冒充交换机、北向应用与控制器进行通信，获取敏感信息。攻击者也可能通过截获未受保护的南向、北向接口上传输的数据而获得敏感数据或篡改南向、北向接口上传输的数据（如流表转发规则等）。
- 一个完整的流表通常涉及多个交换机上策略的共同配置和生效。如果在策略规划、配置和下发时，未设定统一的策略生效机制，不同交换机上的策略生效时间不同，可能导致交换机转发行为错乱，甚至产生安全漏洞，给攻击者造成可乘之机。

结合前述分析，SDN 安全问题的影响层面如图 7-7[7]所示。

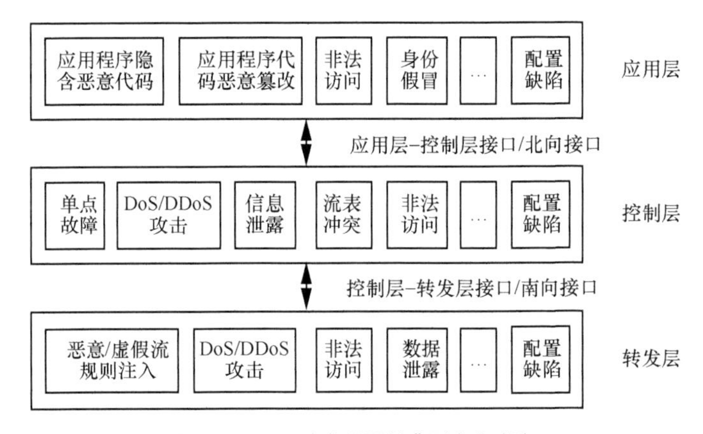

图 7-7　SDN 中各层面的典型安全威胁

7.3.3　SDN 安全技术

7.3.3.1　SDN 策略冲突成因、检测及优化技术

第 7.3.2 节提到，SDN 中的流规则策略冲突是一种比较容易发生，且难以预估和定位的故障。从成因分析，包括如下几类[9]。

- 不同控制器流规则协调：在分布式控制器架构或主从控制器架构中，每个控制器控制的区域可能存在交叉或者重叠，要保证交叉、重叠区域网络的正常运行，多个控制器之间以及控制器集群内部需要具有良好的流规则协调能力，避免出现重复控制、流规则冲突等问题。

- 不同应用的流规则冲突：控制器作为网络操作平台，在其上能够同时运行多个功能不同的应用。这些应用利用控制器提供的 RESTful API 下发流规则对底层网络进行控制。这些应用下发的流规则之间可能存在冲突，这种冲突会影响流规则的正常生效，造成应用功能得不到正常发挥。此外，SDN 控制器根据 App 发送的转发策略生成的新流表规则可能与此前已存在且已生效的流表规则冲突。
- 流规则未同步生效产生的冲突：流规则在下发的时候，由于时延、分组丢失或者报文被篡改等，控制器下发的流规则和转发器中已接收且生效的流规则不一样，控制器下发的流规则没有正常在网络中发挥作用。当控制器和转发器之间存在流规则一致性问题时，控制器得到的网络流量、拓扑等状态信息可能和实际网络状态不相符，造成信息的不一致；转发器的转发行为与控制器的预期不一致，导致网络流转发错误或路由震荡。

所以，检测和解决策略冲突是保证软件定义安全、正确执行的重要条件。对于 SDN 控制器上的策略冲突，学术界已有不少研究和方案，通常可基于流表的优先级来解决冲突。随着 SDN 北向应用的增多以及软件定义安全的发展，策略冲突问题必将越来越突出，应从以下几个方面考虑解决策略冲突问题：

- 安全策略自动化部署，有效减少人为操作出错的风险；
- 安全策略下发前结合流和拓扑状态，在策略沙箱进行模拟，及时发现策略冲突，预防安全隐患产生；
- 针对全网设备进行安全策略建模，通过基于大数据和机器学习的智能检测，有效发现安全编排器和 SDN 控制器上的策略冲突。

7.3.3.2　SDN 控制器抗（D）DoS 技术

SDN 控制器集中控制的特点，使得它成为攻击者的重点目标。一旦攻击者控制了控制器，就可以控制整个网络的流量调度和编排。（D）DoS 攻击是针对 SDN 控制器最常用的攻击手段，攻击者可以通过转发器不停地向 SDN 控制器上送畸形报文，或者通过北向 App 不停地向 SDN 控制器下发新的转发策略，导致 SDN 控制器超载运行甚至瘫痪。常用的 SDN 控制器过载保护机制是基于策略的限速的，例如限制转发器上送报文的速度。在云数据中心，可以通过部署多台 SDN 控制器来分担单个 SDN 控制器的工作负荷。另外，也可以通过将控制器的处理模块按照交换机群进行分类，并针对每个处理模块进行监控和限速。

上述方案都是被动防御方案，并不能对攻击者的流量造成影响，并可能影响正常用户的流量处理。要从根本上解决上述攻击造成的 SDN 控制器过载，需要识别攻击行为，并针对攻击报文进行阻断。这就要求将 SDN 控制器作为安全监控对象，利用流表规则和转发行为对 SDN 控制器的过载进行分析，识别出攻击流量并阻断，避免粗暴的限速机制造成正常用户业务无法进行。

7.3.3.3 基于 SFC 的灵活流调度技术实现安全能力编排

用户业务所需的安全服务可能是一系列有序的安全功能的集合，比如流量依次经过防火墙、IDS、WAF。对于传统通信网络，一旦设备接好之后网络拓扑就固定了，所有报文都将完全依靠路由协议确定的路径传送，无法针对具体业务，按需调整其传送过程中经过的网元和服务。正是这种组网方式限定了运营商不能灵活地按需向用户提供安全服务。IETF 提出了对服务链的定义为：“SFC（Service Function Chaining）[10]是一个有序的抽象服务功能和限制条件的集合，这些限制条件能够应用于分类后的数据分组或帧或数据流上。”当这些抽象服务功能是安全功能时就形成了安全服务链。目前，IETF 已经完成了服务链的架构定义[10]、服务链的报文封装格式[11]。SDN 提供了基于业务要求来调整网络拓扑和路由的机制，不同业务通过调用北向接口来控制对应业务流的转发路径，大大提高了网络的灵活性。基于 SDN 实现按需向用户提供安全服务成为可能。例如，SDN 控制器具有集中控制、编排流量的特点，可作为服务链的控制层，数据报文可以采用服务链报文封装格式，从而在不改动安全设备连接和路由的情况下，灵活构建基于 SDN 的安全服务链。

使用服务链提供灵活流调度的同时，也应考虑与服务链相关的新安全问题。除了考虑 SDN 自身的安全，还需考虑分类器、转发器的安全，控制器下发分类策略、转发策略的机密性、完整性、策略冲突、报文封装的安全性等。

| 7.4 自免疫、自进化的电信云内生安全体系 |

第 7.2 节和第 7.3 节讨论了 NFV、SDN 给电信云带来的安全挑战和应对策略，实质是采用传统的加固、防御理念，针对电信云的特点进行必要的改造和加固，确保虚拟化技术引入后，电信云依然处于可管、可控、可运营的基本安全水平。如何充分利用 NFV、SDN 等新技术的优势（如资源可弹缩、流量可调度、策略集中化、软件定义和控制一切等），结合人工智能（Artificial Intelligence，AI）、机器学习（Machine Learning，ML）等新型信息处理技术，设计和构建具备自免疫、自进化能力的新型电信云智慧内生安全体系，达到提升安全等级、提高运营自动化和智能化水平的新型电信云安全体系是面向未来的电信云安全大趋势。

对于内生安全有多种解释和探索，一种是指依靠网络自身构造因素产生安全功效，典型的例子是网络空间拟态防御（Cyberspace Mimic Defense，CMD），其基本思想是在目标对象给定服务功能和性能不变的前提下，通过其内部架构、冗余资源、运行机制、核心算法、异常表现等环境因素，扰乱攻击链的构造和生效过程，使攻击成功的代价倍增[12]。一些观点认为，内生安全是通过增强计算机系统、网络设备内部的安全防范能力，使攻击根本不可能发生，比如前面所述的可信计算技术[13]。基于可信技术的主动识别、主动控制、主动报警，可以做到资源可信度量、数据可信存储、行为可信鉴别，达到主动免疫的效果。

本节针对电信云环境的技术特点，介绍了一种软件定义安全架构，将虚拟的、物理的网络安全设备与它们的接入模式、部署位置解耦，抽象为安全资源池里的资源，统一通过软件编程的方式进行智能化、自动化管理和使用，安全资源、网络流量、安全模型间通过开放的接口定义，灵活地实现了安全功能的部署和安全能力的提供，从而完成虚拟和物理网络的整体安全防护。另外，还简单探讨了人工智能在电信云安全中的应用场景。

7.4.1　软件定义安全

仅依靠保障 SDN 和 NFV 安全，只能使电信云达到一个被动的基本安全等级。电信云的安全应在充分利用 SDN 和 NFV 技术特点的基础上，采用统一的、人工智能驱动的安全能力编排能力。通过对接 SDN 和 NFV，安全编排器可调度和编排虚拟及物理安全资源池，实现安全资源自动分配、安全业务自动发放、安全策略自动适应网络业务变化（网络安全协同）、整网高级威胁实时响应防护（安全分析联动）等能力需求，多网元、多层次协同保障网络安全。在此基础上，通过构建安全资源池和安全集中编排，并结合大数据和人工智能技术，实现安全策略集中管理和编排，为用户按需提供安全服务，即软件定义安全（Software-Defined Security，SDSec）。

软件定义安全系统架构如图 7-8 所示，基于软件定义的电信云安全体系主要包含资源池、网络控制及资源编排层、安全控制及编排层、安全数据分析层、安全服务层以及安全管控系统，各部分的功能描述如下。

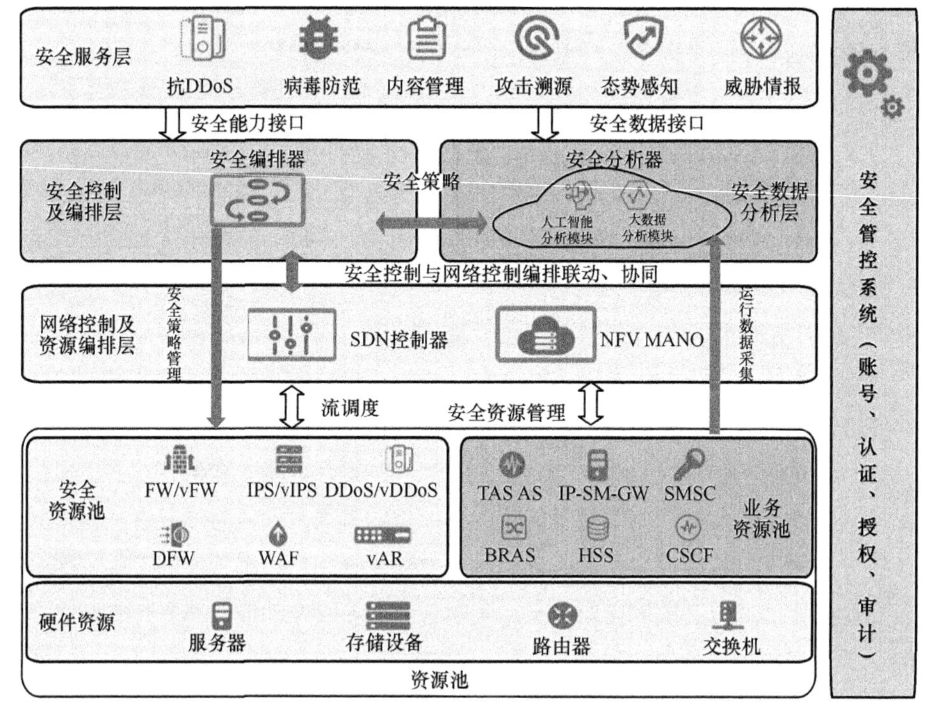

图 7-8　软件定义安全系统架构

（1）资源池

资源池包含硬件资源、安全资源池以及业务资源池[14]。

- 硬件资源由服务器、存储设备、交换机和路由器组成，为虚拟化安全功能和业务提供虚拟资源。
- 安全资源池由虚拟化的安全功能（即虚拟安全网元）和物理安全设备等组成。
- 业务资源池：安全设备接受来自交换机的流量并对该流量执行安全策略。虚拟安全网元可以根据业务需求，由网络控制及资源编排层的 MANO 实现安全功能的扩/缩容以及弹性伸缩。

（2）网络控制及资源编排层

包含 SDN 控制器和 MANO 系统，负责对资源池的所有资源进行网络编排。SDN 控制器根据来自安全控制层的策略，实现流量的编排、管理。MANO 系统实现对安全功能需要的虚拟化资源的编排、管理，以及虚拟安全网元的生命周期管理。

（3）安全数据分析层

- 安全分析器使用大数据、人工智能等技术，基于各虚拟网元及物理网元的安全日志、流量日志、文件、终端行为等多维度分析安全威胁，将安全分析结果转化为安全需求发送给安全编排器。
- 另外，安全分析器可通过大数据关联威胁信息，图形化展示攻击路径，并且可以呈现个性化展示效果，例如可以基于运维视角的本地化展示，支持地图叠加、角色叠加等多种展示界面。

（4）安全控制及编排层

根据来自安全服务层或安全数据分析层的安全需求，安全编排器将安全策略下发给相应的安全设备实现安全防护。安全编排器在向安全设备下发安全策略之前，应先将引流策略下发给 SDN 控制器，由 SDN 控制器实现流量的编排；如果现有的安全资源不能满足安全需求，安全编排器还需向 MANO 下发虚拟资源分配请求，以扩充所需的虚拟资源或者创建并启动满足特定安全需求的虚拟化安全网元。

（5）安全服务层

安全服务层基于安全编排器、安全分析器提供的安全能力及安全数据向用户提供可定制化、可编程的安全服务，这些安全服务可集成在用户的最终应用中。用户可通过此功能按需购买安全服务。订购功能和服务通过 API 调用提交给安全控制器。安全编排器根据安全控制策略和用户需求实现安全资源的管理和编排，为用户按需提供安全服务，实现安全即服务（Security as a Service，SECaaS）。

（6）安全管控系统

至少包含统一账号管理、认证管理、授权管理和审计管理，可将安全控制器、智能分析与可视化工具等统一纳入运营商的安全管控体系中。

软件定义安全架构实现了安全设备软化、安全功能云化（池化）、安全智能化。软件定义安全改变了传统安全设备的部署和配置、安全威胁的分析和展示、安全服务及能力的开放手段。与传统安全架构相比，软件定义安全有如下优势。

- 传统网络中各个风险点均需部署安全设备，安全设备部署分散、单打独斗，难于管理，资源浪费严重；安全设备软化、安全资源池化后，能够根据业务需求实现安全资源的统一管理、灵活编排，提升资源利用率。

- 传统的硬件安全设备自动化范围有限（如标准 OpenStack 能力仅包含防火墙基础能力），一次安全防护要登录多个安全设备分别配置不同的策略，配置流程烦琐；安全资源池化后，安全控制器可以统一管理入口界面，与云平台、SDN 控制器和安全分析器联动，实现自动化配置。
- 传统安全设备各自为营，其日志分散存储，通过专业人员分析各种威胁日志以发现安全攻击，效率低；软件定义安全架构中的安全分析器能基于人工智能和大数据技术综合分析全流量存储日志和流量信息、终端行为等多维度数据，发现更多攻击线索，并且通过安全编排器智能下发安全策略，阻断威胁扩散，响应速度更快。
- 传统安全威胁关联分析软件效果不佳，可分析的威胁较少，分析结果可信任度低，威胁展示效果不直观，无法基于展示来解决安全问题；软件定义安全使用大数据关联和分析威胁信息，降低误判率，图形化展示攻击路径，简单易懂，并能基于运维视角进行本地化展示。
- 传统安全业务开通过程涉及多个环节的大量人工操作，业务开通慢，运营开销高、策略生效慢、服务化层级低；软件定义安全能够统一对接云平台、SDN 控制器和安全数据分析平台，配置自动化，并能对外开放用户级 Portal 界面，呈现功能丰富，页面友好易操作。

7.4.2 基于人工智能的智慧安全

AI 是研究、开发用于模拟、延伸和扩展人的智能的理论、方法、技术及应用系统的技术。人工智能可以通过对数据的采集、分析和挖掘，形成有价值的信息和知识模型，实现对人类智能行为的模拟，具备一定环境下的自适应特性和学习能力，基于数据、模型、运算力、应用场景等 AI 的基本要素，形成了包括机器学习、知识图谱、自然语言处理、计算机视觉、生物特征识别等在内的关键技术。目前，AI 越来越多地在网络安全领域得到了应用和推广。通过引入 AI 技术可以显著提高网络安全响应和检测的自动化水平。比如：应用人工智能可以从海量网络数据、多样的安全攻击手段中快速监测到网络攻击和异常流量，并能依据网络环境变化进行自适应安全防御。

在云环境下，AI 与安全的结合，可更高效、更智能地提升云安全能力和安全等级。典型应用场景举例如下。

- 资源、业务、用户间的交互集中化和多样化，使隐藏在其中的攻击行为更难被发现，靠人工进行数据分析和规则提取的传统方式存在工作量大、实时性差等问题。使用 AI 技术可实现基于统计分析的加密流量分类和特征提取、加密流量恶意分析与检测、网络异常检测；以及基于机器学习的用户持续行为的身份认证、基于 AI 的用户精准画像等。
- 在云环境下，主机、服务的生命周期动态性强，对其安全管理更为复杂，依靠人工对服务、人员、访问控制规则进行管理的方式存在效率低、准确性差等问题。基于 AI 实现云环境安全态势智能感知、安全策略自动化（如冲突检测、策略优化等）、未知威胁检测技术、漏洞自动挖掘、基于生成式对抗网络（Generative Adversarial Network，GAN）的威胁检测等。
- 安全能力和服务本身也是一种服务，如何高效调度软硬件和网络资源，提高安全能力和服务的灵活性和扩展性，也是 AI 技术需要考虑的问题。

7.5　小结

NFV 是电信网络基础设施从 CT 向 IT 演进的重要举措，是适配运营商需求的电信网核心技术。NFV 与 SDN 结合，大大加强了电信网的“柔韧性”，同时，NFV 和 SDN 本身的复杂性，理念、架构、技术、运营、管理等方面的变化，给电信网络带来了全新的安全挑战。在保障好传统物理安全、通信安全、数据安全的基础上，基于网元和网络虚拟化、软件可定义的特点，结合人工智能、大数据、机器学习等新技术，逐步构建安全内生、主动免疫、自动进化的智慧安全体系，是电信云下一步的研发方向。

参考文献

[1] 中国国家标准化管理委员会. 系统与软件工程 可信计算平台可信性度量 第 2 部分：信

任链可信计算平台可信性度量 第 2 部分信任链: GB/T 30847.2-2014[S]. 2014.

[2] 中国国家标准化管理委员会. 信息安全技术 可信计算规范 可信连接架构: GB/T 29828-2013[S]. 2013.

[3] CCSA. 账号、授权、认证和审计（4A）集中管理系统技术要求: 2015-0706T-YD[S]. 2015.

[4] ETSI. Network functions virtualisation (NFV); architectural framework: GS NFV 002 V1.2.1[S]. 2014.

[5] ETSI. Network functions virtualisation (NFV); NFV security; security and trust guidance: GS NFV-SEC 003 V1.1.1[S]. 2014.

[6] ONF. Software-defined networking: the new norm for networks[R]. 2012.

[7] 王蒙蒙, 刘建伟, 陈杰, 等. 软件定义网络: 安全模型、机制及研究进展[J]. 软件学报, 2016, 27(4): 969-992.

[8] ITU-T. Security framework and requirements for service function chaining based on software-defined networking[R]. 2019.

[9] 柴林博. SDN 控制器安全及流规则冲突检测研究[D]. 四川: 电子科技大学, 2019.

[10] IETF. Service function chaining (SFC) architecture: RFC7665[S]. 2015.

[11] IETF. Network service header (NSH): RFC8300[S]. 2018.

[12] 邬江兴. 网络空间拟态防御研究[J]. 信息安全学报, 2016(4): 1-10.

[13] 沈昌祥, 张焕国, 冯登国, 等. 信息安全综述[J]. 中国科学 E 辑, 2007, 37(2): 129-150.

[14] ITU-T. Framework of software-defined security in SDN (software-defined networking)/NFV (network function virtualization) network[R]. 2019.

第8章 5G 切片安全

网络切片是 5G 网络面向垂直行业提供网络和服务能力可定制的技术。切片安全包括两方面含义：一方面是如何基于切片技术提供的隔离手段满足客户的特定应用场景安全需求；另一方面切片增加了网络组织、服务提供、运营管理的复杂性，需要实施必要的安全保障手段。本章在分析网络切片原理的基础上介绍网络切片安全机制、定制化安全能力及关键技术，并提供了面向垂直行业的 5G 切片安全解决方案，供读者参考。

网络切片是 5G SA 架构提供的一种新网络组织结构和服务提供模式，切片使运营商的网络可以针对不同客户需求和场景，提供安全等级、服务质量不同的“逻辑虚拟网络”服务。

本章在介绍网络切片技术原理的基础上分析 5G SA 网络切片安全机制、定制化安全能力及关键技术，并列举了可在切片中引入的安全能力增强服务，提出面向垂直行业的 5G 切片安全解决方案。

8.1　切片的概念及原理

网络切片在移动通信系统中是个新引入的概念，但在其他领域已有许多类似的成熟方案和应用。比如：在计算机领域，最早的大型计算机就是通过时间片轮转的方式，以“切片”形式供多用户使用。在 IP 通信网络中，普遍使用的 VPN（Virtual Private Network），就是在公众网络上开辟的一个端到端的“专网”。

8.1.1　切片是 5G 系统组网模式的创新

4G 网络以提供支持移动性的高速数据连接的能力为目标，使用“one-fit-all”网络服务模式（即统一的、固定的网络承载各种不同特性的业务）。因此，网络只能针对各种业务提供均一化的数据连接服务，仅能通过 APN、QoS 等参数进行业务流向和性能的微小调整，缺乏功能扩展性和灵活性。各种业务只有依靠不同的通信协议和应用层来提供差异化服务。所以，4G 网络的规模部署和运营并没有给垂直行业带来重大技术变革。而 5G 网络提供 eMBB、mIoT、uRLLC 三类具有不同通信特点的业务接入能力[1]。在此基础上，基于 SA 组网方式，5G 网络引入了端到端网络切片技术，为垂直行业提供“one-for-one”的网络服务能力，使 5G 网络以开放、标准的方式融入垂直行业生产、经营过程中。基于统一架构和平台，5G 网络提供逻辑隔离、物理专用等多种隔离手段，提高了垂直行业对网络特性、网络管理和运营的定制化水平[2]。网络切片代表了运营商从网络结构到业务提供方式上的开放化，对整个社会中信息与生产要素的结合具有深远的影响。

网络切片通过在网络中功能、性能、隔离、运维等多方面的精心设计和灵活运营，创建和持续提供能力可定制的“专用网络”，提供性能可保证的网络切片服务[3]，为不同垂直行业提供相互隔离、功能可定制的网络服务。其中，网络服务体现在网络基本通信、资源、定制功能、组网、安全等多个层面。

8.1.2　网络切片的架构及原理

5G 端到端网络切片是指将网络资源灵活分配、网络能力按需组合，基于一个物理的 5G 系统虚拟出多个具备不同特性的逻辑子网。每个端到端切片均由切片无线接入子网、切片承载子网、切片核心子网组合而成，并通过端到端切片管理系统统一管理[4]。网络切片基于使用网络功能虚拟化（NFV）、软件定义网络（SDN）技术的电信云基础设施构建，关于与 NFV、SDN 相关的概念及术语，参见第 7 章。

端到端的网络切片逻辑架构如图 8-1 所示，各模块功能描述如下。

- CSMF（Communication Service Management Function，通信服务管理功能）：面向客户提供切片服务订购、高层级 SLA（Service Level Agreement）设置等服务，负责将客户业务需求及 SLA 转化并传递给 NSMF（Network Slice Management Function，网络切片管理功能）。
- NSMF：负责切片实例的管理与编排，将与切片实例相关的需求及低层级 SLA 设置转化为与切片子网实例相关的需求和参数，下发给 NSSMF（Network Slice Subnet Management Function，网络切片子网管理功能）。
- NSSMF：负责网络切片子网实例的管理与编排，并根据与切片子网实例相关的需求（如无线接入技术、带宽、端到端时延、QoS 等）生成网络服务（Network Service，NS）资源模型和业务配置，下发给 NFV 编排器（NFVO）、网元管理系统（EMS）；每个子网（无线接入子网、承载子网、核心子网）在逻辑上均有其 NSSMF。

- EMS：提供对一个或多个网络功能的管理功能。

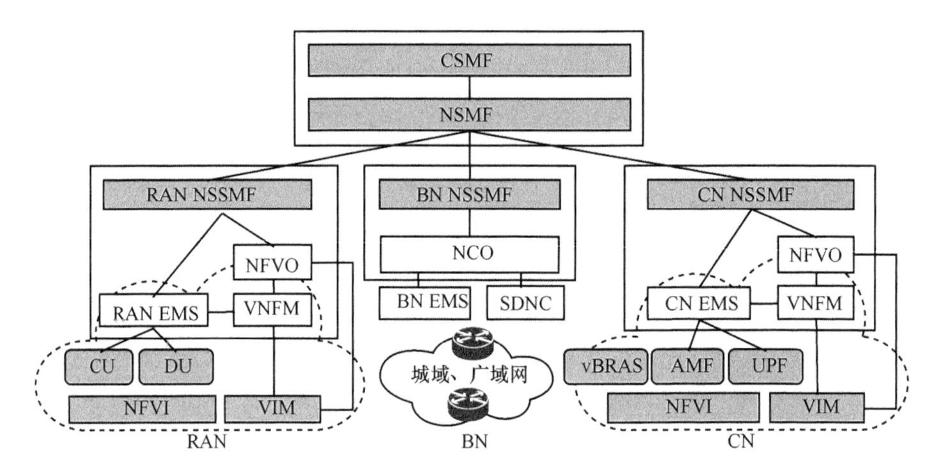

图 8-1　端到端的网络切片逻辑架构

3 个切片子网络共同构成端到端切片，分别描述如下。

- 无线接入子网（Radio Access Network，RAN）：根据 NSMF 下发的不同业务的不同 SLA 需求，进行灵活的子切片定制。提供切片感知、AMF 选择与重定向、QoS 流映射等功能。
- 承载子网（Bearer Network，BN）：传输切片分组网络（Slicing Packet Network，SPN）支持同一物理网络中虚拟出的多个独立逻辑网络，各逻辑网络具备独立的网络资源。
- 核心子网（Core Network，CN）：使用 SA 组网，基于服务化架构构建网络切片，支持切片签约、选择、能力开放，支持切片互通、切片的多层次安全隔离等功能。

8.2　网络切片的安全风险分析

5G 网络切片基于 SA 架构构建。5G 网络规划了更全面、更严密的安全保护机制，切片在此基础上增加了接入、隔离、管理的安全能力。因此，5G 网络切片从基因上具有更强的安全性和灵活性。切片的本质特征在于差异化，包括差异化的业务质量和差异化的安全等级，其中后者更是切片作为开拓 to-B 市场的关键。

但从攻击者的角度看，切片是一个复杂系统，复杂系统的每个组成部件的安全问题都将影响整个系统的安全，复杂系统的部件的部署位置、部件间的连接关系、交互机制、处理逻辑，以至运维机制等都可能产生系统的脆弱性。

从切片构成部件的角度看，在各个子网中存在的安全风险包括以下四种。

- 无线接入子网：终端从空口接入未授权切片；其他终端或信号设备从空口发起大量连接请求，攻击无线设备/用户终端，或冒用其他终端向网络侧发起请求造成攻击等。
- 承载子网：数据传输保护不当，数据被中间设备明文解析、传递或恶意篡改，导致数据机密性、完整性被破坏。
- 核心子网：核心网云基础设施安全漏洞、网络功能本身安全防护与配置不当、与业务平台的隔离不完善等。
- 切片管理：切片从网元功能到连接链路上，大部分采用“逻辑隔离”，与传统的“物理专网”不同。切片设计、编排中可能存在逻辑漏洞，切片管理、运维过程也面临误操作、错误配置等导致逻辑隔离失效的问题，产生信息泄露、安全降级、网络失效等风险。

从切片功能的角度分析，保障切片安全需解决如下几个方面的问题。

- 网络切片间的安全隔离：采取合适的物理或逻辑隔离手段，避免攻击者从一个切片攻击另外一个切片、从一个切片网元攻击另一个切片网元，避免攻击者窃听、篡改切片中传输的信令和媒体内容。
- 针对终端的切片接入安全：终端在接入切片时，需要执行切片选择过程。终端侧、无线空口、gNB 需要配合确保交互过程的机密性和完整性，避免篡改导致的接入失败，避免窃听导致的切片实例敏感信息（如 NSSAI）泄露，除了接入认证外，还应启用接入流控机制，避免恶意（D）DoS 攻击消耗 gNB 和核心网资源导致系统可用性下降、服务质量降级。
- 切片通信安全：无论何种安全等级的切片，依然会有不同程度的资源（如服务器、通信通道）共享及网络设备、网络功能或数据共用的情况，且多个网络功能之间进行交互才能完成所需的业务功能。因此，需要在通信协议设计和实施上使用安全机制保证切片内的通信安全。

| 8.3 网络切片的安全机制 |

目前对网络切片安全的研究关注两方面：标准组织制定切片安全要求和方案；垂直行业基于网络切片构建自身安全应用。本节以 3GPP 为主线，介绍标准层面进展，第 8.4 节介绍垂直行业切片安全应用案例。

3GPP 自 Release 15 就开展了大量切片研究工作，安全部分主要包括：切片隔离安全、切片管理安全、NSSAI 隐私保护、切片所需的 AMF 重定向安全；Release 16 阶段推动了切片认证方案的研究，并对 NSSAI 隐私保护、AMF 重定向技术进行了增强。

8.3.1 切片端到端隔离

网络切片是逻辑上“独立使用的专网”，但从物理资源角度看，网络切片之间共享物理资源和 IT 基础设施，每个切片以“租户”形式按需使用这些资源。NSMF 应根据切片的 QoS、安全策略为各切片分配对应的服务器资源，并通过资源分配策略、虚拟化隔离等多种手段保证不同租户之间不会产生 CPU、存储、I/O 资源的竞争和超出分配资源额度的滥用。

切片隔离的目标包括两方面：一方面是在保持灵活性和动态性的基础上保证切片自身安全；另一方面为向用户提供定制化、托管式安全服务打好基础。因此，切片隔离是网络切片服务的核心，也是保证运营商按需创建和维护定制化切片、提高资源利用效率、降低切片运维成本的前提。

根据网络组网原则和网元部署要求，同一个切片中的网元可能位于不同的数据中心，形成分布式系统。跨数据中心的物理通信链路需要承载多个切片的业务数据传输，需要通过策略路由、SDN、VLAN/VxLAN、IPSec VPN 等诸多技术实现不同切片间通信的隔离，以及同一个切片内网络功能之间的连接和通信。同样地，在数据中心内部，也可采用上述机制保证不同切片之间、同一主机内部不同切片的网元之间的隔离。此外，同一个切片内不同网元也有不同的安全保护级别，比如用于用户数据管理的 UDM 的安全级别应高于用于接入管理的 AMF，因此不同安全级别的网元之间也需要进行隔离。切片内包含的大量业务和用户数据是垂直行业的核心资产，数据隔离包括数据处理过程的隔离、数据传输的隔离以及数据存储的隔离。

基于上述需求分析，针对切片应建立三级立体化安全隔离体系，如图 8-2 所示[5]。

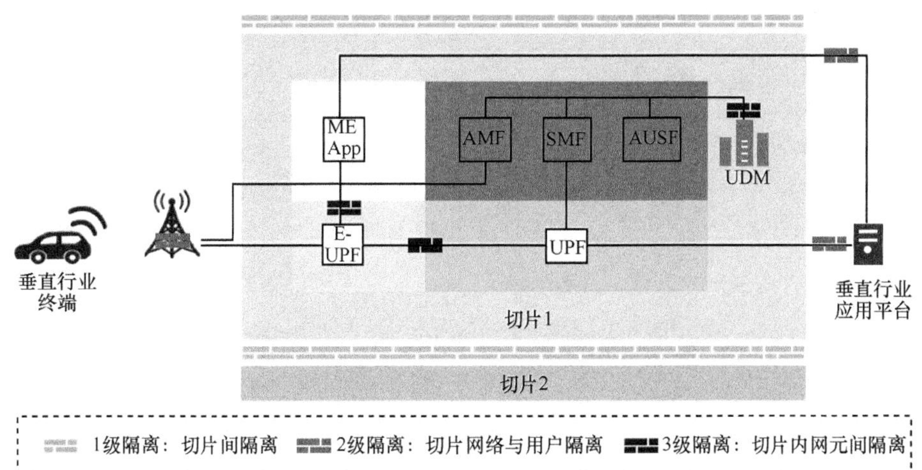

图 8-2　网络切片的三级立体化隔离体系示意图

切片三级隔离体系需求描述如下。

（1）切片间隔离

5G 网络承载多种不同安全特性的网络切片，比如一般性的娱乐服务、高安全诉求的金融服务、低时延高可靠的工业控制等服务。5G 网络应该依据垂直行业业务和数据资产的重要性，提供切片间的有效隔离，保障每个切片具有对应的安全级别。

（2）切片网络与用户隔离

为保障 5G 网络切片的安全、高可靠运行，在切片网络设计时，需要在最终用户侧和垂直行业应用侧设置隔离机制。在按照 SLA 向垂直行业提供高可靠切片服务的同时，5G 网络需保证切片网络自身与用户、应用的安全边界清晰，确保切片网络自身的安全可控。

（3）切片内网元间隔离

网络切片内隔离主要有以下两个目标。

- 切片内不同网元具有不同的安全级别和对外服务接口，需要根据网元的安全级别要求，在切片网内划分出安全域，提供网元间安全隔离。
- 切片网络结构要支持边缘计算架构，但边缘计算服务器与核心网网元处于不同的安全子域。因此，也需要实现不同安全子域之间的隔离，在保证切片内的可信、安全交互的前提下，有效控制安全子域间的隔离。

为了实施上述的三级立体化安全隔离体系，需要从无线接入网侧隔离、承载网侧隔离、核心网侧隔离、数据隔离四个方面引入隔离机制。

8.3.1.1 无线接入网侧隔离

（1）无线频谱方面

5G 无线接入子系统中，无线频谱可从时域、频域、空域维度被划分为不同的资源块，用于承载无线空口传输的数据。无线频谱资源的隔离可以分为物理隔离和逻辑隔离两种。其中，物理隔离是给网络切片分配专用频谱带宽，这时分配给切片的资源块是连续的；逻辑隔离是资源块按照不同切片的要求按需分配，这时分配给每个切片的资源块是不连续的，多个切片共享频谱资源[6]。

无线频谱资源无论采用物理隔离还是逻辑隔离，由于资源块的正交性，两者的隔离效果相当。但是在物理隔离方式下，使用专用频谱的覆盖范围和覆盖效果通常不如共享频谱，用户移动导致终端处于小区边缘时无法达到低时延、高速率的传输效果。此外，物理隔离方式实施成本高、频谱租用和设备部署代价大、资源分配不灵活、管理复杂。逻辑隔离在共享频谱的情况下由基站调度器动态调配资源块以满足不同切片的传输要求，有利于提高频谱资源的利用率。因此，行业应用在无特殊安全要求、且终端有移动性需求时，建议首选逻辑隔离方案实现无线空口隔离[6]。

（2）处理网元方面

5G 接入网络的基站处理部分与 4G 及以前的无线接入子网不同，由 DU 和 CU 两部分构成。DU 处理物理层（PHY）和媒体接入控制（MAC）层功能，如资源块调度、调制编码、功控等，目前使用专用硬件实现；CU 处理 MAC 层以上的功能，如分组数据汇聚、切换等，可使用专用硬件或者以 NFV 软件方式在通用服务器上运行。因此，为不同切片分配不同的 DU 单板或处理器内核实现网络切片在 DU 上的隔离；当 CU 软件运行在专用硬件上时，隔离机制与 DU 相同，当 CU 软件运行在通用服务器上时，CU 可基于 NFV 编排实现隔离，为不同的切片分配不同的虚拟机或容器以及对应的 VLAN/VxLAN 隔离[6]。

8.3.1.2 承载网侧隔离

网络切片在承载网侧的隔离有软隔离、硬隔离两种技术实现方式[7]。

软隔离方案将 VLAN 标签与网络切片标识进行映射，根据切片标识为不同的切片数据映射不同的 VLAN 标签，通过 VLAN 隔离实现网络切片在承载网侧隔离。不同切片的数据通过 VLAN 区分，但是标记有 VLAN 标签的所有切片数据仍然混合调度转发，未做到硬件、时隙层面的隔离。

硬隔离方案基于灵活以太网技术（如 FlexE）提供，基于时隙调度的分片将物理以太网端口划分为多个以太网弹性管道，使得承载网络既具备以太网统计复用、网络效率高的特点，又具备类似于 TDM 独占时隙、隔离性好的特性。

网络切片在承载网络的隔离还可以使用软隔离和硬隔离结合的方式，在对网络切片使用 VLAN 逻辑隔离的情况下，进一步利用灵活以太网分片技术实现时隙层面的物理隔离。

8.3.1.3 核心网侧隔离

核心网侧网络切片的安全隔离可通过切片对应基础资源层的隔离、网络层的隔离、管理层隔离三方面实现。

根据应用的安全需求，基础设施层面的隔离可提供物理隔离和逻辑隔离两种隔离方案。物理隔离是为网络切片分配独立的物理资源，各网络切片独占物理资源，类似于传统物理专网；逻辑层的隔离可使用 NFV 已有的隔离机制。

网络层的 NF 隔离分为切片之间的隔离和切片内的隔离。不同切片之间 NF 的隔离基于虚拟机或者容器的隔离机制。切片内部多个 NF 由于功能不同，对安全的要求也不同，例如 UDM 用于存储和处理用户签约数据，其对于安全的要求要高于其他 NF，因此切片内的多个 NF 也存在隔离需求，可以通过划分安全域的方式将多个 NF 置于不同的安全域中，并在安全域之间配置安全策略实现 NF 的隔离。对于 NF 之间存在通信需求的情况，应通过端口矩阵配置对通信协议和端口做好访问限制，并在通信连接建立之前进行认证。

切片在管理层的隔离通过为使用切片的租户分配不同的账号和权限，每个租户仅能对属于自己的切片进行管理维护，无权对其他租户的切片实施管理。另外，需要通过通道加密等机制保证管理接口的安全。

8.3.1.4 数据隔离

当无线接入的信令面和用户面终结点位于 5G 核心网切片内部时，可为不同切片生成独立的切片控制面或用户面密钥，在资源隔离的基础上，实现切片信令和用户面的数据隔离。

此外，对于持久存储数据的隔离防护主要包括以下五个方面。

（1）数据隔离

不同虚拟机之间共享同一存储资源时，应当进行数据隔离，确保虚拟机不能直接或间接访问其他虚拟机的数据。

（2）数据访问控制

当控制面或用户面对存储资源进行访问时，需做好相应的访问控制，包括强身份认证和细粒度授权（如对数据库的访问可控制到表、列级别）。

（3）数据加密存储

可根据数据的不同安全级别采用不同的存储加密机制。如对于重要程度低的数据，可以明文存储；对于核心关键数据，应进行加密存储并提供完整性验证能力。

（4）数据备份与恢复

应提供完备的数据备份和恢复机制来保障数据的可用性。一旦发生数据丢失或破坏，可以利用备份进行数据恢复。

（5）数据残留与销毁

虚拟机迁移后，存储资源上原有的数据应彻底删除，防止数据被非法恢复。

8.3.2 切片接入安全

切片接入安全要解决的重点问题是仅切片客户认可的用户方可接入和使用切片网络，对切片选择辅助信息的保护可增加攻击者针对特定切片发起攻击的难度。

- 用户接入切片的认证能力：在终端接入网络时由运营商网络执行接入认证（主认证）来保证接入 5G 网络用户的合法性的基础上，3GPP 还提供了运营商、切片客户配合完成切片认证和授权的机制[8]，保证仅合法用户可接入切片，实现垂直行业对切片网络及资源使用的可控性。
- 切片选择辅助信息及隐私保护能力：NSSAI 可以区分不同类型、不同用途的切片。在用户初始接入网络时，NSSAI 指示基站及核心网网元将其路由到正确的切片网元上[9]。切片选择辅助信息对于垂直行业属于敏感信息，5G 网络提供标准的机制，可对传输中的 NSSAI 进行隐私保护[10]。

8.3.2.1 切片认证

3GPP SA3 定义了切片认证机制，进一步加强对用户接入切片的安全控制。如果一个 UE 需要接入一个要求用户进行切片认证的网络切片，则在主认证完成后，UE 和切片 AAA 服务器之间基于 EAP 开展切片认证，主认证与切片认证之间的关系如图 8-3 所示[11]。

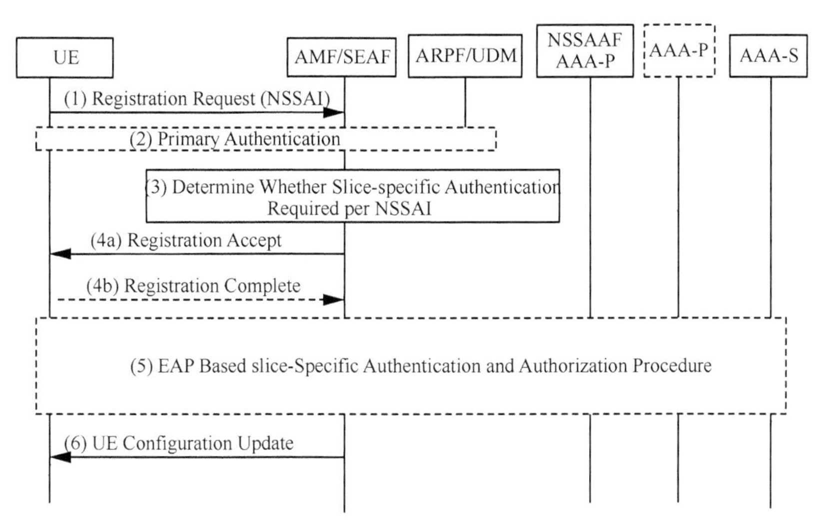

图 8-3　主认证与切片认证之间的关系

UE 发起 Registration Request 后，AMF/SEAF 执行主认证流程。AMF 根据本地缓存的数据或从 UDM 获取的签约数据检查用户准备接入的切片是否需要切片认证，并在 Registration Accept 应答中指示终端是否发起切片认证流程。

图 8-3 中（5）基于 EAP 的切片认证流程在 UE 和切片的 AAA 服务器（即图 8-3 中的 AAA-S）之间展开，切片认证使用的用户标识 UserID 和凭证可以与 3GPP 网络中的 SUPI 及凭证不同，该认证在主认证完成后进行。认证使用 IETF RFC3748 的 EAP 框架，可支持多种 EAP 方法。AAA-S 可能属于切片使用者、拥有者。如果 AAA-S 属于第三方（即切片使用者），则 NSSAAF 通过 AAA-P 与第三方的 AAA-S 交互。切片认证过程中，为了保护切片认证中使用的用户标识，可启用具有隐私保护能力的 EAP 方法或 NAS 保护及 NSSAAF 与 AAA-S 间的通道保护，具体流程如图 8-4 所示[11]。

具体流程如下。

（1）基于用户的签约信息，在判断 S-NSSAI 需要执行切片认证的前提下，AMF 可触发切片认证。

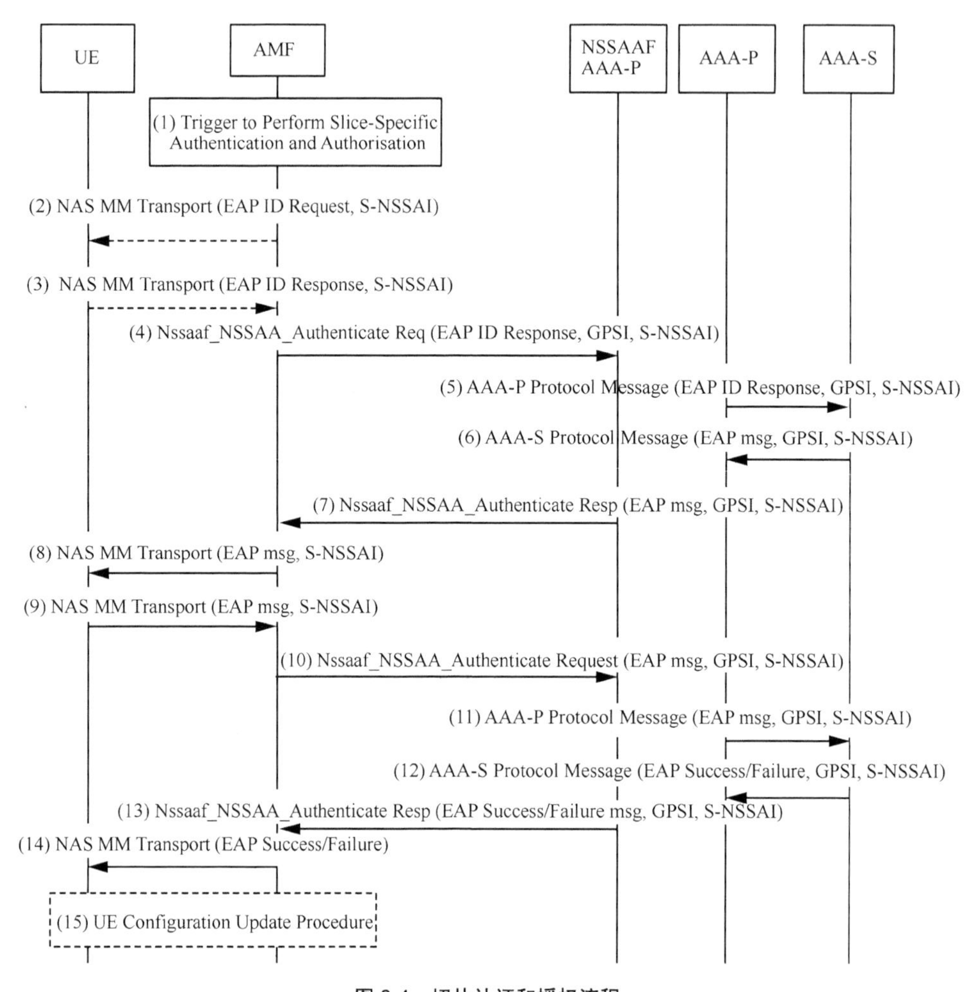

图 8-4　切片认证和授权流程

（2）、（3）AMF 通过 NAS 的 MM Transport 消息封装 EAP 消息，要求 UE 提供请求切片认证的切片对应的用户标识(即 EAP ID);UE 通过 NAS 的 MM Transport 消息应答 EAP ID。

（4）、（5）AMF 调用 NSSAAF 的认证请求服务 Nssaaf_NSSAA_Authenticate Request，封装 EAP 消息，将 EAP ID、GPSI 和 S-NSSAI 作为参数发送到 NSSAAF，NSSAAF 将该消息转换为 AAA 协议消息并经过 AAA-P 转发到 AAA-S。

（6）～（11）UE 和 AAA-S 之间进行 EAP 消息传递，根据具体 EAP 要求进行认证交互。

（12）～（14）EAP 认证完成后，AAA-S 将认证结果通知到 NSSAAF；NSSAAF 使用 Nssaaf_NSSAA_Authenticate 响应消息将认证结果通知给 AMF；AMF 以 NAS MM Transport 消息通知 UE。

（15）基于切片认证的结果，AMF 向 UE 发起配置更新流程。

如前所述，切片认证的特点是可以允许 AAA 服务器由切片使用者自行管理和维护，把用户对切片接入的权利交给第三方（即切片使用者），因此增强了切片使用者对切片用户的控制能力和灵活度，第三方可随时维护 AAA 服务器上的用户身份、认证凭证。比如企业员工离职时，可立即将该员工账号在 AAA 服务器上禁用。但是，从可用性的角度分析，切片认证增加了用户认证的流程和交互步骤，AAA 服务器的可用性、安全性也会影响到端到端切片的可用性和安全性。因此，在实施切片认证时，必须在这两者之间做好平衡。

8.3.2.2　三种认证方式的对比

第 6 章介绍了 5G 网络的主认证、次认证，第 8.3.2.1 节介绍了网络切片认证，本节对这三种认证方式进行简单对比，以便加深理解。图 8-5 表示了三种认证方式的基本原理，其中：主认证为 UE 接入运营商网络的认证过程，网络侧认证数据来自 UDM，认证发生在 UE 注册登网过程中；次认证用于 UE 连接外部数据网络，网络侧认证数据提供者为外部数据网络提供的 AAA 服务器（DN-AAA），认证发生在 UE 建立 PDU 会话的过程中；切片认证由切片租户对 UE 进行认证，网络侧认证数据提供者为切片租户网络中的 AAA 服务器（AAA-S），发生在 UE 的注册登网过程中，在主认证完成后。

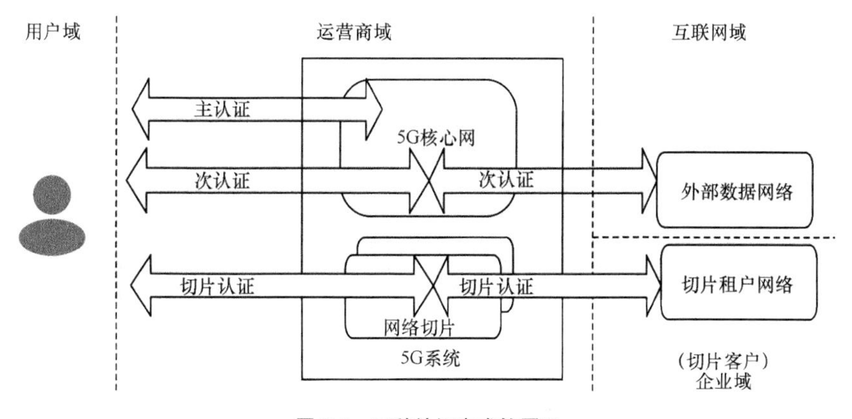

图 8-5　三种认证方式的原理

三种认证方式的比较见表 8-1。

表 8-1　三种认证方式的比较

	主认证	次认证	切片认证
目标	用于 UE 接入运营商网络	第三方控制 UE 接入外部数据网络	切片客户控制 UE 接入切片网络
发生阶段	UE 注册	UE 会话建立	UE 注册
交互网元	UE ↔ AMF ↔ AUSF ↔ UDM	UE ↔ SMF ↔ DN-AAA	UE ↔ AMF ↔ AAA-S
5G 核心网中的控制点	AMF	SMF	AMF
认证数据存储位置	运营商 UDM	外部数据网络中的 AAA（DN-AAA）	切片客户的 AAA（AAA-S）
影响范围	每个 UE	每个 PDU 会话	每个切片
认证机制	5G AKA/EAP-AKA’	EAP	EAP
认证凭证	3GPP 认证凭证	EAP 支持的认证凭证由 DN-AAA 分配	EAP 支持的认证凭证由切片客户 AAA-S 分配

8.3.3　切片管理安全

切片管理是比传统网管更为复杂的系统，通过无线接入子网、承载子网、核心子网三个子网的有效配合，才能构建一个符合用户需求的端到端切片。切片的管理安全包括两部分，一是通过管理手段保证切片的可用性；二是保证切片管理过程的安全。

针对切片的可用性，切片管理系统提供实时的切片安全监控、应急处置以及故障恢复能力，实时掌握切片的运行情况、可能的被攻击情况及故障状况，通过联动对应的安全设备进行处置，并及时对故障进行修复，从而保障系统的可用性。

切片管理过程的安全，一方面是管理信令的安全保护；另一方面是切片生命周期管理和维护安全。

切片管理服务使用方调用切片管理服务提供方提供的服务进行切片管理，为了保障切片管理的安全，要设置相应的安全保护机制[12]。3GPP TR33.811 对切片管理服务的调用提出安全要求，即切片管理服务的使用者（通常包含运营商、垂直行业）通过 3GPP TS28.533 中定义的标准化服务接口访问管理服务，要采取如下的双向认证和授权措施保护这些管理服务的安全。

（1）双向认证

如果管理服务使用者位于运营商的信任域之外，则应在管理服务使用者和管理服务提供方之间使用 TLS 并执行双向认证。该双向认证可基于客户端和服务器证书，或遵循 IETF RFC4279 TLS 1.2 预共享密钥（TLS-PSK）机制。

（2）管理服务接口的安全保护

TLS 为管理服务提供方与位于运营商信任域之外的管理服务使用者之间的接口提供完整性保护、抗重放保护和机密性保护。

（3）管理服务请求消息的授权验证

在双向认证之后，管理服务提供方将决定管理服务使用者是否有权向管理服务提供方发送服务请求。管理服务提供方应使用以下两个选项之一授权来自管理服务使用者的请求：遵循 IETF RFC6749 的基于 OAuth 2.0 的授权机制，或基于管理服务提供方的自身策略。

在切片生命周期管理中，切片模板和配置需要具备检查与校验机制，避免错误模板、错误人工配置导致切片的访问控制失效、数据传输与存储存在安全风险等；切片去激活或终止后，遵照数据隔离要求做好数据清除工作。

根据垂直行业需求和技术能力，运营商可在满足安全管理规定和要求的前提下，向垂直行业开放部分切片管理能力，并对管理能力进行全面的认证和审计。

8.3.4　切片的安全服务能力

在 5G 原有的安全机制基础上，引入上述安全方案后，网络切片具备很高的安全性，具备了面向垂直行业提供定制化安全服务的能力，见表 8-2。

表 8-2　切片安全能力

实现方式		隔离	机密性	完整性	用户认证
无线回传网	软隔离	逻辑隔离	具备	具备	—
	硬隔离	物理隔离	具备	具备	—
核心网	虚拟机/容器共用	逻辑隔离	具备	具备	主认证、切片认证、次认证
	虚拟机/容器专用	逻辑隔离	具备	具备	主认证、切片认证、次认证
	物理机专用	物理隔离	具备	具备	主认证、切片认证、次认证
业务平台	专线 VPN	防火墙， ACL	具备	具备	—

8.4 面向垂直行业的切片安全解决方案

8.4.1 垂直行业对切片的安全需求

在使用网络切片时，安全性是垂直行业进行组网方案选择的决定因素。网络切片应能有助于满足企业的自主安全管理需求。从组网角度，将垂直行业对安全的需求汇总如图 8-6 所示。

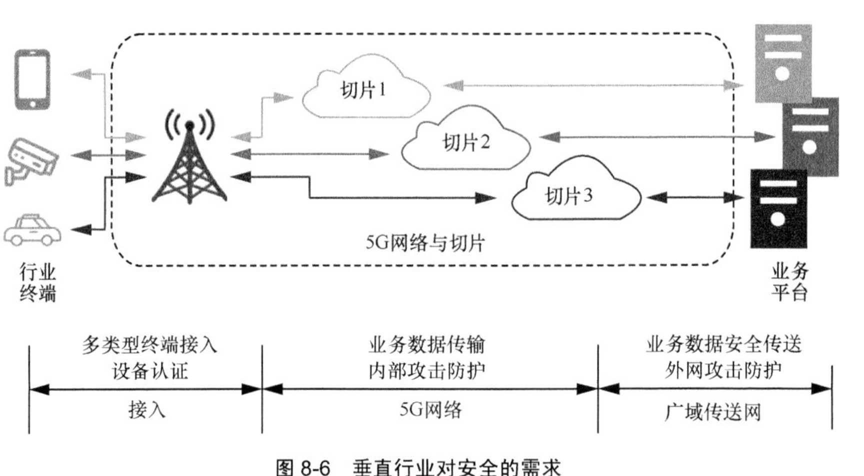

图 8-6 垂直行业对安全的需求

5G 网络切片应满足的安全需求如下。

- 接入安全需求：针对多类型设备的接入认证、防止设备对网络、网络对设备的攻击。
- 5G 网络安全需求：在网络传输的过程中，保障设备的切片认证、业务数据的安全传输、防止切片与切片内的网元被攻击。
- 与业务主站的互通安全：保障业务数据安全传输、防范外网对切片的攻击及外网对业务主站的攻击。

经过针对众多垂直行业应用场景的分析和调研，《面向垂直行业的 5G 切片安全白皮书》中将垂直行业对 5G 网络切片的安全需求归纳为表 8-3[5]。

表 8-3　垂直行业对 5G 网络切片的安全需求

行业	隔离要求			数据传输通道	用户认证机制	其他安全需求
	切片间	与用户	切片内			
能源	物理隔离	防火墙，ACL	标准机制	专线传输/加密传输	接入认证+次认证	—
银行	逻辑隔离	防火墙，ACL	标准机制	专线传输/加密传输	接入认证+切片认证	—
互联网娱乐	逻辑隔离	防火墙，ACL	标准机制	—	接入认证+切片认证+次认证	抗 DDoS
智能交通	逻辑隔离	防火墙，ACL	标准机制	专线传输/加密传输	接入认证+次认证	—

综合以上需求，垂直行业对于切片安全包括两个层次的需求。

- 切片自身必须安全：从开发、设计、部署、运维各阶段，全方位保证切片自身的高强度安全。
- 基于切片提供安全增强服务：切片奠定了一个好的安全基础，提供了一种可定制化的安全框架。

基于切片自身的特点和优势，如何更好地将运营商的网络和安全能力结合起来，在切片中统一向用户提供，让安全成为 NaaS 的重要内容。

8.4.2　网络切片提供增强的安全服务

在前述的切片自身安全机制的基础上，还可以为切片提供一些安全增强服务。

各垂直行业应用在向用户提供服务时，需要建立网络连接并获得通信安全保障。这些应用不但对网络连接的带宽、时延、覆盖范围、服务质量、可靠性等提出了差异化需求，对安全能力也提出了更精细化、差异化的要求。采用全网统一的网络策略和安全机制难以满足各垂直行业不同的安全需求。原因在于：首先，差异化的安全能力要求在不同切片中部署不同的安全设备，并通过组网、定向路由等方式将流量牵引到对应的安全设备上，其部署难度大、配置周期长，无法快速满足垂直行业的安全需求；其次，个性化的安全设置需要运营人员针对每个切片做繁杂的安全配置、审核和监控，安全运维成本高，需要投入大量的资源和人力。

5G 切片技术实现了不同切片在核心网的设备组网隔离、数据分流、转发机制，为运营商在特定切片中根据用户和业务需要引入个性化的安全服务提供了条件。在3G/4G 网络中，为针对特定业务流提供定制化服务，需要专门部署流量识别设备和实施定向引流策略，增加了网络建设成本和运营复杂度。5G 网络中，只须为特定业务分配对应的切片，然后基于该切片配置定制化安全服务。

因此，将具有运营商可提供的安全能力（如认证、授权、审计、入侵检测、安全防护）与软件定义网络（SDN）、服务功能链（SFC）[13]、软件定义安全（SDSec）[14]等技术结合，可以高效、快速、灵活地为垂直行业提供业务亟需的安全能力，降低垂直行业业务安全策略的实施成本和应用的开发周期。网络切片、软件定义网络、网络功能虚拟化、业务链、云计算以及人工智能等新技术的出现，使运营商在 5G 网络切片中提供定制化、自适应的安全服务，快速、智能化满足各垂直行业应用的不同安全需求成为可能。

在面向垂直行业的网络切片中，存在三种安全能力提供方式。

- 在与垂直行业签约切片服务时，以 SLA 的形式确定针对特定切片的安全配置参数（如加密算法、密钥长度、用户面完整性保护等），确定安全基线。必要时，垂直行业可向运营商申请调整安全配置及其参数。
- 运营商的网络和安全能力（如基于蜂窝网的定位、身份管理、会话密钥协商、移动性管理和限制等）由网络开放功能以开放的应用编程接口方式提供给垂直行业应用开发者，应用开发者可在业务逻辑中按需调用。
- 在网络侧部署安全设备或者安全功能模块，通过流调度的方式让特定应用流量依次经过这些安全模块，提供纵深防御。比如，运营商网络可以为切片应用的入站流量依次提供抗 DDoS 攻击、基于防火墙的访问控制、基于 IPS/IDS 的异常检测和处置、基于 WAF 的 Web 防护等功能。

8.4.2.1 可定制化的网络安全策略

基于网络功能专用化、网络配置定制化、安全服务客户化的特点，切片网络可为切片提供一些有运营商特色的定制化服务。

针对高安全要求的切片，可为其设计增强的安全机制，提供支持高安全级别的网元功能，如支持更安全密钥算法的 AMF[11]、引入更多安全设备（如抗 DDoS、防火墙、IPS/IDS、WAF 等）。当无线接入的信令面和用户面终结点位于 5G 核心网切片内部时，可为不同切片设定不同的机密性和完整性保护机制②（如是否开启保护机制、保护算法选择、密钥长度选择等）[15-16]。

应用或安全管理系统向切片安全管理器发送安全需求，并将安全需求转换为安全控制指令，为切片配置安全功能和策略，实现可定制化的切片安全策略。具体的安全能力及特征值选项示例见表 8-4。

表 8-4 网络安全能力及特征选项（示例）

安全能力		安全特性选项
机密性保护	是否机密性保护	Yes/No
	机密性保护算法	AES/SNOW 3G/ZUC
	机密性保护密钥长度	128/256 bit
完整性保护	是否完整性保护	Yes/No
	完整性保护算法	AES/SNOW 3G/ZUC
	完整性保护密钥长度	128/256 bit
	完整性保护参数长度	32/64/128 bit

8.4.2.2 开放化的 5G 网络安全能力

通过 API，运营商可以将网络安全能力共享给垂直行业应用，从而让垂直行业服务提供商能有更多的时间和精力专注于具体垂直行业应用的业务逻辑开发，进而能快速、灵活地部署各种新业务，以满足用户不断变化的需求。网络中相同的安全能力通过实例化可共享给多个垂直行业应用，同时还能保持与安全相关的数据的隔离，从而提高运营商网络安全能力的使用效率[17]。

8.4.2.3 基于 NFV 调度资源，实现安全功能动态部署

5G 网络使用虚拟化技术，可构建安全资源池，实现安全能力服务化，提供安全服务的动态按需部署，通过云计算方式交付安全服务。当接收到来自垂直行业应用的安全需求时，网络切片实例中的管理服务器会基于 NFV 技术，在合适的位置创建相应的虚拟机，并装载安全服务功能软件包，实现安全功能实例化，并进行安全策略配置，快速地为具有特定安全需求的垂直行业应用提供多样化且恰当的安全服务。

② 目前，关于 256 bit 密钥、抗量子算法、用户面完整性保护等诸多技术在 5G 网络中的引入策略还在持续研究中；因此，相关定制化方案可提供的时间取决于技术和产品的成熟度。

针对特定切片，运营商安全能力资源池可提供的安全服务包括：认证、入侵检测和入侵防护、抗 DDoS 攻击、反病毒、反恶意软件/间谍软件、安全事件管理等。

运营商为切片提供安全能力服务，比垂直行业自建安全体系有诸多优势。首先，避免了垂直行业在平台侧采购、部署和维护硬件带来的成本；其次，专门的团队负责维护安全服务，具有更高专业性和及时性；最后，由于运营商具有网络流量的全局视图，可在第一时间发现新的威胁，针对新的攻击手段维护最新特征库，必要时还可快速升级安全服务软件。

8.4.2.4 SDN+SFC 精细调度流量，实现安全功能灵活调用

由于不同的安全服务功能、网元功能运行在不同的虚拟机上，根据垂直行业的安全需要，如何根据业务的安全需求调度特定业务流量在网元功能与安全功能之间、安全功能与安全功能之间的流动，是能否灵活实施定制化安全功能的关键。SDN 和 SFC 结合[18-19]，提供了精细调度流量，实现了安全功能灵活调用。

SDN 将传统网络设备的控制平面与数据平面在物理上分离，实现转发设备标准化、低成本高速转发；利用网络控制器构建集中控制中心，提供开放化的北向接口，可由应用定义网络转发行为。

SDN 对网络切片安全的价值体现在以下两个方面。

（1）SDN 控制器掌握全网拓扑和流量动态，使得切片实例中的管理服务器获得该网络切片实例中全网的拓扑信息和安全态势，能对网络中的安全事件实时分析和告警，进而支持安全服务功能实例的优化部署、策略动态调整和网络安全事件的自动响应，以满足来自各垂直行业应用的安全需求。

（2）在切片中引入 SDN 技术后，可根据该切片的安全服务需求，为其设定对应的流表信息，将该切片的业务流按照既定策略调度到对应的安全服务设备上处理，也可根据应用需要，通过规划流表串接调度多个安全能力，实现多层级纵深防御。

一方面，完全依靠流表进行切片中数据流的调度是一种粗粒度的实现，在切片中为同一个应用的不同安全等级协议定义不同的流表给 SDN 控制器带来很大的复杂性，同时在转发器上也会形成过多的转发表，以至于影响设备转发性能；另一方面，如果每个新增业务功能都需要 SDN 控制器定义和下发流表，也会对业务的灵活

性造成挑战。因此，需要更精细化和灵活化的流调度方案。SFC 是一个有序的抽象服务功能和限制条件的集合，这些限制条件能够应用于分类后的数据分组或帧或数据流上。服务功能链提供了一种细粒度、分布式的业务流调度机制，可基于应用要求、针对复杂场景和规则要求提供细粒度的流转发和服务调度。

SFC 与 SDN 配合，能够为切片提供灵活的业务流调度，基于具体业务功能需要，细粒度调度对应的安全功能，满足切片中安全功能的定制化和灵活性要求。

8.4.3　其他安全服务能力

基于运营商网络及其增值业务体系，可以为客户提供各种安全能力，开放给网络切片与垂直行业，根据业务需求提供定制化安全能力。主要包括以下方面。

（1）安全基础设施能力：包含 CA、密钥管理等安全基础设施，为切片、业务提供安全能。

（2）DDoS 防护：基于运营商大网协同技术，为切片、业务提供流量攻击的防护能力。

（3）主机的安全扫描与监控：基于运营商的网络主机漏洞扫描与异常监控能力，为垂直行业提供安全扫描与监控服务。

（4）数据安全保障：包含数据的认证、授权、审计、脱敏、溯源等数据安全能力，保证用户的数据可管、可控、可溯。

8.4.4　面向垂直行业的 5G 切片安全解决方案

5G 网络切片形成的安全能力体系如图 8-7 所示。其中部分安全能力如 5G-AKA 接入认证、数据防篡改、隐私保护等能力为 5G 安全标准所定义的通用能力；另一部分能力如切片隔离、切片认证、安全能力配置、5G 网络提供的开放安全能力等则属于切片特有的安全能力。

针对图 8-7 所示的切片安全机制及可定制化能力，表 8-5 所示的 3 组典型应用场景，可对应于一般业务安全需求、有部分特定要求的业务安全需求、高保障行业应用安全需求[5]。

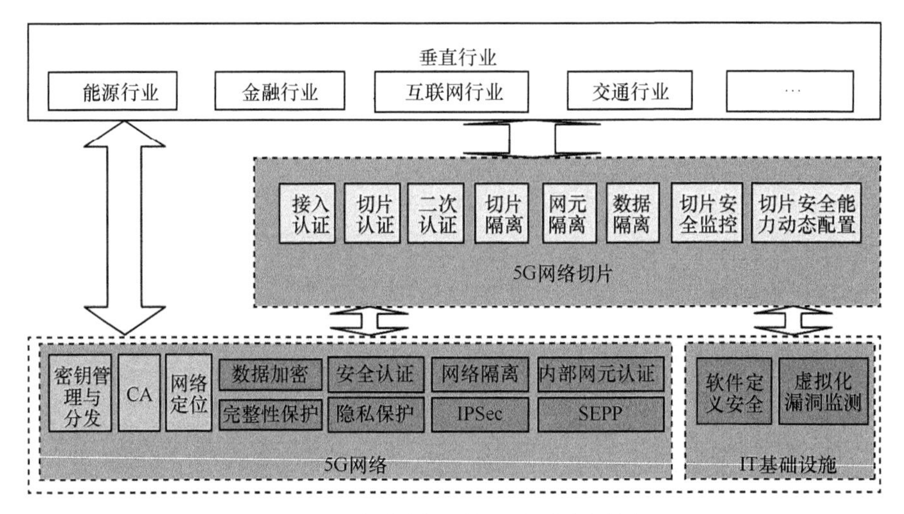

图 8-7　面向垂直行业的 5G 切片安全能力

表 8-5　切片安全的典型场景

级别	无线回传网	核心网	认证机制	切片安全机制增强	成本
通用级	VLAN 软隔离	运营商共享切片	接入认证+次认证	无	低
中高安全级	VLAN 软隔离	基于独立虚拟机的切片	接入认证+次认证/切片认证	支持安全策略配置	中
高安全级	灵活以太网硬隔离	基于独立硬件的切片	接入认证+次认证/切片认证	支持增强密钥算法；支持安全策略配置	高

运营商基于共用的基础设施提供的通用安全切片包含用户认证、数据加密、安全隔离等基础安全能力，适用于大部分应用的安全需求；当垂直行业用户有特定的安全需求（如加密算法、加密强度、安全隔离等）时，可向运营商定制更高安全级别的网络切片。

8.5　小结

5G 网络切片的目标是有效支撑垂直行业的信息化发展和技术创新需求，与之结合提升、整合社会的生产效率。

安全，既是网络切片的起点，也是网络切片的目标。首先，需要通过被验证的、切实可行的、标准的方案实现切片自身的安全，并随着行业需求的发展不断提升切片的安全能力，推动切片安全不断向智能化方向发展，保障垂直行业安全可靠发展；合理使用切片自身灵活性的技术特点，使用人工智能、大数据等技术，结合运营商的优势安全能力和服务，提供灵活、可定制的切片安全服务。

参考文献

[1] ITU-R. IMT vision-framework and overall objectives of the future development of IMT for 2020 and beyond: M.2083-0[S]. Geneva: ITU, 2015.

[2] 3GPP. Technical specification group services and system aspects; service requirements for the 5G system; stage 1: TS22.261 V16.8.0[S]. 2019.

[3] China Mobile, Huawei, Deutsche Telekom, et al. 5G service-guaranteed network slicing white paper [R]. 2017.

[4] 3GPP. Management and orchestration; architecture framework: TS28.533 V16.0.0[S]. 2019.

[5] 中国移动 5G 联合创新中心. 面向垂直行业的 5G 网络切片安全白皮书(2018)[R]. 2018.

[6] 毛玉欣，陈林，游世林. 5G 网络切片安全隔离机制与应用[J]. 移动通信，2019，43(10): 31-37.

[7] 李晗. 面向 5G 的传送网新架构及关键技术[J]. 中兴通信技术, 2018, 24(1): 53-57.

[8] 3GPP. System architecture for the 5G system: TS23.501 V16.3.0[S]. 2019.

[9] 3GPP. Procedures for the 5G system: TS23.502 V16.3.0[S]. 2019.

[10] 3GPP. Study on security aspects of enhanced network slicing: TR33.813 V0.8.0[S]. 2019.

[11] 3GPP. Security architecture and procedures for 5G system: TS33.501 V16.2.0[S]. 2020.

[12] 3GPP. Study on security aspects of 5G network slicing management: TR33.811 V15.0.0[S]. 2018.

[13] IETF. Service function chaining (SFC) architecture: RFC7665[S]. 2015.

[14] ITU-T. Framework of software-defined security in SDN (software-defined networking)/NFV (network function virtualization) network[R]. 2019.

[15] ITU-T. Security guidelines for applying quantum-safe algorithms in 5G systems [R]. 2019.

[16] 3GPP. Study on the support of 256-bit algorithms for 5G: TR33.841 V16.1.0[S]. 2019.

[17] NGMN. Security aspects of network capabilities exposure in 5G [R]. 2018.

[18] ITU-T. Security guideline of service function chain based on software defined network [R]. 2018.

[19] ITU-T. Security service chain architecture[R]. 2018.

第9章 5G边缘计算安全

通过将计算、存储和通信能力向网络边缘迁移，边缘计算为特定用户提供本地化、低时延的通信和信息处理服务；针对工厂、园区等场景，通过组网、用户签约、分流策略的设置，可达到用户业务数据不出现场的效果，进一步提高了业务和数据的安全性。本章在分析边缘计算概念的基础上，重点介绍了移动边缘计算的安全威胁、安全防护框架及防护要求。

联网应用对网络带宽和质量的要求，呈现水涨船高的态势：更好的网络性能，就会孕育出更吸引人的应用；应用的进化，又对网络提出了更高的新要求，推动网络技术的进步。AR/VR、车联网等超高带宽、超高实时性要求的应用对网络提出了新要求，促成了移动边缘计算架构在 5G 系统中的出现。

由于移动边缘计算平台和移动边缘计算应用部署在靠近用户的通用服务器上，处于相对不安全的物理环境中，管理控制能力减弱，导致移动边缘计算平台和移动边缘计算应用遭受非授权访问、敏感数据泄露、（D）DoS 攻击，物理设备遭受物理攻击等安全问题。因此，安全成为移动边缘计算研究中需重点解决的问题。

移动边缘计算的概念首先由 ETSI 提出，并从基础设施角度定义了边缘计算的系统架构。目前 3GPP 已经开展了针对 5G 网络的边缘计算需求场景、技术架构研究工作，安全、协议、网络管理等相关工作将陆续开展。由于目前 3GPP SA3 的边缘计算安全工作刚刚开始，尚未有实质内容。因此，本章内容以 ETSI 标准、业界实践、试点案例为主展开。

本章在介绍边缘计算概念的基础上，重点分析了移动边缘计算的安全威胁、安全防护框架及防护要求。

9.1 边缘计算的概念及原理

从移动通信网络架构角度看，5G 边缘计算是一个新颖的计算模式，能够基于当前的技术和工程水平解决对网络性能和质量要求苛刻的应用通信需求。但是，无论在学术界还是工程界，边缘计算并不是一个新发明，学术界几乎在云计算理念提出的同时就提出了“雾计算”，在工程界，为了支持内容分发和视频点播（Video on Demand，VoD）业务，内容分发网络（Content Delivery Network，CDN）/缓存（Cache）早早就成为网络运营者争夺的地盘，孵化出了千亿市值的 Netflix、百亿市值的 Akamai 等公司。过去，CDN/Cache 把存储（数字内容）能力放到离用户最近的边缘；现在，边缘计算则把计算、网络、存储能力搬到边缘，把更多的智能技术赋予网络边缘，形成了更智能化的“边缘云”。

9.1.1　移动边缘计算概念的形成及扩展

在 ETSI 的最初理念中，移动边缘计算主要是指通过在靠近网络接入侧的位置部署通用服务器，从而提供 IT 服务环境以及云计算能力，进一步减少时延，提升网络运营效率，提高业务分发、传送能力，优化、改善终端用户体验。2014 年 9 月，ETSI 成立了移动边缘计算（MEC）工作组，针对 MEC 技术的服务场景、技术要求、框架以及参考架构[1]（如图 9-1 所示）等开展深入研究。2016 年，考虑到 5G 网络架构期望实现固定、移动的统一接入，ETSI 把此概念扩展为多接入边缘计算（Multi-Access Edge Computing），将边缘计算能力从电信蜂窝网络进一步延伸至蜂窝网之外采用其他接入方式的网络，虽然业界目前依然使用 MEC 这个缩写，但含义已经大大扩展了。

ETSI 的 MEC 参考架构与 ETSI 的 NFV 架构[2]很类似。由移动边缘主机（Mobile Edge Host）和虚拟化基础设施（Virtualization Infrastructure）为 MEC App 和 MEC 平台（MEC Platform）提供计算、存储和网络资源，由 MEC 平台实现 MEC App 的发现、通知以及为 MEC App 提供路由选择等，由虚拟化基础设施管理提供对虚拟化基础设施的管理，由移动边缘平台管理器（Mobile Edge Platform Manager）提供对移动边缘平台的管理，由移动边缘编排器（Mobile Edge Orchestrator）提供对 MEC App 的编排。ETSI 在 2017 年 2 月发布了在 NFV 环境中如何部署 MEC 架构[3]，为 MEC 在移动网络中的落地提供了实施指南。在此部署场景中，MEC App 和移动边缘计算平台均以 VNF 的形式部署在 NFV 基础设施上。MEC 与 NFV 的架构对比如图 9-2 所示，图 9-2 中相同线型包含的区域具有类似或对等的功能。

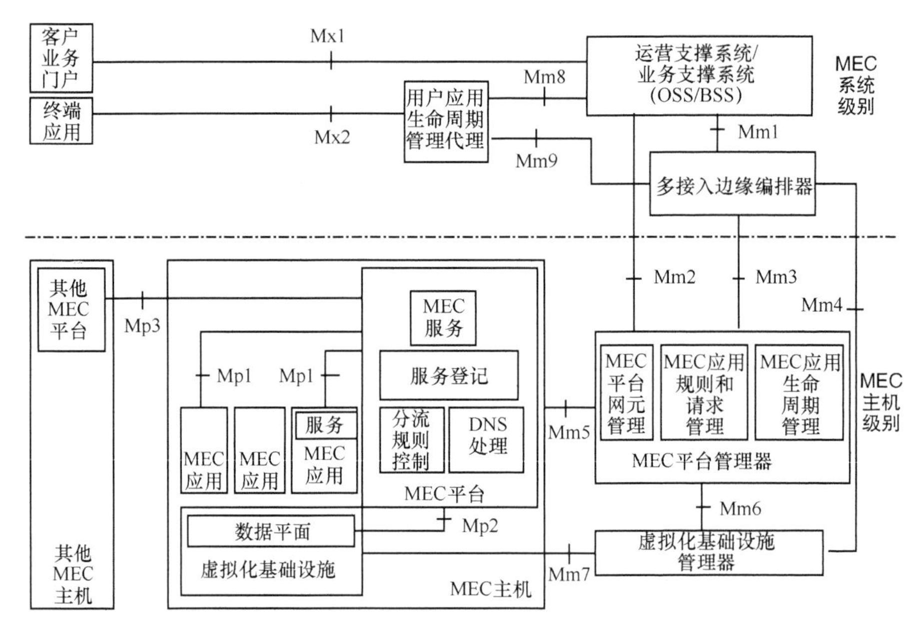

图 9-1　MEC 参考架构

9.1.2　5G 边缘计算系统架构

5G 以前的电信网络，是一个典型的分布式接入、集中式控制的通信系统。边缘计算技术的引入，使电信网络的边缘具备了控制和计算能力，从而产生了边缘智能，推动电信网络走向边云协同的分布式架构。

在 5G 系统中的边缘计算原理[4-5]如图 9-3 所示，边缘节点包括分流设备和边缘计算平台两部分。

- 分流设备（即用户面功能（User Plane Function，UPF））：下沉部署到更靠近用户的位置（如县区机房），通过核心网下发的分流策略将特定用户的特定业务流量卸载到边缘计算平台上进行本地处理，从而达到降低业务时延、减轻回传网流量压力、降低核心网处理压力的效果。
- 边缘计算平台：作为一个可管可控的高可靠资源池，提供计算、存储、网络、业务管理能力，可支持运营商业务或第三方业务部署，使终端就近在本地访问业务，降低了传输时延，提高了用户体验。

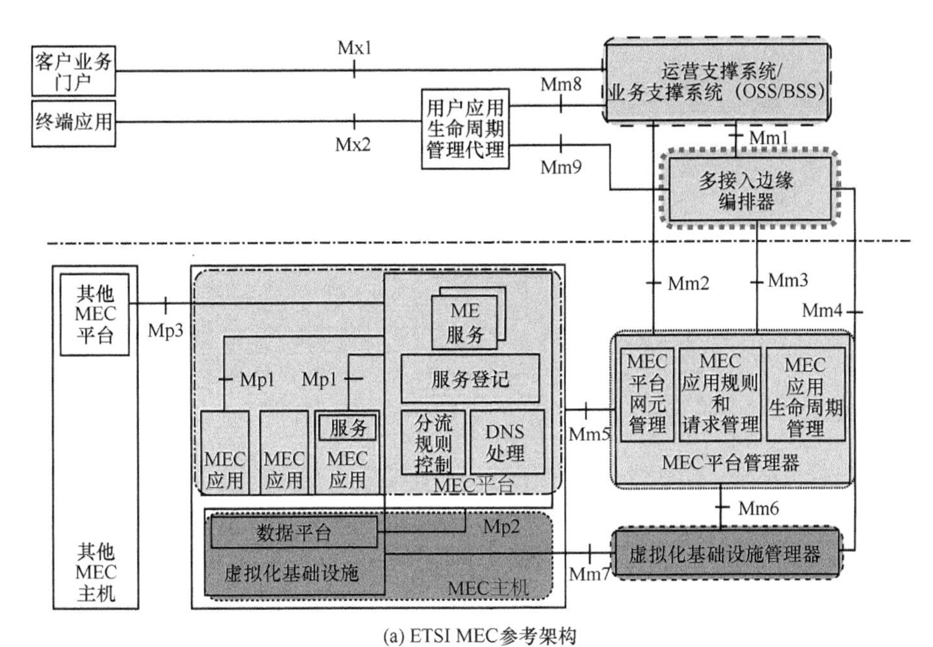

(a) ETSI MEC参考架构

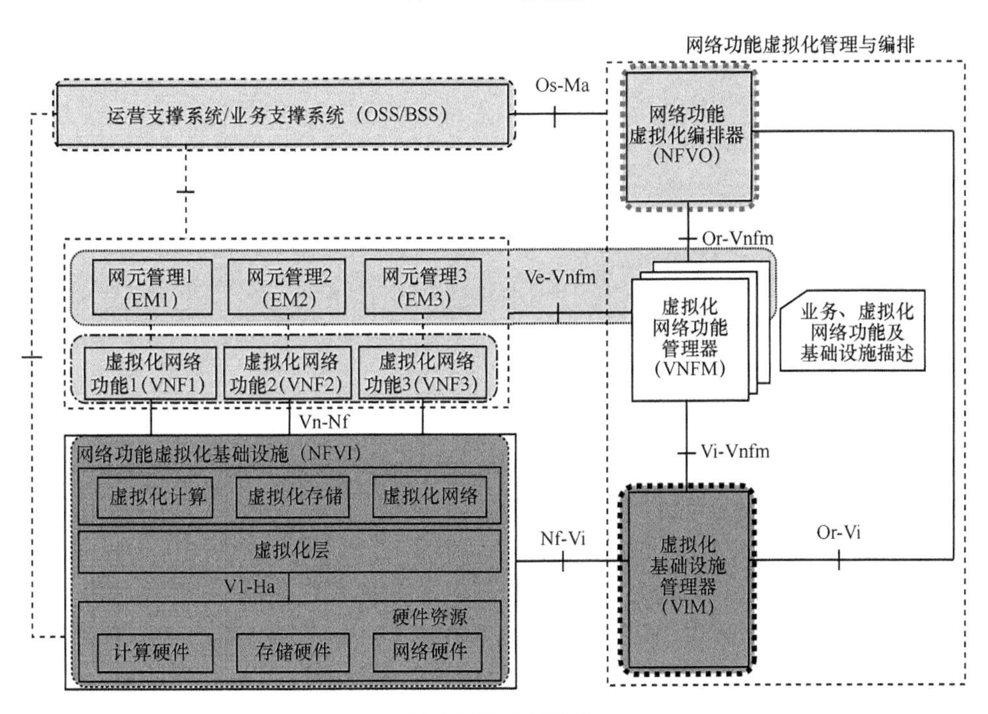

(b) ETSI NFV参考架构

图 9-2　MEC 参考架构和 NFV 参考架构对比

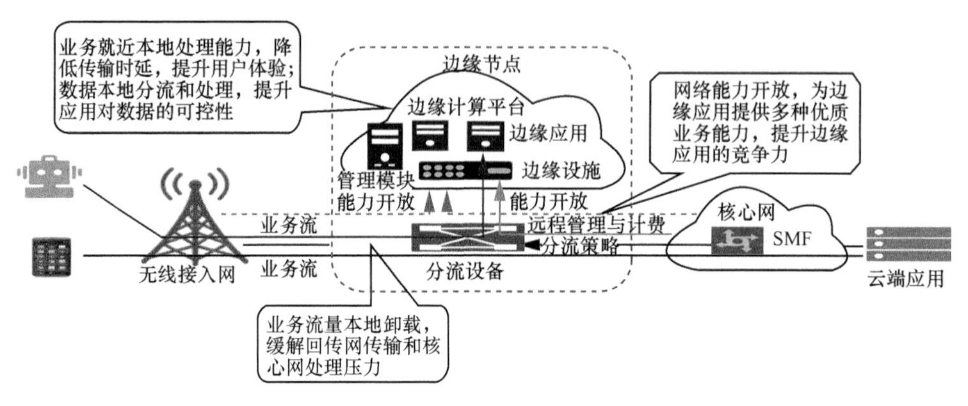

图 9-3　边缘计算的原理及价值

同时，移动边缘计算可将移动网络能力（如位置服务、带宽管理等）开放给授权应用开发者，从性能和功能两方面实现应用的优化，进一步促进移动通信网络和应用的深度融合。

此外，边缘计算应用的流量经过分流设备直接转发到边缘应用，使用边缘计算方案还能够满足一些特定行业对数据安全治理的需求，达到业务数据不出园区、厂区，数据流向可管可控的安全效果。

5G MEC 分流策略下发与分流原理如图 9-4 所示，第三方应用通过网络开放功能（NEF）或策略控制功能（PCF）与 5G 系统交互，5G 网络可为其动态生成本地分流策略和 QoS 策略，PCF 将相关策略配置给 SMF，支持 SMF 根据 UE 位置实现 UPF 的动态插入和删除，实现本地分流策略的动态下发和本地 PDU 会话的 QoS 控制[4]。

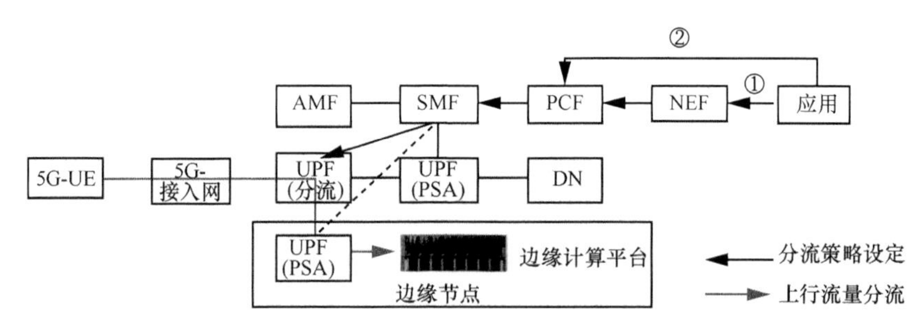

图 9-4　5G MEC 分流策略下发与分流原理

5G MEC 本地分流方式共有三种，分别是：UL-CL（Uplink Classifier）方式、Branching Point 方式以及 LADN（Local Area Data Netwrok）方式。5G MEC 业务连

续性模式分为 SSC 1/2/3 三种，可为不同业务提供不同等级的网络连续性保障。另外 3GPP 在 Release 16 提出了增强型业务连续性解决方案，基于 UL-CL 重定向方式，可满足在边缘 UPF 动态切换时，UE IP 地址保持不变的需求[4]。

9.1.3　边缘计算应用案例

本节通过案例来说明边缘计算的作用和价值，建立边缘计算业务和技术方案的基本概念，这两个案例中一个是移动边缘计算的新场景（Cloud AR/VR）；另一个是使用移动边缘计算技术对传统场景的优化（eCDN）。

9.1.3.1　Cloud AR/VR

虚拟现实（VR）利用计算机生成一种模拟环境，给用户带来沉浸到该环境、并可以互动的业务体验。增强现实（AR）将虚拟信息叠加在真实世界中，建立虚拟世界和真实世界信息之间的融合和交互，通过人类感官进行感知，实现超越现实的感官体验。VR、AR 作为颠覆传统人机交互方式的变革性技术，实现虚拟世界与现实世界的融合，提供实时现场体验，以提高工作效率、社交乐趣。AR 和 VR 技术萌芽于 20 世纪 60 年代，受到各种技术的制约，直到近几年才取得了一定的发展，这其中的终端小型化和普及化、超高通信带宽等问题，到目前为止依然是制约因素。

以 VR 为例，目前存在两大问题：其一，大部分中端 VR 终端成本在 2 万元以上，设备体积大、笨重耗电且不易携带；其二，因为传输时延和通信带宽问题，传感器从检测动作到将运动反映到 VR 视野中存在时延滞后，导致用户非常容易产生“眩晕感”。

基于 5G 网络的边缘计算技术能够有效扫清上述障碍：AR/VR 的图像处理、对象识别、3D 渲染等功能需要具有很强的计算能力，将 VR/AR 的计算任务卸载到边缘计算平台上，可以大幅度降低上述智能处理过程对终端的处理能力、能耗的要求，实现 AR/VR 终端的轻量化、小型化。这样，手机终端将可能成为 AR/VR 的用户终端，解决了终端普及的问题。边缘计算由于存储、计算、处理能力都位于靠近用户的边缘云中，解决了时延和高带宽通信的问题，正如 AT&T 在一份声明中所述——“边缘计算就像用户随身携带了一台超级计算机”。

针对边缘计算在 AR/VR 领域的应用场景和技术方案，GSMA 开展了研究工作，并形成了技术白皮书[6]，Cloud VR 具体技术原理如图 9-5 所示。

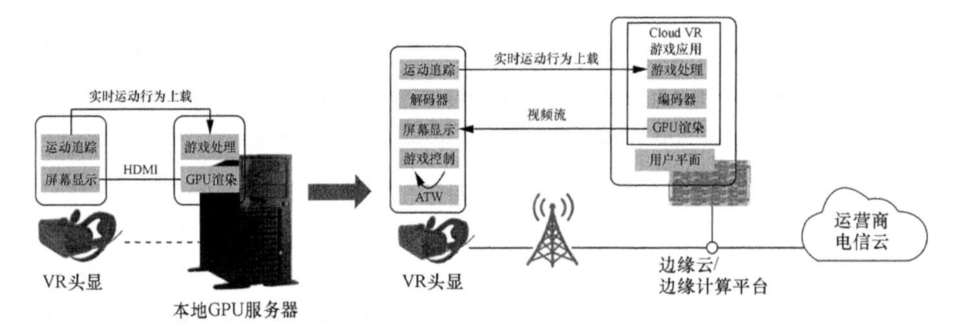

图 9-5 Cloud VR 技术原理

如图 9-5 所示（以 VR 游戏为例），VR 终端只须提供动作、位移检测和图形展现功能，位于边缘节点中的 VR 游戏应用负责编解码、终端图形特性适配、图形渲染、动作交互计算、游戏处理等功能。由于借助了边缘的处理能力，VR 终端不再需要本地的处理服务器，增加了移动性和便携性，降低了 VR 终端的电力开销和成本。

9.1.3.2 eCDN

CDN 是运营商的传统业务，但受到移动通信网络特性和组网结构的制约，移动运营商的 CDN 服务器往往需要部署在 GGSN、PGW 之上的数据网络中，而这些设备在移动网络中的部署位置都比较集中（如省会城市、较大的地市）。这种组网方式存在两个问题：首先，用户获取内容的时延较大；其次，对于大流量数据，需要消耗传输网、核心网的带宽资源。基于边缘计算（MEC）的 eCDN（edge CDN）通过内容存储和分发功能的下沉，解决了上述问题，优化了 CDN 服务的体验，降低了成本，原理如图 9-6 所示。另外，该方案原理也适用于内容缓存（Cache）服务的改造和优化。

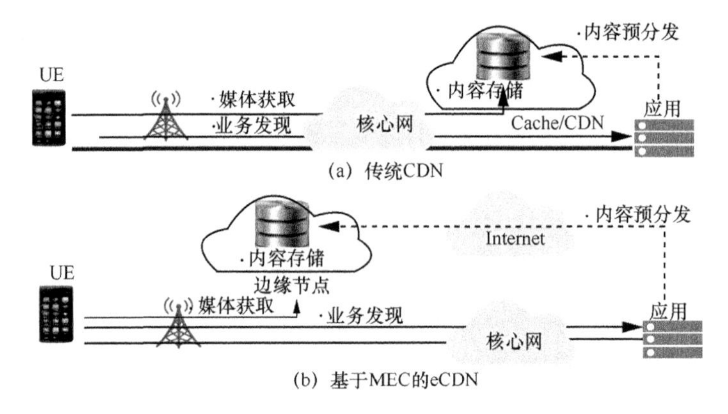

图 9-6 eCDN 与传统 CDN 的原理对比

9.2　边缘计算的技术特点及安全挑战

前面章节讨论了电信云的安全体系和安全方案，本节将从边缘计算与电信云技术特点对比的角度分析边缘计算的安全挑战，并介绍边缘计算安全防护方案。

9.2.1　边缘计算与电信云的差异分析

由于电信云技术逐渐走向技术成熟化和市场规模化，运营商参照电信云设计了边缘计算的基本架构，但是边缘计算与电信云相比较还有很大的差异，如下所示。

- 物理环境：边缘节点的部署位置更靠近用户，可能位于园区内，甚至在一体机模式、入驻模式下可能部署在第三方的机房中。因此，受到电力、空调、防火、防潮、防静电、防盗、防止物理接触等方面的诸多制约，其物理安全等级远比电信云数据中心更低。
- 基础设施：边缘节点可部署的基础设施规模受机房资源制约较大，比如：动力负载容量、机架空余空间、网络带宽等。因此，可部署的资源规模都远小于电信云数据中心。其次，在虚拟化技术上，目前电信云通常使用基于虚拟机的 NFV 架构，而边缘计算平台需要适应互联网应用开发-部署要求，通常采用容器云架构。此外，边缘节点中的硬件种类远多于电信云，比如：基于节能考虑，边缘节点可能引入 ARM 架构的服务器，为了提升数据处理效率，可能引入 GPU、FPGA、加/解密卡等硬件。
- 承载业务：在边缘节点中，既有作为 5G 核心网网元的 UPF，也有运营商和第三方的边缘应用。前者是 CT 设备，在安全、管理、维护上都有严格的要求；后者是面向最终用户的互联网 IT 应用，属于典型的混合异构。因此，在虚拟化平台、运维管理方式、安全保障机制上都有较大的不同。其次，在电信云里，所有设备和资产均属于运营商，没有租户的概念，是私有云，但边缘计算平台是一个典型的公有云，多个不同的租户共享基础设施，每个租户的业务具有很大差异性。此外，由于存在大量的第三方边缘应用，需要实施应用安全检测、应用升级管理、应用合规管理等诸多应用管控手段。
- 网络组织：边缘节点既需要与 5G 核心网对接，也需要与客户内网、互联网对接，其面对的安全挑战更大；其次，边缘节点通常无法像电信云那样设置冗余站点和网络连接；此外，由于承载应用种类多，边缘计算平台中通信协议种类繁多，面临更多的协议和接口层面安全风险。

- 安全防护：在电信云中，根据网元的功能、通信行为、存储和处理数据的重要性不同，可清晰地预先划分安全域，并设置安全隔离手段。但在边缘计算平台中，由于租户数量、业务容量弹性伸缩，很难预先划分安全域和实施隔离及安全保障机制。此外，租户业务的差异性，导致对业务质量、安全等级、安全服务的要求也存在较大的差异，难于实施统一的静态安全防护措施。
- 业务数据：由于租户业务的差异，业务和用户数据（包括：格式、敏感性、数据量等）的差异性大，统一数据安全防护手段难于奏效；此外，由于资源的限制，原有的数据冗余存储、数据加密手段都难于在边缘计算平台上实施。
- 管理运维：电信云通常会配备专门的现场管理运维团队，实施 7×24 h 的监控、告警机制，保证故障能够得到实时发现和处置。边缘节点则通常处于无人值守状态，其故障定位、排查和处置机制更多地依赖于系统韧性设计和故障自动处置机制。此外，边缘节点管理人员的素质、技能、可靠性也无法与电信云比拟。

基于上述分析，对电信云和边缘计算节点的特点差异总结见表 9-1。从表 9-1 中的对比可以看出，边缘计算的安全风险远大于电信云，其解决方案的复杂度较高，制约条件较多。

表 9-1　边缘计算节点与电信云的比较

类别	边缘计算节点	电信云
物理环境	物理安全无法保障，风险高	物理安全有保障，风险低
基础设施	容量小、资源受限； 难于冗余设计或异地容灾； 基于虚拟机的 NFV 和容器云； 硬件种类多（如 FPGA、GPU 等）	容量大、资源充足； 可冗余设计或异地容灾； 基于虚拟机的 NFV； 硬件种类少
租户数量	多租户（运营商、边缘计算客户）	单租户（即运营商）
承载业务	电信网元/NF、互联网应用； 承载第三方应用，需实施多种管控和防护手段	电信网元； 无第三方应用
网络组织	连接电信网、用户内网、互联网； 协议种类多	连接电信网、互联网； 协议种类少
业务数据	容量大、种类多、异构	容量大、种类少、同构
管理方式	无人值守	7×24 h 值守

9.2.2　边缘计算的安全风险分析

对于运营商的传统网络，重要网元设备部署的核心网机房处于相对封闭的环境中，受运营商控制，安全性有一定保证。而接入网相对更易被用户接触，处于不安全的环境中。边缘计算的本地业务处理特性，使得数据在核心网之外终结，运营商的控制力减弱，攻击者可能通过边缘计算平台或应用攻击核心网，造成敏感数据泄露、（D）DoS 攻击等。所以，边缘计算安全成为边缘计算建设必须要重点考虑的关键问题。

根据 ETSI 的 MEC 架构，各部件的具体安全威胁如图 9-7 所示。

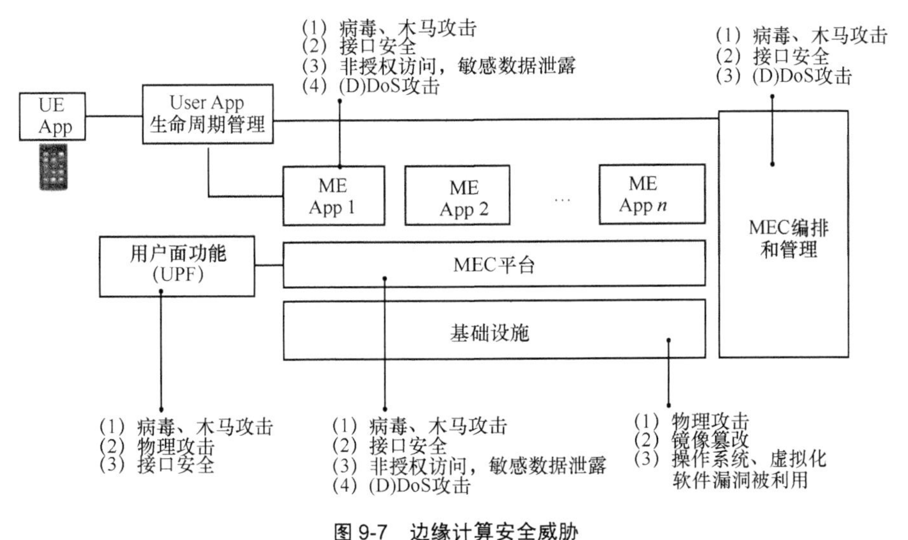

图 9-7　边缘计算安全威胁

如图 9-7 所示，边缘计算的安全威胁重点应考虑[7]以下几个方面。

- 基础设施安全：与云计算基础设施的安全威胁类似，包括攻击者可通过近距离接触硬件基础设施，对其进行物理攻击；攻击者可非法访问物理服务器的 I/O 接口，获得敏感信息；攻击者可篡改镜像，利用 Host OS 或虚拟化软件漏洞攻击 Host OS 或利用 Guest OS 漏洞攻击 MEC 平台或者 MEC App 所在的虚拟机或容器，从而实现对 MEC 平台和 MEC App 的攻击。
- MEC 平台安全：平台存在木马、病毒攻击；MEC 平台和 MEC App 等通信时，传输数据被篡改、拦截、重放；攻击者可通过恶意 MEC App 对 MEC 平台发起非授权访问，导致敏感数据泄露或（D）DoS 攻击等；当 MEC 平台以 VNF 或容器方式部署时，VNF 或容器的安全威胁（如 VNF 分组被篡改、镜像被篡改等）也会影响 MEC App。

- MEC App 安全：MEC App 存在木马、病毒攻击；MEC App 和 MEC 平台等通信时，传输数据被篡改、拦截、重放；恶意用户或恶意 MEC App 可非法访问 MEC App，导致敏感数据泄露、（D）DoS 攻击等；当 MEC App 以 VNF 或容器方式部署时，VNF 或容器的安全威胁（如 VNF 分组被篡改、镜像被篡改等）也会影响 MEC App。另外，在 MEC App 的生命周期中，MEC App 可能被非法创建、删除、更新等。
- MEC 编排和管理系统安全：MEC 编排和管理系统网元（如移动边缘编排器）存在木马、病毒攻击风险；编排和管理网元的相关接口上传输的数据被篡改、拦截和重放等；攻击者可通过大量恶意终端上的 UE App，不断地向 User App 生命周期管理发送请求，要求实现 MEC 平台上的属于该终端的 MEC App 的加载、实例化、终止等，进而对 MEC 编排网元造成（D）DoS 攻击。
- 用户面功能（UPF）安全：这里的用户面功能是指下沉到 MEC 边缘节点、用于数据分流的 UPF，以下简称“边缘 UPF”。该 UPF 存在木马、病毒攻击风险；攻击者近距离接触数据网关，获取敏感数据或篡改数据网关配置，进一步攻击核心网；边缘 UPF 与 MEC 平台等之间传输的数据被篡改、拦截和重放等。

9.3 边缘计算的安全防护方案

边缘计算安全除了考虑基础设施安全外，还应考虑 MEC 平台安全、MEC App 安全、边缘 UPF 安全、MEC 编排和管理的安全及组网安全，其安全防护方案如下所示[7]。

- 基础设施安全：在物理基础设施安全方面，应通过加锁、人员管理等保证物理环境安全，并对服务器的 I/O 接口设置访问控制。在条件允许时，可使用可信计算保证物理服务器的可信。在虚拟基础设施安全方面，应对 Host OS、虚拟化软件、Guest OS 进行安全加固，防止镜像被篡改，并提供虚拟网络隔离和数据安全机制。当部署容器时，还应考虑容器的安全，包括容器之间的隔离、容器使用 root 权限的限制等。

- MEC 平台安全：MEC 平台与其他实体之间的通信应进行相互认证，并对传输的数据进行机密性、完整性和防重放保护；调用 MEC 平台的 API 应进行认证和授权；MEC 平台应进行安全加固，实现最小化原则，关闭所有不必要的端口和服务；MEC 平台的敏感数据（如用户的位置信息、无线网络的信息等）应进行安全存储，禁止非授权访问。MEC 平台还应具备（D）DoS 防护功能等。
- MEC App 安全：包含生命周期安全、用户访问控制、安全加固、（D）DoS 防护和敏感数据安全保护，实现只有合法的 MEC App 才能够上线，合法的用户才能够访问 MEC App。具体包括：MEC App 加载、实例化以及更新、删除等生命周期管理操作应在授权后执行；应对用户的访问进行认证和授权；MEC App 应进行安全加固；应对 MEC App 的敏感数据进行安全的存储，防止非授权访问；MEC App 占用的虚拟资源应有限制，防止恶意移动边缘应用故意占用其他应用的虚拟化资源；MEC App 释放资源后，应对所释放的资源进行清零处理。
- 边缘 UPF 安全：包含边缘 UPF 的安全加固、接口安全、敏感数据保护以及物理接触攻击防护，实现用户数据能够按照分流策略进行正确的转发。具体包括：数据面与 MEP 之间、数据面与交互的核心网网元之间应进行相互认证；应对数据面与 MEP 之间的接口、数据面与交互的核心网网元之间的接口上的通信内容进行机密性、完整性和防重放保护；应对数据面上的敏感信息（如分流策略）进行安全保护；边缘 UPF 是核心网的数据转发功能网元，从核心网下沉到接入网，应防止攻击者篡改边缘 UPF 的配置数据、读取敏感信息等。
- MEC 编排和管理安全：包含接口安全、API 调用安全、数据安全和 MEC 编排和管理网元安全加固，实现对资源的安全编排和管理。具体包括：编排和管理网元的操作系统和数据库应支持安全加固；应防止网元上的敏感数据泄露，确保数据内容无法被未经授权的实体或个人获取；编排和管理系统网元之间的通信、与其他系统之间的通信应进行相互认证，并建立安全通道；如果需远程登录移动边缘编排和管理系统网元，应使用 SSHv2 等安全协议登录进行操作维护。

- 管理安全：与传统网络的安全管理一样，包含账号和口令、授权、日志的安全等，保证只有授权的用户才能执行操作，所有操作需记录日志。
- 组网安全：与传统的组网安全原则相同，包含三平面设置和安全隔离、安全域的划分和安全隔离。具体包括：应该实现管理、业务和存储三平面的流量安全隔离；在网络部署时，应通过划分不同的 VLAN 网段等实现不同安全域之间的逻辑隔离或者使用物理隔离方式实现不同安全级别的安全域之间的安全隔离，保证安全风险不在业务、数据和管理面之间，安全域之间扩散。

9.4 小结

边缘计算带来了电信网络技术架构和部署模式两方面的变动，形成了运营商和切片客户紧密协作以提升应用体验的新商业模式，为最终用户提供了强大的计算和处理能力“随身携带”的效果。这些变化对移动通信系统的安全影响是深远的，边缘计算的安全解决方案无论是从标准、实践，还是从产业上，还有很多需要体系化研究、多方面实践探索和增强的技术点。随着生态的成熟、应用的发展，边缘计算安全体系将不断演进和完善。

参考文献

[1] ETSI. Multi-access edge computing (MEC); framework and reference architecture: GS MEC 003 V2.1.1[S]. 2019.
[2] ETSI. Network functions virtualization (NFV); architectural framework: GS NFV 002 V1.2.1[S]. 2014.
[3] ETSI. Mobile edge computing (MEC); deployment of mobile edge computing in an NFV environment: GS MEC 017 V1.1.1[S]. 2018.
[4] 3GPP. System architecture for the 5G system: TS23.501 V16.3.0[S]. 2019.
[5] 3GPP. Procedures for the 5G system: TS23.502. V16.3.0[S]. 2019.
[6] GSMA. Cloud AR/VR whitepaper (2018) [R]. 2018.
[7] 庄小君，杨波，王旭，等. 移动边缘计算安全研究[J]. 电信工程技术与标准化，2018, 31(12): 38-43.

第10章 5G安全赋能垂直行业

垂直行业是5G系统应用的重要场景，与普通用户的通信安全需求相比，如何满足垂直行业的差异性安全防护需求、同时为垂直行业提供更加便利的安全能力是5G安全必须回答的问题。本章阐述5G垂直行业应用所面临的安全风险、需要满足的安全需求以及相应的安全解决方案，并提供移动医疗安全案例供读者参考。

5G 支持更高带宽、更低时延、更大连接的特性将推动通信技术向各行业融合渗透，必将有力地促进数字经济发展，为社会带来新的变革，为全球经济社会发展注入源源不断的动力。与以前的网络相比，5G 网络将来不仅用于人与人之间的通信，还会用于人与物以及物与物之间的通信。5G 业务类型的极大拓展，需要网络为业务提供差异性的安全防护能力。

在 5G 垂直行业的应用中，一方面需要保障 5G 网络的自身安全性，为业务提供保障；另一方面也可以将 5G 网络的安全能力，例如认证和密钥管理、安全通道、安全管理等能力通过网络、切片、边缘计算等方式输出到垂直行业应用中，使垂直行业能更便利、高效地使用网络的安全能力。

本章将通过 5G+医疗行业的典型案例来说明 5G 网络如何为垂直行业提供安全能力，为将来的 5G 垂直行业业务的安全设计提供参考。

10.1　5G 业务安全风险概述

ITU 定义的 5G 三大业务场景（eMBB、uRLLC、mIoT）的通信需求各不相同，业务的接入方式和网络服务方式存在较大差异，网络支持的业务交付方式也有所区别，这需要 5G 网络能针对新系统、新环境下的差异性，明确 5G 业务系统安全方面的典型特征，为这三种业务场景的不同安全需求提供差异化安全保护机制[1]，保障 5G 网络与业务健康发展。

同时，与 ITU 定义的 5G 三大业务场景不完全一样的是，在实际开展 5G 业务的过程中，业务往往具备多个典型特征，而且在业务中也会涉及 5G 网络的新特性（切片、边缘计算等）组合应用带来的安全风险。在此基础上，再与业务的“规划、建设、运维”同步，安全工作更为复杂。5G 典型业务场景涉及的主要安全风险框架如图 10-1 所示。

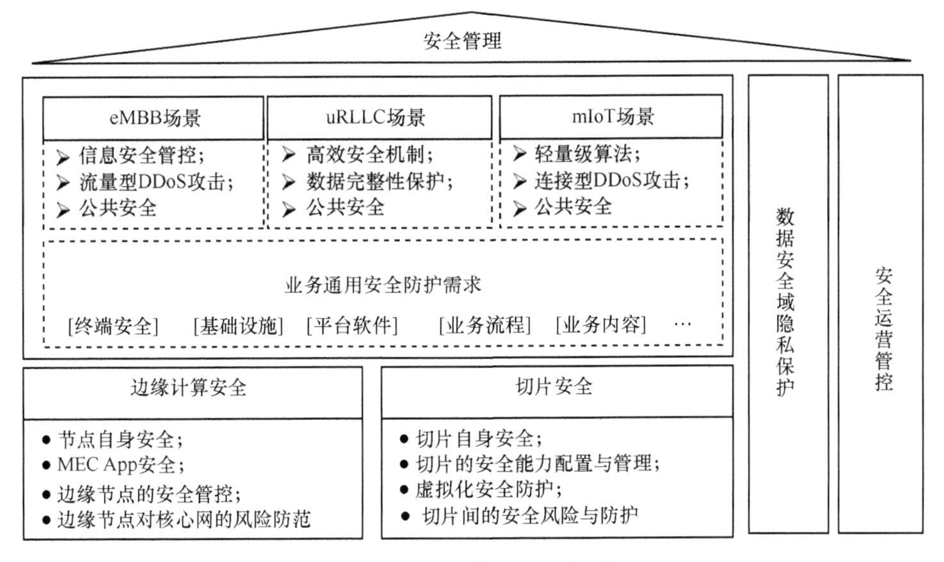

图 10-1　5G 业务安全风险框架

在本章，我们以 5G 医疗业务为例，设计安全解决方案，帮助读者更好地理解 5G 安全能力在垂直行业中的应用。

10.2　5G+安全解决方案

《面向医疗行业的 5G 安全白皮书》[2]分析，移动医疗在国家政策、社会经济、行业需求多个层面的推动下呈现快速发展的趋势。移动医疗发展可以解决居民看病难、医疗资源分配不均的问题。国务院《关于促进“互联网+医疗健康”发展的意见》等医疗改革政策，要求实现医院间、区域间的信息互联互通，电子健康档案统一数据标准，真正实现按照疾病的轻重缓急进行分级、分层诊疗，移动医疗、互联网+智慧医疗将成为医疗服务发展的新契机。

10.2.1 5G+移动医疗业务需求

在移动医疗发展的过程中，在临床医学中进行了大量的探索和实践，为患者提供以数字化为特征的诊疗服务，涉及预防、诊断、治疗和护理整个健康管理的全过程。结合 5G 高速率、低时延的特性及大数据分析的平台能力等，移动智慧医疗可以让每个人都能够享受及时便利的医疗服务，提升现有医疗手段性能和效果。未来智慧医疗充分利用 5G MEC 的边缘计算能力，满足人们对未来医疗的新需求，如移动急救车、远程辅助诊疗、虚拟现实教学、智慧导诊等应用场景。

（1）急救车/体检车

由 5G 急救车切入，逐步覆盖移动体检车、移动医疗车，打造城市应急救援体系。患者享有“上车即入院”的服务，车内除携带常规医疗用品外，还配置了呼吸机、除颤仪等各类急救设备，以及病人生命体征监测设备，以便在前往急诊室的途中实时监测患者的脉搏、呼吸等生命体征值。急救车可以将多路高清实况视频、医学影像、病人体征、病情记录等信息无损同步回传至急救中心，并运用 AI 技术读取医疗影像，辅助医生定位病症、分析病情，自动判别治疗方案。

（2）远程诊断

远程诊断服务是区域医疗联合体系内或托管医院之间的分级诊疗、医疗援助等业务服务，依靠计算机及网络技术开展的医疗活动。根据国家卫生健康委员会的规定，现阶段远程诊断的服务项目包括：远程会诊、远程心电、远程医学影像（含影像、超声、核医学、心电图、肌电图、脑电图等）诊断等。远程诊断的各类应用对图像传输有特殊的要求，一般而言远程就诊需要 1080P、30 f/s 以上的实时视频质量要求，同时要求能将本地的医疗设备采集信息实时传输至远端，这对网络安全和质量提出了很高的要求。目前绝大部分医院使用公共网络进行远程会诊，这种情况下的开展业务，容易因安全隐患和网络质量问题带来的误诊和漏诊。

（3）远程手术

目前，远程会诊等医疗手段已经较为广泛地开展起来，但受限于公网的安全和 4G 网络特性等问题，远程手术尚未大规模开展。与前面提及的远程手术指导相比，远程手术对网络传输的需求更高，主要体现在以下几个方面。

- 低时延，要求从医生端到患者端的 RTT（Round-Trip Time）时延小于 10 ms。

- 速率保障，必须保障从医生到患者端的最小数据传输速率和带宽，以保证手术的顺利实施。
- 安全保障，主要表现在连接安全和执行过程安全方面。其中连接安全表示在连接的过程要保障连接的可靠性达到 99.999 9%，执行过程安全是指该网络不受其他因素（如安全攻击等）的影响。5G 技术的商用，将进一步促进远程手术的落地。

（4）医疗影像云

为了解决诊疗过程中移动远程阅片的安全性、可靠性、低时延等行业痛点，建设面向云计算及 IDC 等场景的 5G 医疗影像云。利用云计算、云存储技术，将患者超声、CT、X 射线和 MR 图像通过 5G 传输至医疗边缘云，医疗边缘云根据数据应用场景决定边缘存储、脱敏后云端存储或跨区域同步存储，供本地快速访问或者区域间共享访问，实现医疗数据统一管理下的安全的数据共享。

（5）智慧导诊

利用现代医疗信息化手段，优化就医流程，让广大患者有序、轻松就医已成为医院提高服务水平的迫切需求。智能导诊是在医疗中使用的引导患者就诊的导航系统，负责为患者提供就诊过程中的引导帮助，包括提供就诊步骤查询、就诊科室查询、就诊科室导航、全医院地图导航等。5G 边缘计算可以根据网络情况，为导诊机器人提供信息，比如链路负载、信号密度、数据吞吐率等，对医院各条线路的人员密度进行计算和分析，从而为每个人计算最佳就诊顺序和线路，达到人员分流的效果，提高就诊效率。

10.2.2　5G+移动医疗面临的安全挑战

总体而言，移动医疗对通信的需求主要包括：

- 数据不出院区，以保障医患数据的绝对安全；
- 低时延、大带宽的通信网络支持；
- 通信网络的连通性和稳定性。

因此，针对特定需求构建专用切片，结合 5G 网络切片与 MEC 边缘计算关键技术，面向行业客户提供安全的、满足移动医疗需求的、专属的网络安全服务，如图 10-2 所示。

- 以医疗边缘云为锚点，融合固定网络和移动网络的接入数据，消除医院的“烟

囱”式数据网络系统，构建客户大数据，赋能医疗产业应用。

- 通过 5G 网络切片技术，为医疗系统构建隔离的、专用的网络通道，使能高效的、QoS 保障的、安全的数据传输能力。
- 通过本地分流技术，保障医疗设备产生的数据只终结于医院院区，实现数据本地化传输与处理，保证客户的隐私与数据安全。

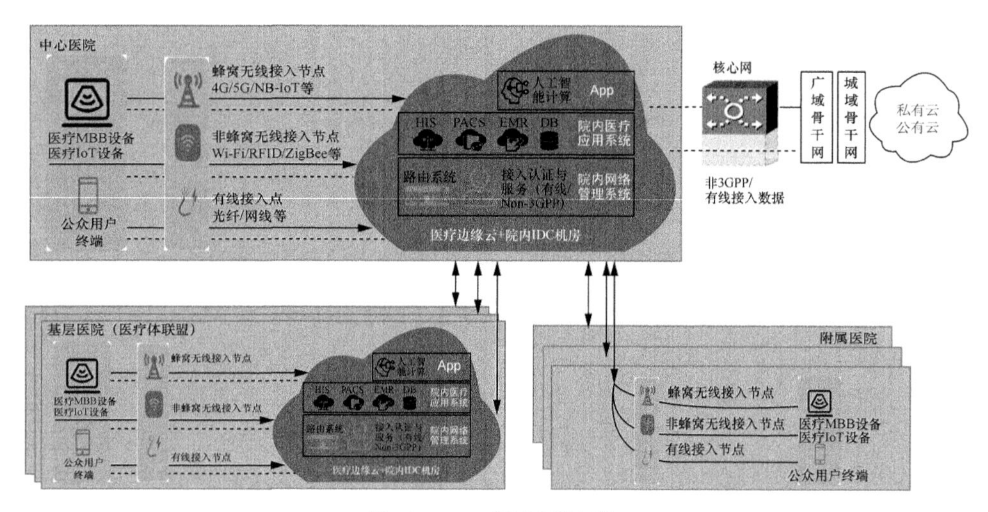

图 10-2　5G 医疗网络架构

在 5G+医疗行业中，接入的用户类型与终端类型呈现多样化的特征，主要包括：

- 社会公众用户，支持病人、家属查询医院信息，完成挂号、导诊、缴费等医疗信息服务；
- 医护人员和网络维护人员，访问院内医疗信息系统和院内网络管理系统，开展问诊、查房、诊断、用户管理和网络维护等相关业务；
- 医疗设备仪器，包括穿戴设备、监测设备、治疗设备等，实现医疗的智慧化。

针对上述三类用户与终端，5G+移动医疗业务涉及终端、网络、业务、数据的安全需求。

10.2.2.1　终端安全需求

在医疗行业的终端安全方面，主要有以下安全需求。

（1）身份认证与登录控制

医用智能移动终端和治疗设备是医院信息系统的重要组成部分，需要确保使用者身份的合法性，应对移动终端用户登录、移动终端管理系统登录及其他系统级应用登录进行身份认证；针对同一用户，采用两种或两种以上组合的认证技术、结合密码技术实现用户身份认证。

（2）数据本地存储保护

医用智能移动终端和治疗设备上存在大量敏感数据，应采用校验技术或密码技术保证重要数据存储时的完整性；应采用校验技术保证代码的完整性；应确保移动应用软件之间的重要数据不能被未授权访问；应确保移动应用软件数据文件所在的存储空间，被释放或重新分配前可得到完全清除，因此需要进行完整性和机密性保护，确保不被窃取或破坏。

（3）终端安全管控与安全审计

终端上的应用、内容、外设等需要进行安全审计、应用管控、数据防泄露、移动终端管控，确保终端的安全使用和可审计。

（4）终端接入安全

针对移动医疗场景，医务工作人员、医疗终端需要通过无线或者有线的方式接入。无线接入需要实现的目标包括：

- 移动终端可远程接入；
- 仅指定的终端能接入医疗业务平台；
- 医疗终端可以在接入后访问本地医疗业务平台或 Internet。

针对上述的业务场景与目标，安全方面的需求包括：

- 用户不能被冒用；
- 用户不能接入虚假网络；
- 仅指定的用户可以访问本地医疗业务平台、医疗协作平台；
- 用户在接入过程中的身份认证和授权，数据访问中的数据防窃取、篡改和泄露。

针对上述对设备接入与认证方面的安全需求，需要从多个维度来保障网络传输空口接入的安全，防止伪基站、假冒用户、数据窃取等数据安全风险。

10.2.2.2　网络安全需求

与传统 4G 网络相比，5G 医疗网络架构中边缘计算的引入，会导致新的安全风险：

- 第三方可能通过 MEC 边缘计算平台发起对无线网络的攻击，对核心网造成严重的安全威胁；

- 第三方如果通过边缘计算平台入侵，可能劫持医疗设备或者用户的医疗数据，造成严重的医疗诊断、治疗等事故。

因此，如何解决边缘计算的引入而导致的新安全风险需要特别关注，安全方面的需求主要包括：

- 网络自身的安全性；
- 网络安全隔离，要求保障医疗行业的系统运行在安全级别高的环境中，避免来自互联网、移动通信其他网络和用户的访问或攻击；
- 网络中需要对数据的传输提供加密性、完整性防护；
- 对网络层攻击（如 DDoS 攻击）的防护；
- 边缘计算平台与核心网之间的网络安全。

10.2.2.3　业务安全需求

对于医疗行业的各种应用而言，主要通过边缘计算平台承载相应的计算、处理及回环处理等操作。因此对于部署于 5G 边缘计算平台上的应用而言，对业务系统的安全防护的主要需求如下。

- 防止基于互联网的攻击：防止攻击者基于互联网入侵后，发起对业务系统的攻击，比如：蠕虫病毒、移动恶意程序、僵尸木马等。
- 防止来自其他设备、系统的攻击。
- 安全基础设施能力：包含 CA、密钥管理等安全基础设施能力。
- 主机的安全扫描与监控：基于运营商的网络主机漏洞扫描与异常监控能力，为垂直行业提供安全扫描与监控服务。

10.2.2.4　数据安全需求

数据安全需求包括：仅授权的用户可访问业务系统，防止业务系统数据泄露。同时需要考虑设备数据通过 IoT 网络、Wi-Fi 及有线网络传输的可能，以及保障在非蜂窝网上的数据传输安全。具体如下。

- 数据隔离：基于物理隔离、逻辑隔离等不同手段满足不同安全级别的要求，如业务与办公流量完全隔离、不同业务间的数据隔离。
- 数据传输加密。
- 包含数据的认证、授权、审计、脱敏、溯源等数据安全能力，保护用户的数据可管、可控、可溯。

• 对于医院系统的 Web 应用部署 WAF，可以利用资产管理、漏洞扫描对网站、应用及数据漏洞进行扫描和研判。

10.3　面向移动医疗行业的安全解决方案

构建“切片+边缘计算”的新型网络架构，在满足移动医疗行业面临的业务需求的同时，也带来了新的安全挑战。针对移动智慧医疗行业的应用场景而言，用户数据安全、网络与设备安全尤为重要。5G 网络通过自身网络安全能力、切片与边缘计算中的定制化安全功能实现了对垂直行业业务的安全保障。

10.3.1　安全总体解决方案

在 5G 网络安全防护技术的基础上，依赖网络切片技术实现医疗场景中的医务人员、患者、医疗设备的无线接入对接入网、网络传输、安全隔离、加密传输等个性化的安全服务需要。同时通过设置不同切片之间的安全防护等级，保证切片之间的安全隔离，甚至同一切片内不同功能网元之间也应保持隔离以保证安全风险局部化、影响最小化，同时在物理或虚拟网络边界部署硬件或虚拟防火墙完成访问控制，保护切片安全。基于切片+MEC 的医疗行业安全解决方案系统示意图如图 10-3 所示。

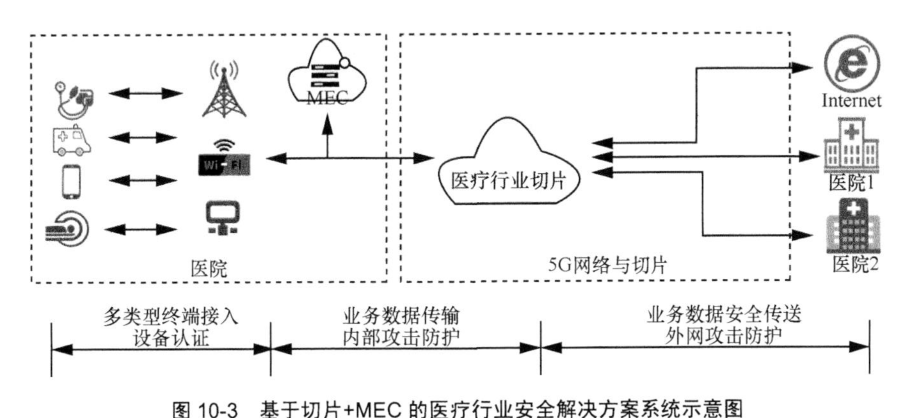

图 10-3　基于切片+MEC 的医疗行业安全解决方案系统示意图

更进一步，MEC 作为医疗设备或者患者数据的终结点以及医疗应用服务的承载主体，在 5G 网络及切片技术提供的安全防护基础上，需从接入安全、网络安全、业务系统安全、数据安全等多个维度来打造面向医疗行业的安全态势感知与管理平台以保障MEC 系统的安全。通过网络入侵检测系统、Web 应用防火墙（WAF）、App 漏洞检测、网站安全检查系统等一系列手段，对安全问题进行处置，保障网络的安全性。

通过 5G 网络原生的安全能力、基于网络切片的安全防护技术以及基于边缘计算的网络安全态势感知平台，结合网络设备的完整性保护，形成完整的、端到端的、全流程的安全防护体系，解决网络传输系统中各设备单元、业务系统在安全保护上的能力差异问题，并根据不同的应用场景、不同的用户需求灵活构建差异化的安全防护方案，以满足客户的安全防护需求。面向医疗行业的安全防护需求与具体解决方案对应情况见表 10-1。

表 10-1　面向医疗行业的安全防护需求与具体解决方案对应情况

面向医疗行业的安全防护需求	具体解决方案
终端安全需求	终端接入与认证基础防护
网络安全需求	网络切片安全防护 网络设备安全保障 MEC 边缘计算安全防护
终端安全需求	网络设备安全保障 终端接入与认证基础防护
业务安全需求	MEC 边缘计算安全防护 应用/数据安全防护 安全测评与防护
数据安全需求	终端接入与认证基础防护 应用/数据安全防护 安全测评与防护

与 5G 网络相关的安全机制已在前面章节重点介绍，本章将不再赘述。

10.3.2　终端接入与认证

在医疗应用场景中，考虑到用户接入 MEC 平台的方式不仅包括 3GPP 蜂窝无线网络接入，同时包括 Wi-Fi 无线网络接入或者固定有线网络接入，因此需要综合受信与非受信的网络构建安全的通信链路，保障用户的接入与认证安全。

10.3.2.1　蜂窝无线接入安全

5G 无线子系统提供用户接入切片的认证，防止非授权终端接入医疗行业切片；

具备 5G 通信能力的医疗终端在接入 5G 网络时，5G 核心网将基于 AKA 安全认证机制对终端进行身份认证，确保只有运营商认可的合法终端能够接入 5G 网络。认证的同时，AKA 机制能够为终端及网络产生机密性及完整性保护密钥，用于在网络接入层面和非接入层面对终端信令及用户数据提供机密性保护和完整性保护，防止用户信息被篡改、窃听。

5G 无线子系统提供对 NSSAI 的隐私保护。NSSAI 可以区分不同类型、不同用途的切片。在用户初始接入网络时，NSSAI 指示基站及核心网网元将其路由到正确的切片网元上。NSSAI 对于垂直行业属于敏感信息，5G 网络可对 NSSAI 进行隐私保护。

5G 无线子系统提供针对医疗终端的攻击防护。5G 采用了双向认证机制，使用了经过验证的标准机密性算法，可防止非授权终端接入与发起攻击；基站仅对数据做隧道封装并转发至核心网用户面转发网元，其他终端无法基于空口直接发起对行业终端的攻击；其他终端若需要对行业终端发起攻击，必须先攻破核心网。

5G 无线子系统提供针对医疗业务的攻击防护。对于上层医疗业务，5G 网络可开放次认证能力。通过网络开放能力接口，5G 网络允许提供医疗业务服务的 MEC 节点将应用层用户身份认证结果反馈给 5G 核心网络。在发现用户非法访问的情况下，5G 网络能够根据业务层指示中断终端与 MEC 边缘节点的网络连接，确保 MEC 服务节点不被非法用户访问。

10.3.2.2　非蜂窝无线接入安全

（1）使用安全连接协议

如使用 Wi-Fi 接入，应采用 WPA2 认证机制等。5G 网络支持 EAP-AKA 框架，可有效对非蜂窝的接入进行认证，确保接入终端的合法性。

（2）加强接入访问控制认证

所有接入用户应进行身份认证，如患者可以使用手机号、短信、设备指纹等进行身份验证；医疗机构人员可使用办公网账号进行身份验证。

（3）分角色配置接入热点

可以根据接入用户角色建立不同网络热点，如患者接入访客热点，该热点不能访问医院内部资源；医疗机构人员接入办公网络，可以访问医院内部资源。

10.3.2.3 终端接入次认证

在移动医疗场景下，医护人员使用的 MBB 终端和院区的 IoT 设备是需要保护的主要终端类型，这些终端能够进入医院的内网环境，并且承载着大量医疗敏感信息，需要重点解决这类终端的认证，保障接入以符合相应的安全等级。同时为了支持垂直行业的差异化需求，在 5G 为垂直行业提供基于 AKA 的普适性以及切片内的认证与授权服务功能的基础上，提供额外的认证机制以保证用户接入的绝对安全，组合模式如下：

- 第一种模式是 UE 的认证与授权基于 5G 网络安全技术，第三方应用信任 5G 网络提供的认证，并基于 5G 网络的授权信息接入；
- 第二种模式是 UE 的认证基于 5G 网络安全技术，第三方应用信任 5G 网络提供的认证，但是授权信息额外提供；
- 第三种模式是 UE 的认证基于 5G 网络安全技术，额外进行次认证，并提供授权信息；
- 第四种模式是 UE 的认证与授权基于 5G 网络安全技术，额外进行次认证，并提供额外的授权信息；
- 第五种模式是 UE 的认证与授权完全基于 5G 网络安全之外的技术完成。

考虑到在医疗的实际应用场景中 MEC 作为数据与网络锚点[3]，连接了院区内的多种通信网络，包括安全的网络（如 4G/5G 等 3GPP 蜂窝网络）、自有安全防护等级不充分的非 3GPP 网络（如 Wi-Fi 和光纤等）；而这些接入会导致无线网络和医疗数据本身的安全风险急剧增加，为了消除这些安全防护等级不够的网络的影响，针对医疗安全应用场景，首选第四种实现方式来进行安全加强防护。

10.3.3 网络设备安全保障

移动智慧医疗场景涉及边缘节点、切片网络的相关网络设备及 IT 基础设施的安全防护。

10.3.3.1 本地分流设备安全保护

采用下沉、入驻医院方式部署的本地分流网元设备（如 UPF）是实现 5G+医疗的关键节点，同时也是安全防护的重要节点。一方面，本地分流网元设备处于运营商核心机房之外，它面临着物理接触攻击的威胁；另一方面，本地分流网元设备还面临着远程攻击以及恶意 App DDoS 攻击的风险。

针对物理接触安全，医疗机构应规划安全的机房部署本地分流网元设备，采用物理隔离的方法防止非法接触，提高本地分流网元设备的物理安全性。运营商通过设备自身安全增强的方法，提高设备防范远程攻击及 DDoS 攻击的能力，具体有如下几点：

- 使用可信计算技术来保证本地分流网元设备的完整性；
- 对于本地分流策略等敏感数据采用加密方式保存，防止篡改；
- 采用 RBAC（Role-Based Access Control）的访问控制机制防止对本地分流网元设备的非法访问；
- 对于多接入边缘应用（ME App）传送的数据进行必要的限流，防止 DDoS 攻击。

10.3.3.2 网络切片安全防护

5G 网络切片支持在统一基础设施平台上提供逻辑隔离、定制化的专用网络，并提供了完备的安全机制与功能[4]。

（1）切片安全定制

依据中国移动发布的《面向垂直行业的 5G 切片安全白皮书》[2]，在面向医疗行业的切片中，可采用中高安全级别的切片，基于独立的虚拟机/硬件服务器部署切片，实现不同业务之间的有效隔离。

（2）定制优先接入

基于服务可靠性的考虑，不同类型的终端接入网络时，基于终端接入的切片类型，对高保障的终端进行优先接入，保障医疗终端、医疗设施的优先接入。

（3）切片安全管理

使用虚拟化技术可构建安全资源池，实现安全能力服务化，提供安全服务的动态按需部署。当接收到来自垂直行业应用的安全需求时，网络切片实例中的管理服务器会基于 NFV 技术进行安全策略配置，快速地为具有特定安全需求的垂直行业应用提供多样化且恰当的安全服务。比如：

- 切片管理接口提供认证及授权机制；
- 切片模板及相应软件镜像在上传和存储时需完整性保护；
- 切片管理系统及切片网络间的通信需完整性和机密性保护。

（4）切片防护定制

针对特定切片，运营商安全资源池可提供的安全服务包括：认证、入侵检测和入侵防护、抗 DDoS 攻击、反病毒、反恶意软件/间谍软件、安全事件管理等。

网络切片、MEC 技术已经具备基本的安全机制和能力，同时运营商还提供安全资源池等安全增值能力，协助医疗行业用户满足高要求的安全需求，根据业务需求提供定制化安全能力。

10.3.3.3 MEC 安全防护

（1）MEC 边缘云安全防护

采用入驻方式部署的 MEC 是医疗业务处理的核心，它由 MEC 平台、MEC 编排系统、ME App 等部分构成。各部分的安全漏洞都可能被利用发起攻击，因此 MEC 系统需要考虑平台、编排管理系统以及 ME App 的安全问题。为此，MEC 节点在部署时应支持如下安全机制与能力，从而确保 MEC 系统的安全。

- NFV 系统的安全：包括 NFVI、业务通信系统和管理系统的安全方案。
- MEC 平台的安全：对 MEC 平台及其软件进行安全加固，防止 MEC 平台的软件漏洞被攻击者利用；使用 HMAC 等对 MEC 平台软件和镜像进行完整性保护，防止 MEC 平台软件及其镜像被篡改；对敏感数据进行加密和完整性保护，防止 MEC 平台存储的敏感数据泄露；对 ME App 进行身份认证、授权访问控制，防止非法访问、数据泄露及 DoS 攻击。
- MEC 编排管理系统的安全：对管理系统的网元进行安全加固，对管理系统内部接口和管理系统与外部其他系统之间的接口上的数据进行加密、完整性和防重放保护，按照相关要求对账号、口令和日志进行安全管理，从而确保 MEC 平台管理器、MEC 应用编排器、虚拟基础设施管理的安全。
- ME App 安全：对 ME App 软件进行安全加固，使用 HMAC 等机制对 ME App 软件或者镜像进行完整性保护，对敏感数据进行加密存储和完整性保护，对访问 ME App 的用户进行认证等，从而防止 ME App 软件本身的漏洞被利用、ME App 软件或者镜像被篡改、敏感数据泄露、用户非法访问 App 等。

（2）MEC 安全态势感知

基于 MEC 边缘云构建安全态势感知平台，基于流量的大数据分析对网络和信息安全问题进行分析、研判和处置；对安全事件进行可视化态势展示，提前预警。同时安全态势感知平台能够做到安全问题定位、系统日志管理、安全事件预警、安全预警、流量异常监测、漏洞管理分布、资产分布等可视化态势展示等。

10.3.4　应用与数据安全防护

在 MEC、切片、端到端的网络服务中，5G 都能提供良好的数据安全防护机制。

（1）MEC 数据安全基础防护

MEC 节点部署在医疗机构本地，承载医疗业务应用。这种架构允许医疗行业用户自行管理各类业务应用和数据，由用户确保业务数据使用及管理的安全性。MEC 安全方案通过以下几个方面的机制保证应用和数据的安全：

- 医疗机构本地部署的 UPF 是 MEC 设备的唯一接入点，基于业务流量处理策略，UPF 将医疗业务的访问流量分流至专用 MEC 节点，使业务数据不出医疗机构本地环境，不在公网传输，防止数据暴露；
- 本地 UPF 与 5G 基站之间的传输链路基于 IP 传输隧道实现，各隧道相互独立，实现数据的相互隔离，能够确保业务数据不在公网上暴露；
- 部署在 MEC 节点上的医疗业务应用还可采用 HTTPS 等机制对业务数据进行加密保护，实现端到端业务数据安全。

（2）切片数据安全基础防护

网络切片技术支持设定切片最大的接入用户数，切片会限制接入数量，从而有效保护了业务安全，提升业务可用性。同时，5G 网络可为不同切片生成独立的切片控制面或用户面密钥，在资源隔离的基础上，实现与其他切片的信令、用户面数据隔离。依据业务运行、数据安全保障的要求，可以通过逻辑隔离、物理隔离的方式保障业务系统的稳定运行与数据保密。

（3）端到端敏感数据隐私保护

5G 网络提供差异化的隐私保护能力，对于医疗行业，用户医疗信息，医院的处方信息、诊治信息都属于高度隐私的数据。根据隐私数据在 5G 网络中的实际使用情况，从数据采集传输、数据脱敏、数据加密、安全基线建立、数据发布保护等方面采用不同技术措施保证数据的隐私安全。

10.3.5　安全扩展能力

5G 可以为业务提供应用层身份认证与密钥管理。对 5G 网络而言，网络层认证和密钥协商采用 3GPP 定义的 AKA 机制，利用用户终端侧（U）SIM 卡内与网络侧共享的对称密钥实现接入认证和会话密钥协商。基于 AKA 的认证结果，运营商可为应用层提供身份认证及应用所需的会话密钥。5G 网络也支持开放认证能力给垂直行业，即利用通信网络已有的安全认证机制为业务应用产生新的密钥，供应用和终端之间实现身份认证和通信加密；此外，垂直行业应用还可利用运营商提供的安全通道为终端侧的垂直行业应用分发和管理密钥。

结合 5G 无线网络能力的开放，比如定位信息或者 RSRP（Reference Signal Receiving Power，参考信号接收功率）信息，可进一步设计更高可靠的安全解决方案，实现更高级的数据防护、用户接入、设备擦除等安全操作，为垂直行业的广泛应用提供了可扩展的安全能力。例如，在充分考虑用户的个人隐私和安全的前提下，5G 的高精度定位能力可以助力垂直行业应用，为其用户提供更安全的定位服务。

此外，基于运营商网络及其增值业务体系，可以为客户提供各种安全能力，开放给网络切片与垂直行业，根据业务需求提供定制化安全能力，主要包括以下几种。

- 安全基础设施能力：包含 CA、密钥管理等安全基础设施，为切片、业务提供安全能力。
- DDoS 防护：基于运营商大网协同技术，为切片、业务提供针对流量攻击的防护能力。
- 主机的安全扫描与监控：基于运营商的网络主机漏洞扫描与异常监控能力，为垂直行业提供安全扫描与监控服务。
- 数据安全：包含数据的认证、授权、审计、脱敏、溯源等数据安全能力，保护用户的数据可管、可控、可溯。

10.4　小结

5G 业务安全是一个新的领域，一方面与业务自身特点相关；另一方面与 5G 网络安全的特性相关。在 5G 业务安全分析的过程中要充分考虑到其场景对网络的需求，尽量利用网络可提供的安全特性，为业务保障提供可靠的安全服务。

本章通过 5G 智慧医疗的典型业务，分析了在“切片+边缘计算”的需求场景下，5G 网络是如何基于自身安全能力为垂直行业业务提供各种安全保障机制。由于 5G 垂直行业的业务还在不断发展的过程中，对 5G 垂直行业的业务安全的研究还将不断深入进行。5G 业务的安全体系也将随着 5G 网络的发展而提出更多的安全需求，

5G 网络也将随之演进，将安全能力更好地开放给垂直行业客户使用。

参考文献

[1] China Mobile, ZTE Corporation. 5G network security consideration white paper[R]. GTI Summit: Barcelona, 2019.
[2] 中国移动 5G 联合创新中心. 面向医疗行业的 5G 白皮书[R]. 2019.
[3] ETSI. Mobile edge computing (MEC); framework and reference architecture [S]. 2016.
[4] 中国移动 5G 联合创新中心. 5G 切片安全白皮书[R]. 2018.

第 11 章 5G 终端与卡安全

移动通信技术的发展推动了终端的演进，用户对 5G 新应用、新体验的需求集中体现在终端上，异构性、多样化、行业化是 5G 终端明确的发展趋势。本章针对安全需求、安全风险的变化，介绍 5G 终端和卡的安全挑战和方案。

更先进的移动通信技术与应用总是需要更合适的终端来配合，新的移动通信技术带来新的应用场景，而新的应用场景带来了新的安全风险。本章介绍终端的演进、安全需求的变化和技术。

11.1 终端安全概述

若干年前，终端的定位是网络中处于网络最外围的设备，主要用于用户信息的输入以及处理结果的输出等。但随着移动通信技术和业务的发展，移动终端的形态以及移动终端设备的功能也随之发生了巨大的变化，终端的概念已经明显扩大。3G、4G 技术的普及改变了以往移动终端单一的业务能力。移动通信网络从最初仅提供语音传输，到发展出短消息业务和 WAP 浏览，后来又扩展成多媒体消息业务及各种无线增值业务，移动终端也从简单的通话工具逐渐成为集 PDA（Personal Digital Assistant）、音视频、娱乐、拍照、定位、视频通话等功能于一体的移动多媒体终端，进而演变成集通话、身份标识、信息获取、电子支付等为一体的手持终端工具。

常见的终端设备架构可以简单划分为图 11-1 中的几个部分：硬件模块、固件系统模块、应用模块、数据模块以及通信接入模块。

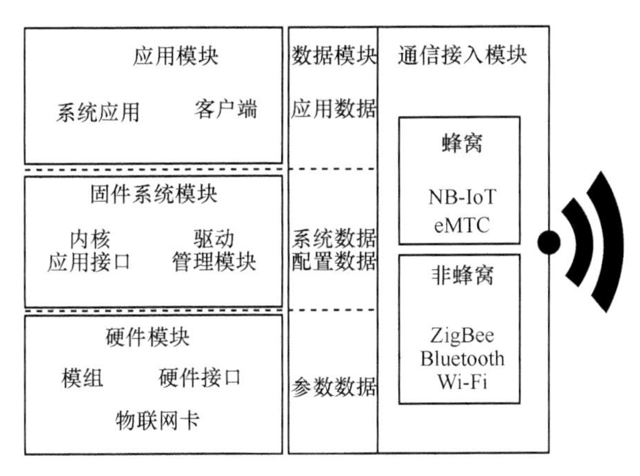

图 11-1　常见终端架构

随着移动终端用户规模的持续扩大、终端应用场景与人们日常生活的日益密切结合以及终端软硬件技术的不断升级，移动终端面临的安全威胁也越来越多地暴露出来，信令攻击、隐私窃取、远程控制等各类攻击层出不穷。综合威胁程度和普遍性，可将常见的终端安全威胁分为五类：空口安全威胁、数据非法读取和访问安全威胁、恶意应用安全威胁、无线接口安全威胁以及终端物理安全威胁[1]。

（1）空口安全威胁

对于移动终端来说，用户数据和信令等均通过无线信号在空中传播，由于空中接口传输的开放性，用户的通话和短信等均有可能在空口被窃听、截获或者篡改。比如：在 2016 年的黑客大会上，黑客 seeker 就利用“伪基站+伪终端”通过空口发起了中间人攻击，从而获得了用户和基站交互的所有信息。

（2）数据非法读取和访问安全威胁

随着移动通信网络的升级，移动终端接入网络的速度越来越快，在用户对网络的使用更加便捷和高效的同时，也提升了黑客攻击用户的效率和木马传播的速度。

（3）恶意应用安全威胁

大多数终端通常采用开放的硬件、操作系统和软件平台，攻击者开发出的恶意程序越来越多，危害也越来越大。由于移动终端设备联网，这类恶意程序更容易传播，也更容易引发大面积、高危害的安全事件。比如：在 2017 年出现的勒索病毒 Petya 与 WannaCry 病毒传播方式类似，利用 EnternalBlue、OFFICE OLE 机制漏洞及局域网传播手法，通过远程锁定设备并向受害用户勒索赎金。黑客使用该病毒冒充成了热门手游“王者荣耀”的辅助工具，在用户安装后会对手机中的照片、下载、云盘目录下的个人文件加密，一旦中招，用户将面临被勒索或丢失全部个人信息的艰难选择。

（4）无线接口安全威胁

现在的智能终端大多拥有丰富的接口，比如蓝牙、Wi-Fi、NFC、USB 等，这些接口同样会给终端带来很大的安全威胁。比如，2017 年 9 月，Armis 公司发布了其发现的 8 个蓝牙协议的 0-day 漏洞。随后在 The Hacker News 放出的一个演示视频中，研究人员利用这些漏洞进行攻击，在没有和用户进行任何交互，甚至没有将攻击者的设备和目标设备进行蓝牙配对的情况下，用户的手机就被全面接管。在当时，这些漏洞影响的终端设备可能超过了 53 亿个[2]。

（5）终端物理安全威胁

终端技术的发展与移动通信技术的演进基本同步，在短短几十年的时间里就彻底改变了人们的生活方式，为人们带来了便利。从日常最常见的手机、电脑，到现在普遍使用的智能可穿戴设备、智能家居等一系列物联网终端，甚至是汽车、火车、飞机等传统设备也配备了支持通信能力的终端。移动终端的概念大大拓展、产品种类繁多，遍布我们生活、工作的每一个角落。

在传统的网络安全攻防中，接触到设备就意味着攻击成功了 80%，所以物理隔离在过去和现在一直是最常见的用来保护设备物理安全的方式。但随着通信技术的发展，更多的联网终端出现在公共场所中，由于成本控制和安全意识落后等一系列原因，很多终端的物理安全都处于一个“不设防”的状态，黑客可以很轻松地对这些公共设备进行攻击。但对于其他几种安全威胁来说，物理安全威胁的影响范围相对要小了很多。

11.2　5G 终端安全

5G 给终端带来新的变化。首先，5G 强大的通信能力引导终端硬件设计的升级；其次，5G 更多的使用场景、更多的领域应用也必将催生更多的终端形态；最后，随着 5G 和 AI 技术的融合发展，可以预见计算能力将在“云–边–端”三点之间动态分布。所以说 5G 时代是“泛智能终端”的时代，而 5G 时代终端的多样性也值得期待。

异构终端硬件的发展、种类的增加，以及应用场景的扩充，势必会导致终端产生新的安全需求。以最具代表性的手机和物联网终端为例，在接下来的两节中进行详细的安全分析。

11.2.1 5G 手机安全

5G 手机和 5G 的物联网终端比之前的终端设备在某些原生安全性上已有较大提高，比如在用户的数据完整性、漫游认证、信息保护等方面都有所增强。而在网络设计上，鉴于 5G 在传输网、承载网、核心网、业务平台等各层面上的演进创新，以及相关设备的国产化水平的持续提高，都相应地强化了 5G 网的安全性，也同时加强了 5G 网络安全可控的水平。

按照上文提到的常见终端架构划分，5G 手机在应用、系统等部分与 3G、4G 手机的区别不大，目前最常见的手机操作系统还是 Android 和 iOS。而变化最大的部分就是基带，不论是基带芯片的硬件结构，还是其软件部分的 RTOS（Real Time Operating System）与之前时代相比，都有很大的区别。

根据百度百科解释[3]，基带（Baseband）是信源（信息源，也称发射端）发出的没有经过调制（进行频谱搬移和变换）的原始电信号所固有的频带（频率带宽），称为基本频带，简称基带。由于目前公开的、有关基带的技术资料非常有限，而基带芯片需要支持多种协议栈，实现原理通常也非常复杂，相关的协议规范文档通常就有数万页之多，导致基带研究的门槛非常高。但基带可以在无须任何用户交互的情况下从无线网络远程访问，这个特性却让它在安全领域具备了非常高的研究价值。

基带系统是一个非常庞大且复杂的系统，是软、硬件与通信技术的完美融合。以高通的基带系统为例，其基带软件系统主要包括了启动管理、内存管理、文件系统、定时器机制、任务管理、IPC（Inter-Process Communication）机制以及中断管理等功能和安全设计。

2019 年是 5G 的元年，与 4G 基带芯片相比，5G 基带芯片的技术和生产工艺难度更大，因此，成为基带芯片厂商的分水岭。到 2019 年年底，能够生产 5G 基带芯片的生产商也不过只有五家：华为、高通、三星、联发科、紫光展锐。基本上所有 4G、5G 基带芯片的处理器都是 ARM 处理器，也正因如此，传统固件逆向的思路和工具都可以很好地运用到基带的破解中，通过识别和使用可变长度存储器副本的功能，能够快速排查复制数据长度检查不足的情况[4]。通过内存损坏漏洞，攻击者可以访问手机中与隐私相关的各种硬件，完全透明地监视用户。一旦攻击者控制了基带，就可以拨打电话、发短信或进行大量数据传输等。

但是上述这类攻击在不物理接触用户终端的前提下，成功实施的必要条件是中间人攻击，如伪基站。由于5G引入了SUCI，一定程度上降低了用户接入伪基站的风险，从而提高了终端整体的安全性。

11.2.2 5G 物联网终端安全

近年来，随着连接深度和广度的拓展，物联网终端得到了更大的发展机会。

物联网终端指具备通信能力，能够实现数据发送及接收，具备信息采集或控制等功能的设备，如视频监控、传感器等。物联网可通过多种接入网络实现设备与设备、设备与应用、设备与人之间的通信。与手机相比，5G时代的物联网终端的异构性更加显著，应用场景也更多，终端所处的物理位置也更为复杂。在个人穿戴、家庭安防、交通物流、智慧金融、智能家居、环境监测、城市管理等场景中，物联网终端无处不在且形态多样，功能及计算能力差异大，在提供服务的过程中会生成复杂的本地和云端数据，随之而来针对特定应用场景的安全需求也会更定制化。

在 CIoT 体系中，感知层是所有数据的来源，感知层的目标是全面感知和收集所需的外界信息，感知层通过从RFID、GPS、环境传感器、工业传动器、摄像头等各种各样的物联网终端中获取原始数据，所以终端的安全就是整个 CIoT 数据安全的源头。

根据物联网终端目前比较普遍存在的安全风险，结合常见终端架构和物联网终端本身的技术架构，将物联网终端的安全威胁分析模型分为四个部分：硬件安全、系统固件安全、应用安全以及数据安全，具体如图11-2所示。

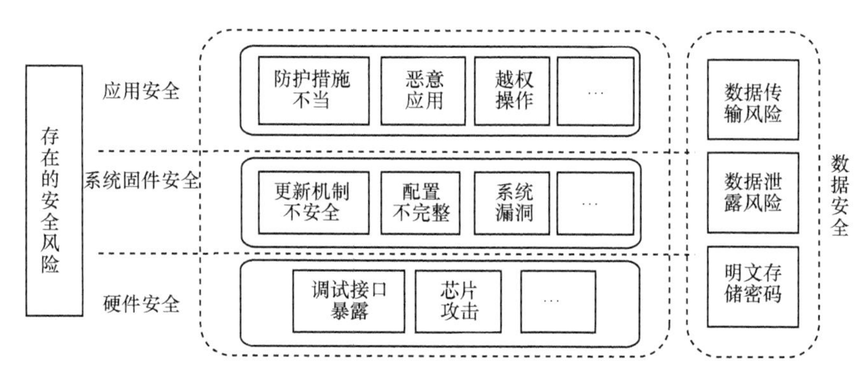

图 11-2 物联网终端安全威胁分析模型

由于应用场景、部署环境等因素，与传统终端相比，CIoT 终端首先将面临更多来自硬件层的安全威胁。无论是在城市交通、工业环境中，还是在农业环境中，所部署的物联网终端等传感器分布范围广、设备数量多、待机时间长，如果长时间无人值守，则很可能因为这些设备暴露的调试接口、未加保护的管理和通信接口或者芯片设计缺陷导致数据直接被黑客捕获，从而引发大面积攻击事件。对于小型家用和个人物联网终端，攻击者可以通过较为容易的方式对其进行侧信道攻击，从而获得更多、更敏感的隐私数据。

物联网终端的硬件安全包括调试接口安全、芯片安全以及 PCB 的布线、连接器安全等。硬件安全防护能力是物联网终端安全的第一道防线，特别是对于物理攻击的防范。以下是一些常见的物联网硬件安全最佳实践。

- 第一，增加硬件层面的主动篡改防护功能，在设备设计时针对应用环境对终端硬件模块和物理接口进行一定程度的安全保障，如采用环氧树脂覆盖调试接口、当设备被打开后通过自毁电路装置进行芯片破坏等方案，防止终端被物理攻击。
- 第二，去除主板核心元器件的 P/N（Product/Number）标识，增加攻击者获取芯片信息的难度。
- 第三，核心器件选择机密性更好的封装方式，并将敏感的数据线或地址线封装到 PCB 内层中。

由于 CIoT 终端受硬件资源和电能供应的限制，无法完成大量的计算任务，在使用特定硬件架构的 CIoT 终端上，传统的访问控制、沙箱、病毒查杀等系统防御技术可能无法实现，导致物联网感知层设备的系统安全十分薄弱。同时由于 CIoT 场景中的很多情况涉及群组通信，因此通信过程中需要终端系统具备设备间群组认证的功能。

随着 5G CIoT 应用场景越来越多，通用的安全防护手段不能完全适应所有应用场景下的物联网终端。因此，不同场景下的个性化安全需求侧重点也各不相同。

- 在智能家居场景下[5]，物联网终端系统（固件）的首要安全任务就是隐私数据保护。因为这些数据不仅包含与用户身份认证直接相关的密码、指纹以及虹膜等隐私信息，还包含了家庭水电燃气以及消防和警报数据等。智能家居终端的操作系统需要在不影响应用端使用这些隐私数据的同时防止隐私数据泄露。

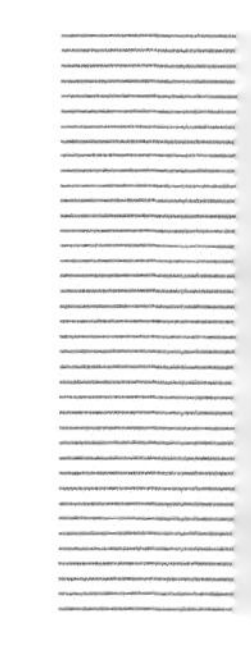

- 在智慧医疗场景下，物联网终端系统（固件）除了需要严格保护隐私数据之外，也需要对设备的关键程序操作加强实时监控，确保异常行为在实施前可以被终止，切实地保证医疗设备的安全运行。
- 在智能汽车应用场景下，对于车辆 CAN（Controller Area Network）总线的防护和隔离至关重要。用户访问车载系统必须进行身份验证；系统内应防止攻击者借助安全性较低的系统程序（如车载娱乐系统、导航系统等）对 CAN 总线进行非法访问；系统内应采用访问控制措施，将系统资源和应用程序相隔离，从而保护系统关键文件不被非法访问。
- 在工业应用场景下，现阶段物联网终端的安全性主要依靠入侵检测与防御系统[6]，如何提高入侵检测的正确率是保证工业安全性的关键。通过关键设备控制与命令相关的参数，确定设备正常运行时的值域范围，配合专家的意见修订值域，与实时通信中的控制命令参数进行比对，确定是否入侵，从而确保异常程序行为不被执行。

11.2.3 可信技术在终端安全中的应用

随着通信技术和终端技术的发展，5G 终端所应用的垂直行业将覆盖我们生活的方方面面，关乎人们生命健康安全的智慧医疗行业显然是垂直行业应用的一个非常重要的组成部分。虽然与 3G/4G 相比，5G 网络安全显著增强，但计算能力差、无法部署传统安全技术的“弱终端”在 5G 网络中会一直占有一定的比例，终端和应用安全风险也会一直存在。TPM（Trusted Platform Module）是改变这一状况的一种可行技术方案。

对于这部分运算能力相对较弱的终端来说，TPM 2.0 是一种能够提升安全性的、很好的解决方案。与 TPM 1.2 主要面向 PC 平台的设计不同，TPM 2.0 可以扩展到网络、服务器、云环境、移动设备和嵌入式产品等类型的设备中。TPM 本身是以安全芯片的形式在主机上隔离出的、一个拥有独立处理能力和存储能力的区域，在这个程度上，虚拟技术、TrustZone、智能卡等在本质上是一致的，不过在安全性上还是存在明显的差距。但是从 TPM 2.0 开始，取消了必须以安全芯片的形式存在的限制，可以基于虚拟技术、TrustZone 等进行构建，只要能提供一个可信执行环境，就可以搭建 TPM 2.0 环境。

TPM 可以用于存储固件升级时所需要的密钥，这意味着物联网终端可以通过存储在 TPM 中的密钥来验证设备正在加载的固件是否经过制造商的正确签名，从而避免设备加载被篡改的固件。除此以外，由于嵌入式和物联网设备逐渐更多地利用 Docker 容器技术，帮助隔离不同应用程序的运行区域，而 TPM 2.0 可以在嵌入式设备部署容器的基础上提供额外的安全域[7]。

11.3　智能卡安全

智能卡是 3GPP 在终端设计中的一个重要环节，手机终端中的 SIM 卡和 USIM 卡就是就是一种最常见的可移动智能卡。从 3G 时代开始，因为安全性的问题，3GPP 将 SIM 卡升级成为 USIM。

11.3.1　USIM

SIM 是 GSM 网络中首先引入的用户身份标识模块。每张 SIM 卡对应一组身份码，可以匹配一个运营商识别号，也就是国际移动用户识别码（IMSI）。USIM 是 SIM 卡的升级版，增强了算法安全性和认证功能，启用了双向认证。

USIM 卡是带微处理单元的、用于身份识别的智能芯片卡，在全球移动通信体系中，USIM 卡是唯一作为用户身份识别的重要工具，主要功能包括：存储用户数据、用户 PIN 操作和管理、用户身份认证以及数据加密等。USIM 卡一般由 CPU、ROM、RAM、EPROM/E^{2}PROM、串行通信单元等模块组成。ROM 用于存放系统程序，RAM 用于存放系统临时信息，这两个区域用户均不可操作，E^{2}PROM 用于存放号码、短信等数据和程序并可擦写。USIM 卡的物理结构如图 11-3 所示[8]。

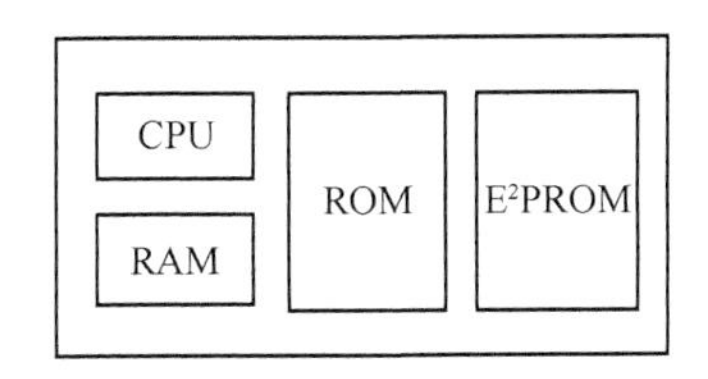

图 11-3　USIM 卡的物理结构

11.3.2 SoftSIM 与 eSIM

传统 SIM 经历了 IDl、全尺寸 SIM、Mini-SIM、Micro-SIM 至 Nano-SIM 的发展过程，卡身逐步轻薄，尺寸逐步缩小，但机卡分离、使用卡槽卡托的方式已经逐渐无法适应日益丰富的 5G 应用场景，因此更为灵活便利、稳定可靠的 eSIM（Embedded-SIM，嵌入式 SIM）技术方案便应运而生。

在 eSIM 正式开始发展之前，苹果、小米等手机终端厂商首先启用的是 SoftSIM 方案，但在众多终端厂商尝试使用了 SoftSIM 一段时间后，效果却并没有预想的好。SoftSIM 虽然成本低、易部署，但 Ki 和 COS（Chip Operating System）都存在于应用程序包中，且采用明文卡密，导致 SoftSIM 被破解攻击的可能性很高，不适合大规模使用。

于是在 2015 年，苹果、三星、华为等手机设备厂商与国际移动运营商进行磋商与合作，最终决定推出一种嵌入消费者设备的 USIM 卡（即 eSIM 卡），使得设备能够实现虚拟 USIM 卡的功能。

eSIM 是一种将传统 SIM 卡直接嵌入设备芯片的技术。目前与 eSIM 相关的规范是由 GSMA 来推动的，旨在解决 M2M 终端的联网问题。由于物联网覆盖的业务领域众多，GSMA 希望 eSIM 具备比现有 SIM 更好的能力，包括终端预装、自主激活、灵活切换运营商、适应恶劣环境、物理尺寸更小等。

三种 SIM 卡在成本、安全性等方面的对比见表 11-1[9]。

表 11-1　三种 SIM 卡模式对比

对比项目	USIM 卡	SoftSIM	eSIM
连接方式	可插拔	软件	嵌入式硬件
终端体积和成本	体积大、成本高	体积最小、成本最低	体积较小、成本较低
业务下发时长	2 天	实时	实时
业务支撑及运营方式	围绕 USIM 的管理与运营	远程管理	远程管理
安全性	高	低	高
灵活性	低	高	高
产业链主导者	运营商	终端厂商	现阶段为运营商

在便利性、成本、灵活性、可靠性等方面，与传统 SIM 技术相比，eSIM 技术有着明显的优势。

- 便利性：eSIM 无须在终端设备上单独设立卡槽卡托，减小了在设备上的占用空间，使得设备空间得以更好的利用。同时对于多卡用户来说，可以直接通过 eSIM 进行切换，无须换卡或使用多部手机。
- 成本：eSIM 技术节约了卡槽卡托、SIM 卡等设备零件的生产成本。与传统插拔卡和贴片卡相比，成本降低了 50%~90%[10]。
- 灵活配置：eSIM 芯片可编程的特点，使得 eSIM 芯片中的用户身份认证信息可擦写。而且 eSIM 可以通过空中写卡方式进行远程换号，消除了写卡器对营业厅网络传输条件的依赖，改变了用户“办业务到营业厅”的市场现状，这一特性在国际漫游时显得尤为重要，当用户出国旅行时，可以轻松转换到当地运营商的网络，降低网络流量资费。
- 可靠性：eSIM 不仅能够防尘防水，而且具有与终端设备同样的环境适应能力。能够在高温、高湿、强震动等不良条件下保持高可靠性，避免了传统 SIM 接触不良、卡片损坏导致的网络中断等问题。

11.3.3　5G 网络切片对卡的要求

网络切片是一种按需组网的方式，可以让运营商在统一的基础设施上划分出多个虚拟的端到端网络，而网络切片这项技术也需要卡提供相应的支持。

网络切片标识包括切片网络标识和切片业务标识，其中切片网络标识基于 S-NSSAI（Single Network Slice Selection Assistance Information，单个网络切片选择辅助信息）将终端、接入、传输和核心等层次关联为一个端到端切片；网络切片业务标识基于 URSP（UE Route Selection Policy，终端路由选择策略）将终端业务应用和网络切片进行关联。

切片网络标识基于 S-NSSAI，在 PLMN 内不重复，3GPP 定义了[9]其由 SST（Slice/Service Type，切片/业务类型）和 SD（Slice Differentiator，切片区分符号）组成，具体如下。

- SST：切片/业务类型，表征在特征和业务方面的预期网络切片行为，长度为 8 位。SST 取值中，0~127 由标准定义，128~255 由运营商自定义。目前标准上定义了 4 个 SST 取值：eMBB（1）、uRLLC（2）、mIoT（3）、V2X（4）。
- SD：切片区分符号，是切片类型的补充，用于进一步区分同一个 SST 的多个

网络切片，长度为 24 位。SD 取值由运营商自定义，运营商可以根据公众网和行业专网对切片/业务的具体需求制定 SD 取值。

URSP 是终端选择网络切片的依据[11]，包括一个或多个 URSP 规则，每个 URSP 规则包括规则优先级、流量描述符、路由选择描述符（包含对应的 S-NSSAI），其中流量描述符中的应用描述符（Application Descriptor）又包含 OSId（操作系统标识）和 OSAppId（应用标识）。目前在国际标准上 OSId 采用注册的方式。

终端上与切片相关的参数包括 Configured NSSAI、Allowed NSSAI 和 NSSP（Network Slice Selection Policy，网络切片选择策略），这些信息支持终端选择接入不同业务切片。

- Configured NSSAI 代表所有区域里期望接入的切片类型集合，运营商可以通过 OTA 或手动配置的方式在 UE 上进行配置，也可以在成功注册到网络后由网络侧下发给终端。
- Allowed NSSAI 代表在当前区域及接入情况下允许接入的切片集合，在网络注册的时候，由网络侧根据用户签约关系和网络状况生成并下发。
- NSSP 供 UE 用来关联应用和 S-NSSAI，包含在 URSP 中。终端支持运营商在 USIM 或 ME 上预配置 URSP，也支持接收并保存网络 PCF 下发的 URSP 参数。终端优先使用网络侧下发的 URSP，若网络侧未下发，则使用 USIM 上预置的 URSP。PCF 可以通过下发新的 URSP 来更新 URSP。

11.4 小结

由于 5G 终端的安全能力差异巨大，终端设备分散、不便统一管理等原因，很多应用安全需求复杂且难以部署强有力的安全防护。5G 终端的一些特殊要求是由其应用场景决定的，对于 uRLLC 这类高可靠、低时延终端，需要支持高安全、高可靠的安全机制，以及高速加解密处理能力或算法；对于 mIoT 场景，终端需要更加轻量级的安全算法和协议，mIoT 场景端到端的安全保护、统一认证、安全能力对外开放是其需要重点考虑的安全特性。

5G 时代海量多样化终端会给 5G 网络带来安全风险，巨量化、泛在化的智能终端易被利用成为新攻击源。一方面，未来将有数以百亿计的终端接入物联网，一旦这些终端被入侵利用，形成规模化的设备僵尸网络，将成为新型高容量分布式拒绝服务（DDoS）的攻击源，进而对用户应用、后台系统等发起攻击；另一方面，物联网终端提供的数据信息量巨大、分类众多，应用场景多元化，但缺乏统一的安全标识和认证管理机制，这也增加了网络管理的难度。另外，终端上日趋开放的用户应用生态环境将加大安全管理挑战。在 5G 的泛在连接场景下，生产类、生活类应用可能同时安装在一台用户终端上，开放的应用生态环境在带来生产和生活便利的同时，也加剧了恶意应用威胁其他应用安全、终端安全以及后台生产系统安全的风险。

经过四十几年的发展，移动通信技术从模拟系统到数字系统，从 2G 数字系统到 3G 数字系统，发展现在的 4G 数字系统，再到未来的 5G、6G，移动终端的技术创新也推动移动技术的更快发展。移动终端是技术发展的产物，也是技术的集合体，而不管终端功能和形态怎么变化，唯一不变的永恒话题，就是安全。

参考文献

[1] 韩傲雪. 移动智能终端的安全威胁及解决措施[J]. 通信世界, 2017(10): 85-86.

[2] 极客公园. 蓝牙漏洞爆发，53 亿设备易受攻击，或许包括你的手机[EB]. 2017.

[3] 百度百科. 基带[EB]. 2019.

[4] jayway0day. 基带攻击：智能手机入侵的新手段[EB]. 2017.

[5] 黄霞. 智能家居物联网终端的安全威胁与应对措施探讨[J]. 中国新通信, 2019, 21(19): 178.

[6] 周卫国. 工业物联网安全隐患分析与防护策略探究[J]. 电子世界, 2019(21): 15-20.

[7] 温旭霞. 基于物联网的 TPM 应用研究[D]. 太原: 中北大学, 2017.

[8] 柔情峡谷. SIM 卡基础知识[EB]. 2017.

[9] 3GPP. System architecture for the 5G system: TS23.501 V15.9.0[S]. 2020.

[10] 疏斌. eSIM 技术在物联网中的应用及发展建议[J]. 江西通信科技, 2018(2): 4-6.

[11] 3GPP. Policy and charging control framework for the 5G system: TS23.503 V15.8.0[S]. 2019.

第12章 5G 系统安全认证与测评

网络设备是构成移动通信网络的基础部件。网络设备是否经测评证明具备必要的安全保障，决定着移动通信网络和业务的安全根基是否牢固。考虑到移动通信网络设备的 IT 化演进，本章将首先介绍为移动通信网络设备提供安全保障的思路，并重点介绍 3GPP 和 GSMA 组织制定的移动设备安全保障的要求与测评方法。

随着通信网络与信息系统的深入结合，电信网络的设备和系统成为网络中的关键资产，而通信网络的日益开放，又使得通信网络面临愈加严重的外部威胁。在此情况下，网络安全的重要性也日益凸显，因此通信运营商和通信业务使用者了解和度量其所使用的网络设备的安全级别变得非常重要。

电信网络设备作为 IT 信息产品，一般建议采用两种方式进行安全评测。

（1）第一种方法

每个厂商可以定义自己的内部流程，这些流程规定了安全是如何集成到设计、开发、实现和维护过程中的。外部的审计单位检查这些流程和过程，确定被审计方是否在实际中采用了这些措施，如果审计方认可，则被审计机构可以被认证；这些认证向外部证明，被审计的厂商是可以生产安全的产品的。在审计过程中，厂商不需要对公众披露其内部运作的细节，只有审计机构可以看到。通过一个公认的审计机构，厂商就可以在不对公众透露商业秘密的情况下，提升公众对其的信任。

（2）第二种方法

对实际的网络产品进行评估，这种方法的前提是：有预定义的安全测试集；网络设备可以基于这些需求进行测试；安全等级可以被测量并可见。有了这些条件，设备就可以被评估，评估报告可以展现给潜在的客户。

在传统通信网络中，往往采用的是第一种方法，重点关注的安全问题聚焦在设备安全功能及其实现的正确性。但随着基础设施安全性的要求提升与安全工作的深入，对于 IT 化的网元和系统，仅仅依靠设备厂商的声明，或者功能性的测评与审计，

对网络设备和系统进行安全分析是不够的。通信运营商和通信业务使用者需要从设备和系统的安全功能、自身安全性等多个方面进行充分评估，而这些评估需要专业的安全知识、经验和技能。因此，引入专业的规范、机制和机构，对网络设备和系统信息安全进行分析和评估逐渐形成共识，这就要求安全评估具有统一的规则、流程和结论，需要制定设备安全评估准则，并对设备进行安全评估与认证。由于移动通信产业非常重视标准，主要的网络设备的功能都有标准可遵循，因此也有利于进行安全测试与评估。

本章对业内讨论的 5G 系统安全认证与测评的机制——信息技术安全评价通用准则（CC）[1]与 GSMA 的网络设备安全保证体系 NESAS[2]的框架进行分析，并重点对 NESAS 的评估方法进行解析。

12.1　现有相关安全评估体系概述

关于 5G 测评与认证的机制的讨论，目前国际上主要有两套认证体系，一套是通用准则（Common Criteria），由美国政府同加拿大及欧洲共同体共同起草并推动最终成为国际标准 ISO/IEC 15408 的评估方法，目的是建立各国都能接受的、通用的信息安全产品和系统的安全性评估准则，并由评测机构对被评估对象颁发认证证书；另外一套则是由 3GPP SA3 主导的 SCAS 系列规范以及 GSMA 对应 SCAS 制定的评估流程与方法的系列规范，目的是制定适用于电信设备的、国际通用的设备安全要求和测试流程并给出测试报告。

CC 认证偏向对系统的实现能力进行审计与认证，基于对 IT 产品和保护概况的评估按照一致的标准进行，形成了产品的安全性基线，消除重复评估 IT 产品和保护配置文件的负担。但是 CC 认证的周期相对较长、流程比较复杂，而且只在认可 CC 互认证协定的成员国范围内有效，对于非成员国，设备入网仍然还需要进行相关的设备认证。

3GPP SCAS 和 GSMA NESAS 的认证则是从通信系统的设备和软件测评的角度开展工作。由 3GPP 负责创建安全要求和测试规范，包括定义产品分类和威胁描述模板、安全需求描述模板以及测试案例的撰写模板，并简单描述了厂商和第三方实验室的资质鉴定要求。而 GSMA 则负责定义供应商网络产品开发和网络产品生命周期管理流程认证，对测试实验室（由供应商拥有或第三方独立拥有）进行认证，以及解决争议。而针对具体的设备，则由认证过的测试实验室基于 3GPP 的规范独立

对设备进行测试，并出具测试报告。

12.1.1 信息技术安全评价通用准则（CC）

1993 年 6 月，美国政府同加拿大及欧洲共同体共同起草单一的通用准则（CC）并推动成为国际标准。制定 CC 的目的是建立一个各国都能接受的、通用的信息安全产品和系统的安全性评估准则。在美国的 TCSEC、欧洲的 ITSEC、加拿大的 CTCPEC、美国的 FC 等信息安全准则的基础上，由 6 个国家 7 方（美国国家安全局和国家技术标准研究所、加拿大、英国、法国、德国、荷兰）共同提出了《信息技术安全评价通用准则（CC）》，它综合了已有的信息安全的准则和标准，形成了一个更全面的框架。

CC 是国际通行的信息技术产品安全性评价规范，它针对每一个评测对象（Target of Evaluation，TOE），基于保护轮廓（Protection Profile，PP）和安全目标（Security Target，ST）提出安全解决方案，具有灵活性和合理性。CC 的评估分为两个方面：安全功能需求（共 11 类）和安全保证需求（共 10 类）。基于功能要求和保证要求进行安全评估，能够实现分级评估目标，其不仅考虑了保密性评估要求，还考虑了完整性和可用性的多方面安全要求。CC 中定义的 7 个评估保证级如下：

- 评估保证级 1（EAL1）——功能测试；
- 评估保证级 2（EAL2）——结构测试；
- 评估保证级 3（EAL3）——系统地测试和检查；
- 评估保证级 4（EAL4）——系统地设计、测试和复查；
- 评估保证级 5（EAL5）——半形式化设计和测试；
- 评估保证级 6（EAL6）——半形式化验证的设计和测试；
- 评估保证级 7（EAL7）——形式化验证的设计和测试。

分级评估是通过对信息技术产品的安全性进行独立评估后所取得的安全保证等级，表明产品的安全性及可信度。获得的认证级别越高，安全性与可信度越高，产品可对抗更高级别的威胁，适用于较高的风险环境。不同的应用场合（或环境）对信息技术产品能够提供的安全性保证程度的要求不同，产品认证所需代价随着认证级别升高而增加。通过区分认证级别可以适应不同使用环境的需要。

由于我国并不是 CC 互认协定的成员国，所以国外经过 CC 认证的设备并不能

直接获得国内的认可。为了解决相关的设备认证问题，我国基于 CC 认证制定了信息技术安全评估准则（GB/T 18336）[3]，采用我国 GB/T 18336 国家标准等同采用国际标准 ISO/IEC 15408（CC）。

CC 认证用于 5G 安全认证也有其缺陷：一方面，主要面向通用的信息系统，并不能很好地适用于电信系统；另一方面则是该评估基于设备提供者提供的认证评价材料，使得该评估结论仅能够确保厂商对评估设备安全属性的声明进行了独立验证，而无法统一设定设备的安全要求判断设备安全性。同时，因为 CC 认证只是制定了一个框架，但缺少执行指南，在实际操作时还需要针对每个保护对象制定 PP 和 ST 及对应的评估方法，所以其进行一次完整评估的周期较长。

12.1.2　3GPP/GSMA 评估方法

移动通信系统的安全除了需要设计安全的架构、机制、流程和协议之外，还需要确保安全设计真正被落实。网络设备的安全功能和接口协议已由 3GPP 制定，而网络设备自身的安全要求、安全评估等缺乏相应的标准与实施流程。为了解决该问题，3GPP SCAS 和 GSMA NESAS 应运而生。

3GPP 定义了安全保障的方法论（SECAM）[4]，方法论中明确：由 3GPP 制定与安全保障相关的安全要求、测试方法标准；由 GSMA 制定认证流程、产品开发过程的安全性审核标准以及与测试实验室资质相关的标准。3GPP 和 GSMA 的相关标准的关联关系如图 12-1 所示。

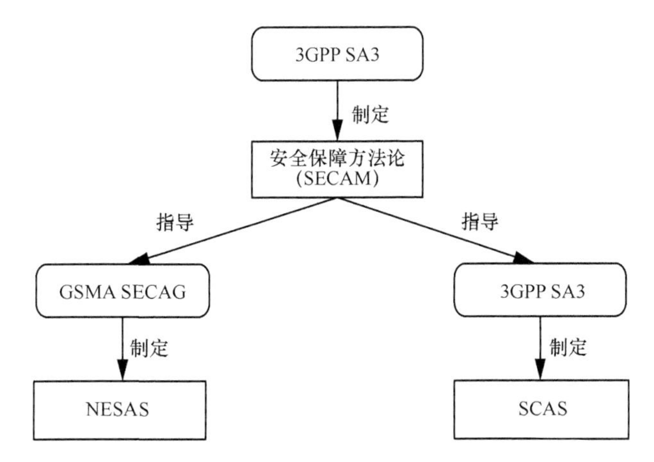

图 12-1　3GPP 和 GSMA 安全测评标准的关联关系

根据此方法论，3GPP SCAS 制定了一系列网络设备（如 gNB、MME、AMF、SMF 等）的安全保障方法及安全要求，包括对标准安全架构机制的一致性测试、设备的加固要求，以及基本漏洞测试等内容。GSMA NESAS 制定了一套网络设备安全保障体系，包括网络设备的产品开发流程与生命周期管理流程的安全审计、安全测试实验室的认证和网络设备安全评估 3 个部分，其中安全评估部分使用 3GPP SCAS 作为测试规范，其过程如图 12-2 所示。

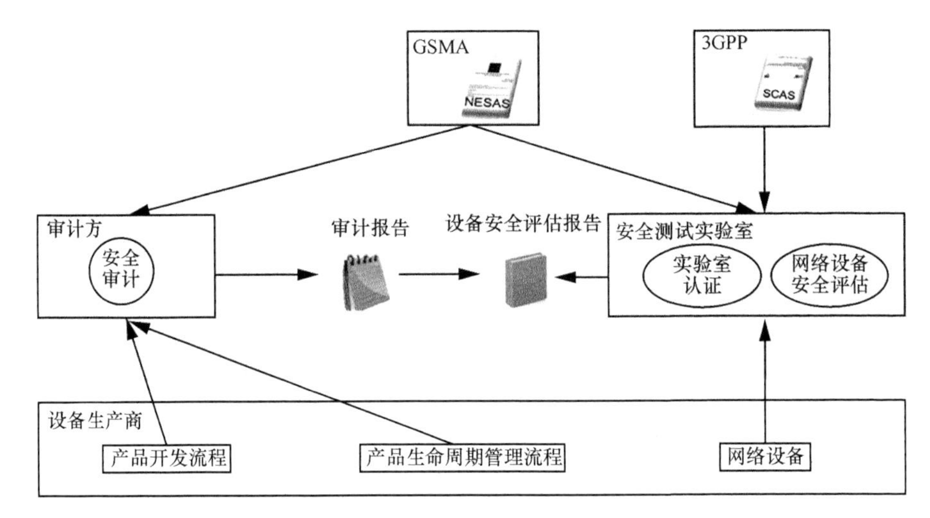

图 12-2　NESAS 测评的执行过程

目前，SCAS 中的通用安全保障要求已基本确定，2019 年 11 月 GSMA 也发布了第一版 NESAS 标准，欧洲部分运营商在采购设备时引用相关规范作为参考。

12.2　3GPP SCAS 系列规范

为了确保 3GPP 定义的各个网元的安全性，3GPP 定义了一系列网元安全风险描述、测试用例及加固措施的技术报告（TR）和技术规范（TS），它们之间的关系如图 12-3 所示。

其中 3GPP TR33.805[5]作为一个研究报告，讨论了 3GPP 网络产品安全评估的方法论的问题，介绍了目前最为广泛使用的对 IT 产品进行安全评估的 CC，并分析了 CC 对 3GPP 网络产品的适用性，认为 CC 中的分级等是对不同评估范畴、评估深度

和评估技术手段的包装，CC 中的评估等级从 EAL2~EAL4，不同的等级刻画了安全评估的实施程度和安全保障的不同的均衡点。3GPP 认为 3GPP 网络产品的评估范畴、评估深度应该是比较确定的，所以不需要 CC 那样的评估等级，也不需要 CC 的证书许可过程，这个研究报告中所建议的方法论是在 CC 的一些方法论的基础上，针对 3GPP 网络产品专门制定的一套安全要求和测试用例。

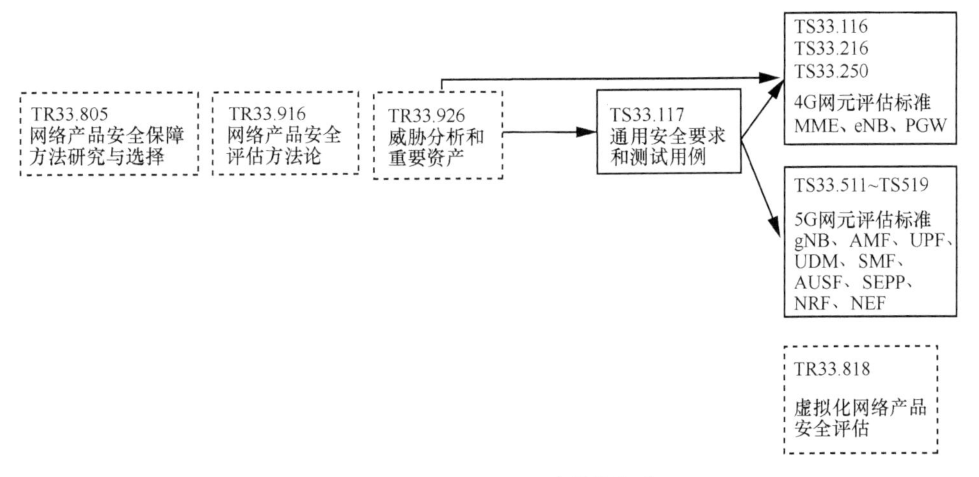

图 12-3　3GPP SCAS 文档族关系

SCAS 的方法论包括：

- 建立在网络产品的威胁分析上；
- 对于每一类网络产品采用单一的安全基线和单一的安全评估等级；
- SCAS 的评估分为安全一致性测试、基本的渗透测试和增强的渗透测试。

规范大致定义了安全一致性测试和基本渗透测试的范围，而增强的渗透测试则不在 3GPP 的范围内定义。

- 安全一致性测试，如管理流量保护，对管理面的流量进行机密性和完整性保护，测试用例包括：所有的网元不接收未经保护的管理面流量。
- 基本渗透测试，如端口扫描，要求所有非网络业务需求的端口都应关闭，测试方式包括对网络设备的所有外部端口进行扫描。

3GPP TR33.916[6]则基于 3GPP TR33.805 确定的方法论技术路线，对方法论的具体落实进行描述，包括如何撰写一个网络产品的 SCAS 文档，分哪些步骤，安全描述、测试用例必须包含哪些内容；评估应该由哪些步骤组成，参与者分别承担什么角色等。3GPP TR33.805 和 3GPP TR33.916 的关系是，3GPP TR33.805 探讨了几种可行的方法论，包括 CC 和发展 3GPP 自己的评估方法论，而 3GPP TR33.916 则明确了使用 3GPP 自己的方法论，并对方法论的细节进行了阐述。

3GPP TR33.926[7]对网络产品的分类（从安全的角度）、所面临的安全风险、需要保护的关键资产等进行了识别和描述。从安全的视角看，网络产品虽然功能不同，但在安全威胁和安全评估上是有部分共性的，这些共性可以形成一些安全评估的最小集。

从安全评估的视角来看待网络产品，一个比较粗粒度的模型如图 12-4 所示。

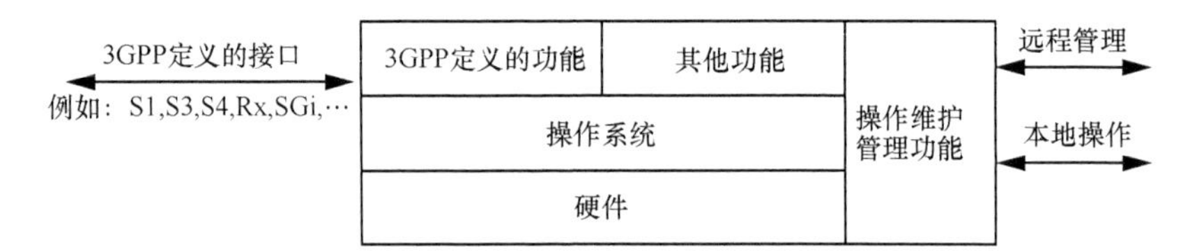

图 12-4　网络设备通用模型

从安全的考量来说，评估对象包括网络设备本身的核心功能以及相关的接口，也包括硬件、操作系统，这些是比较通用的部分，还包括跟 OAM、本地配置、远程管理（配置和运营）相关的管理部分。

基于这个模型来观察网络产品上的关键资产，包括：

- 用户账户数据和安全凭证；
- 日志数据；
- 配置数据，如网络产品的 IP 地址、端口、VPN ID、管理对象（如用户组、命令组）；
- 操作系统，如操作系统上的文件和进程；
- 网络产品上的应用程序；
- 充足的处理能力，即处理能力未被消耗到极限；
- 硬件，如主机、单板、供电单元；
- 接口；
- 操作台配置口；
- OAM 接口。

并且该研究报告还陈述了 7 类风险，其中 1 类针对 3GPP 所定义的接口，6 类

参考了微软定义的 STRIDE 模型，分别是：Spoofing（假冒）、Tampering（篡改）、Repudiation（抵赖）、Information Disclosure（信息泄露）、Denial of Service（拒绝服务）、Elevation of Privilege（提升权限）。

安全产品的其他功能上特定的安全需求，可以在最小集的基础上再用增量来描述：这个最小集就形成一份正式的 SCAS 规范——3GPP TS33.117[8] Catalogue of General Security Assurance Requirements；其他增量部分，包括针对 MME 的 3GPP TS33.116[9] Security Assurance Specification (SCAS) for MME Network Product Class、针对 eNB 的 3GPP TS33.216[10] Security Assurance Specification (SCAS) for Evolved Node B(eNB) Network Product Class、针对 PDN Gateway 的 3GPP TS33.250 [11]Security Assurance Specification (SCAS) for PGW Network Product Class 以及针对 5G 的一系列 SCAS。截至目前，已经完成及在研的技术报告和技术规范见表 12-1。

表 12-1　3GPP SCAS 文档列表

文档编号	英文名称	中文译名
TR33.805	Study on Security Assurance Methodology for 3GPP Network Products	网络产品安全保障方法研究与选择
TR33.916	Security Assurance Methodology (SCAS) for 3GPP Network Products	网络产品安全保障方法论
TR33.926	Security Assurance Specification (SCAS) Threats and Critical Assets in 3GPP Network Products Classes	3GPP 网元产品威胁和重要资产
TS33.117	Catalogue of General Security Assurance Requirements	网络产品通用安全保障要求及测试用例
TS33.116	Security Assurance Specification (SCAS) for the MME Network Products Class	MME 移动性管理组件安全评估标准
TS33.216	Security Assurance Specification (SCAS) for the Evolved Node B (eNB) Network Products Class	eNode B 基站安全评估标准
TS33.250	Security Assurance Specification for the PGW Network Products	PGW 公用数据网网关安全评估标准
TS33.511	5G Security Assurance Specification; NR Node B (gNB) Network Products Class	5G 基站 gNode B 安全评估标准
TS33.512	5G Security Assurance Specification; Access and Mobility Management Function (AMF) Network Products Class	AMF 网元（接入认证和移动性管理控制功能）安全评估标准
TS33.513	5G Security Assurance Specification; User Plane Function (UPF) Network Products Class	UPF 网元（用户面功能、执行用户面数据转发等功能）安全评估标准
TS33.514	5G Security Assurance Specification for the Unified Data Management (UDM) Network Products Class	UDM 网元（统一数据库，存放用户的签约数据等）安全评估标准
TS33.515	5G Security Assurance Specification; Session Management Function (SMF) Network Products Class	SMF 网元（会话管理网络功能）安全评估标准

（续表）

文档编号	英文名称	中文译名
TS33.516	5G Security Assurance Specification; Authentication Server Function (AUSF) Network Products Class	AUSF 网元（认证网络功能）安全评估标准
TS33.517	5G Security Assurance Specification for the Security Edge Protection Proxy (SEPP) Network Products Class	SEPP 网元（安全代理，漫游场景下链接 HPLMN 和 VPLMN）安全评估标准
TS33.518	5G Security Assurance Specification for the Network Repository Function (NRF) Network Products Class	NRF 网元（服务注册、发现、授权等功能）安全评估标准
TS33.519	5G Security Assurance Specification for the Network Exposure Function (NEF) Network Products Class	NEF 网元（对外开放网络能力和服务）安全评估标准
TR33.818	Security Assurance Methodology (SECAM) and Security Assurance Specification (SCAS) for 3GPP Virtualized Network Products	虚拟化网络产品安全保障方法和安全保障规范标准

在 3GPP TS33.117[8]中所定义的安全需求包括：技术基线 23 项要求，如数据的保护、认证与授权、会话保护、设备的可用性等；操作系统安全、IP 安全等 5 项安全要求；Web 交互中的 4 项安全要求以及网络设备 4 项安全要求；还有一些安全加固要求和基本渗透测试的要求。上述这些安全要求中，3GPP 功能之外的通用安全要求的定义是 SCAS 中比较薄弱的。

3GPP TS33.116 和 3GPP TS33.216 是关于 MME 和 eNB 的 SCAS，由于 3GPP 所定义的安全特性，包括机密性、完整性保护以及为了保护机密性和完整性的密钥生成等都会在 MME 和 eNB 上实现，MME 和 eNB 的 SCAS 包含了对这些安全功能实现的安全需求，分别在 3GPP TS33.117 的基础上各增加了 15 项安全要求。3GPP TS33.250 中定义了一些与 PDN GW 功能相关的安全需求，如用户面内容的过滤、隔离，TEID 的分配等 9 项安全功能要求和 2 项加固要求。

| 12.3 GSMA NESAS：电信网设备测评方法 |

为了使各个参与方、关联方对电信网络设备的安全性达成共识，推动电信网络设备制造与运营安全的良性发展，GSMA 编制了一套称为网络设备安全保证体系（NESAS）的指引性文档。NESAS 的目标是通过制定业界认同的安全基线，为设备厂商和运营商提供安全保证。对于设备供应商来说，NESAS 将有助于避免各个国家和地区的管制要求差异以及运营商的需求差异所导致的安全需求的碎片化。

NESAS 这个框架对以审计评估和测试评估两种方法都支持，NESAS 制定了审计评估的系列文档，并引用 3GPP 制定的 SCAS 系列规范作为测试评估的要求。

NESAS 的文档结构如图 12-5 所示。

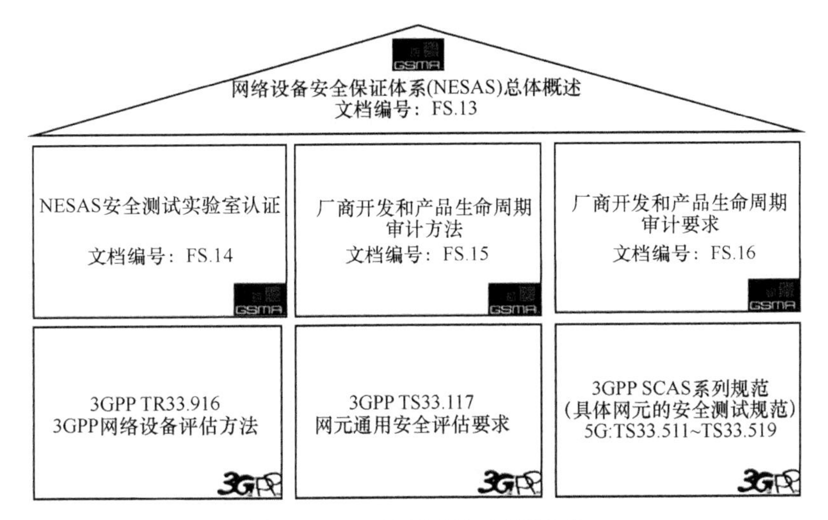

图 12-5　GSMA NESAS 文档族结构

12.3.1　产品开发过程和生命周期审计评估

一般来说，安全的产品在开发制造和投入使用的整个生命周期中都应集成安全的考虑和机制，GSMA 可以指定一个独立的审计团队来对这些过程进行审计。

FS.15 Network Equipment Security Assurance Scheme-Product Development and Lifecycle Accreditation Methodology[12]定义了对过程进行认可的方法论，描述了执行审计和认证的过程。

FS.16 Network Equipment Security Assurance Scheme-Vendor Development and Product Lifecycle Security Requirements[13]定义了厂商为了获得认可需要满足的需求，独立审计团队也是根据这些需求来对厂商进行评估的。

在审计需求中，对资产描述、威胁描述、安全对象、安全需求等进行了定义，在目前的版本中，资产描述 7 项，威胁描述 15 项，安全对象 14 项，安全需求 20 项，审计需求的一、二级分类具体见表 12-2。

表 12-2　厂商开发过程和产品生命周期的安全需求

资产	威胁	安全对象	需求
• 源代码 • 软件包 • 成品 • 安全文件 • 在运营的产品 • 产品开发支持系统	• 流氓开发者 • 源代码漏洞 • 第三方代码漏洞 • 安全设计缺陷 • 非正版发布 • 包含漏洞的老旧版本 • 篡改编译环境 • 错误的文件 • 无人负责安全事件处理	• 代码变更控制 • 无漏洞的软件 • 漏洞处理 • 敏感文档不被泄露 • 建立受保护的环境 • 软件完整性保护 • 软件版本识别 • 产品安全修复知识 • 安全设计 • 安全测试 • 员工教育 • 客户文档 • 第三方组件漏洞检测	• 设计安全 • 版本控制安全 • 变更跟踪 • 源代码审查 • 软件安全测试 • 员工教育 • 漏洞修补流程 • 漏洞修补措施独立性 • 信息安全管理系统 • 安全联络点

审计的流程见表 12-3。

表 12-3　NESAS 审计流程

启动	厂商提供申请，与审计团队协商审计日期，与 GSMA 签订合同
审计准备	审计团队与厂商协商审计范围，制定议程（至少在审计开始前一星期确定）
向审计团队提交文档	• 厂商向审计团队提交文档； • 审计开始时，供应商和审计团队召开线上或者现场会议，供应商对其提交的信息进行总体介绍，审计团队可能会指明需要进一步澄清
审计团队评审文档-第一轮	审计团队评审厂商所提交的流程是否符合 NESAS 的要求，这个过程中审计团队可能会告诉厂商哪些文档缺失以及提供的信息所不能满足的要求
中间审计结果会议	• 审计团队通知厂商，还有些哪些要求未能满足； • 双方协商确定补充文档或修改文档的时间
审计团队评审文档-第二轮	审计团队评审提交的文档中的流程是否足以满足 NESAS 要求，这个过程中审计团队可能会告诉厂商哪些文档缺失以及提供的信息不足以满足哪些要求
现场审计	审计团队评估： • 文档记录的流程是否被实际应用到供应商的日常业务中； • 供应商是否有职员、技能、设备、工作实践和资源来遵循文档中记录的流程； • 员工是否受到了充分的流程培训，员工是否理解流程
结果展示	审计团队向厂商展示其发现，并输出审计报告，审计团队与供应商就审计报告和审计结果达成一致
认证	NESAS Accreditation Board 接收审计报告，并决定是否授予认证：如果认证，则厂商获得 Accreditation Certificate，如果厂商不反对，则该证书的副本将在 GSMA 网站上公开

这些需求是比较一般化的、针对 IT 信息产品的通用的元素和需求，所以对 5G 等通信网络产品来说是适用的，但同时也由于其一般性，所以没有专门针对 5G 的条目。

12.3.2　安全测试实验室认证需求和过程

测试评估是由 GSMA 所认可的安全测试实验室来承担的，它们是厂商设备安全设备的主体，要成为 GSMA 认可的安全测试实验室需要经过 ISO 17025 认证，安全测试实验室的认证需求和过程在 GSMA 的 FS. 14 Network Equipment Security Assurance Scheme-Security Test Laboratory Accreditation Requirements and Process[14]中进行了定义。

NESAS 所说的安全实验室是指由厂商或者第三方所拥有的安全测试实验室，这个实验室根据 3GPP 的 SCAS 规范来进行安全测试。

安全测试实验室需要：

- 经过 ISO 17025 认证，要成为认证实验室，需要联络一个 ILAC 成员来对其按照 ISO 17025 标准进行审计和认证；
- 具备相应的技能和工具来执行 SCAS 中所定义的测试。

满足上述两个要求的机构，通过 ILAC 成员的评估，认为实验室满足了 ISO 17025 和 NESAS 需求，则实验室可以认为获得了 NESAS 认证（NESAS Accreditation）。

在获得 ISO 17025 的 Accreditation 之后，安全测试实验室需要通知 NESAS 认证董事会（NESAS Accreditation Board），并提供 NESAS 认证的证书，GSMA 最后确认安全测试实验室的资格。现在与 GSMA 合作的审计机构包括 ATSEC、NCC Group，测试实验室目前仅一家：西班牙的 Epoche。

12.4　NESAS 和 SCAS 推进的意义及后续工作

NESAS 和 SCAS 的成熟和投入应用可能会在以下几个方面产生良好的效果：

- 让网络产品更加安全；
- 通过统一的安全评价框架，可以减少厂商和运营商在安全评测上的成本投入；
- 对于产业链各个环节的安全保障更加可见、可达成共识，消除公众对网络产品安全性可能存在的疑虑。

但要形成一套完善的规范和机制并不容易，后续还有很多工作需要推进和细化。

- GSMA NESAS 标准于 2019 年 10 月发布了 1.0 版本。

• NESAS 采用 SCAS 作为测试标准，SCAS 还存在不够细致和完善的地方，会影响测试的有效性。之所以不够细致和完善，是因为 SCAS 是多方折中形成的标准；如果要做到非常细致和全面，一方面会消耗很多的 3GPP 会议时间；另一方面参与各方很难达成妥协一致。但 SCAS 要真正投入测试使用，还是需要进一步地细化和完善，这里面会有一些工作需要做。对于 SCAS 新增的部分，3GPP 在继续推进。NFV 的 SCAS[12]，则在方法论和机制上都不成熟，还需要研究。

• NESAS 和 SCAS，要为业界甚至各国监管机构所认可，还需要行业伙伴的大力支持和真实投入，这些投入包括在国际标准上的贡献，以及将 NESAS 和 SCAS 真正投入安全评估实践中使用。

12.5 小结

一方面，对于移动网络运营商来说，以前的 3GPP 标准只规定了安全功能和接口协议，而设备安全配置等需要运营商企业标准去规范，这带来定制化的成本。此外，设备安全要求制定时缺乏必要依据，使得安全要求只能来自于现网运营的最佳实践，这存在风险覆盖不全面的可能性。

而另一方面，对于厂商来说，运营商来自不同国家，有不同的国家法规和安全要求，如果必须满足不同的法规和安全要求，并且必须针对各个市场定制网络设备产品，则产品设计和开发活动变得更加复杂，也进一步给供应商带来额外开销。

3GPP SCAS 和 GSMA NESAS 的出现，提供了统一的设备安全评估框架、安全要求、测试方法，确保产品开发流程和生命周期的基线安全，为各国安全要求的制定提供统一的、业界认同的标准化基线，解决了运营商制定设备安全要求时缺乏依据和定制化成本的问题，避免安全需求的碎片化，为设备安全提供标准的、基础的安全保障能力。

参考文献

[1] ISO/IEC. Common criteria for information technology security evaluation part 1: introduction

and general model version 2.3[S]. 2005.

[2] GSMA. Network equipment security assurance scheme–overview: FS.13 V1.0[S]. 2019.

[3] 中华人民共和国国家质量监督检验检疫总局. GB/T 18336.1-2015 信息技术 安全技术 信息技术安全评估准则 第 1 部分：简介和一般模型[S]. 2015.

[4] 3GPP. Security assurance methodology (SECAM) and security assurance specification: TR33.818 V0.6.0[R]. 2019.

[5] 3GPP. Study on security assurance methodology for 3GPP network products: TR33.805 V12.0.0[R]. 2013.

[6] 3GPP. Security assurance methodology (SCAS) for 3GPP network products: TR33.916 V14.2.0[R]. 2017.

[7] 3GPP. Security assurance methodology (SCAS) threats and critical assets in 3GPP network product classes: TR33.926 V15.1.0[R]. 2017.

[8] 3GPP. Catalogue of general security assurance requirements: TS33.117 V16.1.0[S]. 2019.

[9] 3GPP. Security assurance specification (SCAS) for the MME network product class: TS33.116 V15.0.0[S]. 2018.

[10] 3GPP. Security assurance specification (SCAS) for the evolved node B (eNB) network product class: TS33.216 V15.0.0[S]. 2017.

[11] 3GPP. Security assurance specification for the PGW network product: TS33.250 V15.0.0[S]. 2017.

[12] GSMA. Network equipment security assurance scheme-product development and lifecycle accreditation methodology: FS.15 V1.0[S]. 2019.

[13] GSMA. Network equipment security assurance scheme-vendor development and product lifecycle security requirements: FS.16 V1.0[S]. 2019.

[14] GSMA. Network equipment security assurance scheme-security test laboratory accreditation requirements and process: FS.14 V1.0[S]. 2019.

第13章 总结与展望

5G安全继承并发扬了电信网络的高安全保障能力，针对新特性设计了新的安全机制，针对新场景提供了新的安全能力。同时，安全是一个动态发展的过程，将随着网络和业务演进、攻防手段和工具的不断进化而不断完善。5G系统将不断地向安全体系完善、安全标准统一、安全能力开放、运营安全可靠的方向发展，更好地造福世界。

4G 改变生活，5G 改变社会。在 5G 时代，移动通信的愿景不仅仅是“人与人”之间的通信连接服务，还将包括更加广泛的万物互联。5G 通信网络具备高速率、低时延、大连接的特性，除了 AR、VR 等个人应用外，5G 更重要的目标是对包括车联网、工业互联网等各行业应用在内的有力支撑，是产业转型升级的加速器、数字社会构建的新基石，是助力经济高质量发展和社会发展的新手段。

但没有安全，5G 产业就难以健康发展，改变社会的愿景也无法得以保障。在网络不断演进的过程中，5G 已经形成了较为完善的安全体系，在 4G 网络的基础上进一步进行了安全增强，消除了一些潜在风险。随着世界各国对网络空间安全的深入认识，5G 网络更是作为网络空间中的关键基础设施受到高度重视。同时，5G 的网络与业务还在不断地发展中，攻防技术也在不断发展，5G 网络自身安全、安全能力都会随着网络、IT、业务的发展而不断演化，最终形成一个越来越完善的体系。

13.1 5G 安全未来发展趋势

随着全球 5G 网络建设的加速、5G 业务的迅猛发展，我们可以预料到未来 5G 安全的重要性仍将不断提升，同时也面临一些新的安全挑战。

（1）5G 安全的重要性不断提升

随着全球 5G 技术的研发和商用步伐进一步加快，5G 安全已成为各国关注的焦点。其中美国和欧盟对 5G 安全的关注尤其强烈，已经将 5G 网络的安全性与国家安全、经济安全以及全球稳定性紧密关联。

一方面，移动通信网络是国家的重要基础设施，其重要性不言而喻。5G 网络是未来网络空间的重要组成，将成为承载个人用户、行业客户通信与数据的重要通道，全球各个国家都将 5G 安全提升到战略高度。“没有网络安全就没有国家安全”，从政策层面考虑，与 5G 网络相关的法律法规（如个人信息保护、关键信息基础设施保护、网络信息治理等）将不断完善。

另一方面，5G 安全的概念在不断延展。与传统网络仅关注组网和设备安全不同，5G 网络演进并与垂直行业紧密融合，促使 5G 安全关联到政策法规、供应链、技术、应用、服务等各个方面。

同时，5G 网络安全的责任体系将不断明确。随着产业生态的成熟，各方的安全责任也将不断明确，网络运营商、设备供应商、行业服务提供商等主体各司其职、各负其责，最终形成一个各行业之间协同的 5G 安全生态环境。

（2）5G 安全体系仍将不断演进

5G 网络安全技术是总结 2G~4G 发展过程中面临的安全问题，并充分考虑信任关系、计算能力、漏洞风险等演进而设计的技术体系。

5G 网络自身的安全机制比以往更加完善，包括：5G 提供了更完善的数据保护，5G 提供了更安全的用户认证机制，5G 提供了更灵活的网间数据安全机制，5G 提供了更严密的用户隐私保护能力等。

在 5G 规划、建设、运营的过程中，对安全体系与手段的考虑也更加充分。一方面，在网络建设的过程中对供应链安全、关键基础设施自主化、网络韧性等新的方面的考虑更加充分；另一方面，随着云、AI、大数据等技术的演进，网络的柔性更强，更有利于威胁监测分析、安全能力编排等安全技术手段的实施，进一步形成智能化网络安全防护。

（3）5G 安全攻击方法可能持续出现

自 2018 年开始，学术界就开始对 5G 安全风险进行不断的分析与挖掘。一方面，由于 5G 网络可以和 4G 网络进行交互，所以针对 LTE 网络的风险仍然存在；另一方面，5G 新业务形态、新协议分析等研究工作中可能发现新风险，随着攻击设备发展、计算能力提升，安全威胁可能持续加大，需要我们密切关注。此外，设备和网络实现的新漏洞可能会出现，并形成对 5G 网络设备的攻击。

13.2 5G 安全工作方向

集全球专家之力，5G 网络的安全设计已经形成了较为完善的体系，但 5G 的安全技术将伴随着 5G 网络与业务的发展而不断演进，新的研究方向也会持续出现，可以重点关注以下几个方面。

（1）完善 5G 安全体系

虽然 5G 安全的政策、法规、技术等都在不断建设中，但构建多元协同、清晰明确的安全责任体系是一个长期的过程。

5G 安全涉及规划、建设、运维三个阶段，实施主体涉及监管方、设备供应商、运营商、服务提供商等多环节，使用方包括用户和各种行业的设备与人员。因此，建立安全体系，促进各方形成安全边界共识、明确安全责任、构建协同的工作机制是一个非常复杂的过程，需要设备商、运营商、业务服务商、监管部门以及 5G 用户共同关注与努力，一同完成安全生态的构建。

（2）研究 5G 垂直行业安全需求

5G 垂直行业方兴未艾，一方面提出了对 5G 网络的新需求；另一方面也会不断对 5G 网络安全形成影响。

一是业务形态对网络的安全保障需求。eMBB 场景下的大流量，对网络中部署的安全检测、监测设备提出了挑战，需要更强的流量检测、链路覆盖、数据存储等方面的能力。uRLLC 场景则需要提供低时延的网络，复杂的安全机制不能满足低时延业务的要求，需要研究符合业务场景的轻量级安全机制。mIoT 场景下，大量功耗低、计算和存储资源有限的终端难以部署复杂的安全策略，一旦被攻击容易形成僵尸网络，将会成为攻击源，进而引发对用户应用和后台系统等的网络攻击，带来网络中断、系统瘫痪等安全风险。

二是业务对网络提出了更多安全服务需求。一方面，网络切片、边缘计算等体系将承载更多定制的安全能力；另一方面，面向大规模物联网、高可靠低时延的网络认证等网络内生的安全能力与服务将会有更大的应用空间。

三是业务的发展带来的内容监管、能力开放等方面的安全需求。这些需求将促进建立健全 5G 网络与垂直行业安全服务保障准则和信用体系，共同应对 5G 垂直领域融合应用的安全问题。

（3）5G 网络安全运维能力

5G 网络、IT、业务的演进也会带来很多新的安全问题，需要我们不断在实践中通过管理与技术的手段结合，保障其安全运营。与传统网络相比，我们更需要在以下方面进行加强。

- 虚拟化安全风险：一是虚拟化软件（如 KVM）自身存在一些安全漏洞；二是部署在云平台上的设备存在东西向流量（同一台物理机上不同的虚拟机之间）无法监控的风险，这些都是业内的新研究点。
- 安全管理问题：因为软硬解耦，网元故障可能由硬件、虚拟化、网元（软件）自身、其他网元、MANO 引起，故障或安全风险定位困难。
- 大规模集中化问题：大区制建设和运维（集中化）带来了复杂性的增加，系统故障、安全事件的影响面更大，单网元故障可能导致多区域单业务失败，而网络故障甚至可能导致多区域多业务故障；同时，运维团队的 NFV/SDN 知识、技能和运维经验较缺乏，在上线初期面临较大的挑战。
- 数据安全问题：5G 强大的能力支持了海量数据的传输，支撑了应用的关键数据可靠交互。与此同时，随着数据传输量的快速增长、数据应用的蓬勃发展以及对数据价值的认知逐渐上升，数据安全与隐私保护成为个人用户、行业用户乃至国家政府所关注的重要问题。

（4）安全攻防技术的发展

一是计算能力造成的风险。未来计算能力的发展，例如未来的量子计算机等技术的发展，会影响 5G 网络的密码体系设计。

二是关联的安全技术及其风险。例如 IPv6 安全风险会影响全 5G 网络；而区块链、零信任等新技术的应用，则可能给 5G 网络安全带来新的增强。

三是新出现的安全漏洞不可预知，需要不断关注并考虑应急的缓解与修复机制。

13.3　5G 安全发展目标

在 5G 发展中，不同国家或地区、不同的参与方既有共同需求，也有不同诉求。安全作为 5G 发展的重要保障措施，应该以互通发展为基础，共同应对挑战；我们希望 5G 网络发展为安全体系完善、安全标准统一、安全能力开放、运营安全可靠的网络，让 5G 技术更好地造福世界。

（1）安全体系完善

5G 安全是一个动态演进的过程，一方面加强 5G 安全技术研究，形成统一的安全共识；另一方面还需要大力推进 5G 安全新技术攻关，重点研究网络功能虚拟化、网络切片、垂直行业安全解决方案、安全能力开放、数据安全、威胁共享等技术发展，密切关注量子计算、IPv6、网络安全设备等技术的发展情况，持续完善 5G 安全保障和服务体系。

（2）安全标准统一

5G 网络是一个全球性的网络，面对 5G 安全问题，需要 5G 产业链的各方充分表达自己的需求，在互信的基础上形成一致的意见，在 ITU、3GPP 等组织发布的 5G 国际标准框架下，共同推进 5G 增强技术及安全机制并完成后续国际标准研制。之后，需要在 5G 产品设计、研发、运维等全生命周期严格遵循安全标准规范，形成统一的安全基础。

（3）安全能力开放

5G 在各类垂直行业中的融合应用将在网络规模部署后不断涌现，其特点与垂直领域高度相关，结合 NEF 能力、5G 切片、边缘计算等新技术可为垂直行业提供安全能力开放与定制。然后通过国际标准组织、国际合作组织等机构，探索最佳实践，加速 5G 安全技术创新成果转化和试点验证；推动安全能力在车联网、工业互联网等垂直领域的安全服务化。

（4）运营安全可靠

5G 网络是一个灵活的网络，因此构建 5G 网络风险监测、快速预警、动态防护的安全一体化网络安全运营体系具有非常重要的意义。

同时，需要在 5G 网络的建设中不断增强安全测评与认证，且需要结合 5G 垂直领域各自特点，持续开展技术研究和测评实践。

此外，应对 5G 网络安全的风险，可能需要各国运营商联动进行；建立联动与协调机制，有效协调处置重大网络安全事件也是 5G 安全体系建设的重要目标。

最后，我们希望 5G 网络是一个安全而好用的网络，为社会创造更多价值！

附 录
缩略语

缩略语	英文全称	中文全称
3GPP	3rd Generation Partnership Project	第三代合作伙伴计划
5G	5th Generation Mobile Network	第五代移动网络
5GC	5G Core Network	5G 核心网
AAA	Authentication, Authorization, Accounting	认证、授权、记账（功能）
ACL	Access Control List	访问控制列表
AES	Advanced Encryption Standard	高级加密标准
AF	Application Function	应用功能
AGW	Access Gateway	接入网关
AI	Artificial Intelligence	人工智能
AKA	Authentication and Key Agreement	认证与密钥协商
AKMA	Authentication and Key Management for Application	针对应用的认证和密钥管理
AMF	Access and Mobility Management Function	接入和移动性管理功能
AP	Access Point	无线接入点
API	Application Programming Interface	应用编程接口
APN	Access Point Name	接入点名称
App	Application	应用
APT	Advanced Persistent Threat	高级持续性威胁
AR	Augmented Reality	增强现实
ARD	Access Restriction Data	接入限制数据
ARIB	Association of Radio Industries and Businesses	（日本）无线工业及商贸联合会

（续表）

缩略语	英文全称	中文全称
ARPF	Authentication Credential Repository and Processing Function	认证凭证存储和处理功能
AS	Access Stratum	接入层
AS	Application Server	应用服务器
ATCA	Advanced Telecom Computing Architecture	先进电信运算架构
ATIS	The Alliance for Telecommunications Industry Solutions	电信行业解决方案联盟
AuC	Authentication Center	认证中心
AUSF	Authentication Server Function	认证服务功能
AUTH	Authentication Token	认证令牌
AV	Authentication Vector	认证向量
AVP	Attribute Value Paris	属性值对
BCP	Business Continuity Plan	业务连续性计划
BEST	Battery Efficient Security for Very Low Throughput Machine Type Communication Devices	针对低通信量物联网（机器通信）场景的低功耗安全
BGCF	Breakout Gateway Control Function	出口网关控制功能
BIOS	Basic Input Output System	基本输入输出系统
BSC	Base Station Controller	基站控制器
BSF	Bootstrapping Server Function	引导服务功能
BSS	Base Station Subsystem	基站子系统
B-TID	Bootstrapping Temporary Identifier	引导临时标识
CaaS	Communication as a Service	通信即服务
CA	Certificate Authority	证书授权中心
CAN	Controller Area Network	控制器域网
CAPX	Capital Expenditure	资本性支出
CC	Call Control	呼叫控制
CC	Common Criteria for Information Technology Security Evaluation	信息技术安全评价通用准则
CCSA	China Communications Standards Association	中国通信标准化协会

（续表）

缩略语	英文全称	中文全称
CDMA	Code Division Multiple Access	码分多址访问
CDN	Content Delivery Network	内容分发网络
CIoT	Cellular Internet of Things	蜂窝物联网
CK	Ciphering Key	加密密钥
CKSN	Ciphering Key Sequence Number	加密密钥序列号
CMD	Cyberspace Mimic Defense	网络空间拟态防御
CN	Core Network	核心网
CPU	Central Processing Unit	中央处理单元
CRC	Cyclic Redundancy Check	循环冗余校验
CS	Circuit Switched	电路交换
CSP	Cloud Service Provider	云服务提供商
CSFB	Circuit Switched Fallback	电路域回落（通话）
CSMF	Communication Service Management Function	通信服务管理功能
CT	Communication Technology	通信技术
CTCPEC	Canadian Trusted Computer Product Evaluation Criteria	加拿大可信计算机产品评估标准
CU	Central Unit	集中单元
CUPS	Control and User Plane Separation	控制与转发分离
DARPA	Defense Advanced Research Projects Agency	（美国）国防高级研究计划局
DCNR	Dual Connectivity E-UTRAN and NR	双连接 E-UTRAN 和 NR
DDoS	Distributed Denial of Service	分布式拒绝服务（攻击）
DHCP	Dynamic Host Configuration Protocol	动态主机配置协议
DNS	Domain Name System	域名系统
DRA	Diameter Routing Agent	Diameter 路由代理
DRB	Data Radio Bearer	数据无线承载

（续表）

缩略语	英文全称	中文全称
DRP	Disaster Recovery Plan	灾难恢复计划
DTMF	Dual-Tone Multi-Frequency	双音多频
DU	Distributed Unit	分布单元
EAL	Evaluation Assurance Level	评估保证级
EAP	Extensible Authentication Protocol	扩展认证协议
EBI	EPS Bearer ID	EPS 承载标识
ECC	Edge Computing Consortium	边缘计算产业联盟
eCDN	Edge Content Delivery Network	边缘内容分发网络
ECIES	Elliptic Curve Integrate Encrypt Scheme	椭圆曲线集成加密方案
EDGE	Enhanced Data Rates for GSM Evolution	增强型数据速率的 GSM 演进
EDR	Endpoint Detection and Response	端点检测响应
EIA	EPS Integrity Algorithm	EPS 完整性算法
EIR	Equipment Identity Register	设备标识寄存器
eKSI	Key Set Identifier for E-UTRAN	E-UTRAN 密钥集标识
EM	Element Management	网元管理
eMBB	Enhanced Mobile Broadband	增强的移动宽带
EMS	Element Management System	网元管理系统
eNB	Evolved Node Base Station	演进的节点基站（即 4G 基站）
EPC	Evolved Packet Core	演进的分组核心
ePDG	Evolevd Packet Data Gateway	演进分组数据网关
EPROM	Erasable Programmable Read-Only Memory	可擦除可编程只读存储器
E2PROM	Electrically Erasable Programmable Read Only Memory	带电可擦除可编程只读存储器
EPS	Evolved Packet System	演进的分组系统
eSIM	Embedded-SIM	嵌入式 SIM
ESN	Electronic Serial Number	电子序号
ETSI	European Telecommunications Standards Institute	欧洲电信标准化协会

（续表）

缩略语	英文全称	中文全称
E-UPF	Edge User Plane Function	边缘用户面功能
E-UTRAN	Evolved-UMTS Terrestrial Radio Access Metwork	演进的 UMTS 陆地无线接入网
FAST	Facilitate America's Superiority in 5G Technology	美国 5G 加速发展计划
FBI	Federal Bureau of Investigation	（美国）联邦调查局
FC	Federal Criteria	（美国）联邦准则
FCC	Federal Communications Commission	（美国）联邦通信委员会
FDD	Frequency Division Duplexing	频分复用
FMC	Fixed Mobile Convergence	固定移动融合
FPGA	Field Programmable Gate Array	现场可编程逻辑门阵列
FTP	File Transfer Protocol	文件传输协议
GAN	Generative Adversarial Network	生成式对抗网络
GBA	Generic Bootstrapping Architecture	通用引导架构
GDPR	General Data Protection Regulation	（欧盟）通用数据保护条例
GGSN	Gateway GPRS Supported Node	网关型 GPRS 支持节点
GMSC	Gateway MSC	网关型移动交换中心
GMSC	Gateway Mobile Switching Center	网关移动交换中心
gNB	Next Generation Node BaseStation	下一代基站（即 5G 基站）
GPRS	General Packet Radio Service	通用分组无线服务
GPS	Global Positioning System	全球定位系统
GPU	Graphics Processing Unit	图形处理单元
GSM	Global System for Mobile Communications	全球移动通信系统（即 2G）
GSMA	Global System for Mobile Communications Association	全球移动通信系统协会
GT	Global Title	全局码
GUTI	Global Unique Temporary Identifier	全球唯一临时标识
HARQ	Hybrid Automatic Repeat Request	混合式自动重传请求
HE	Home Environment	归属环境

（续表）

缩略语	英文全称	中文全称
HLR	Home Location Register	归属位置寄存器
HMAC	Hash-Based Message Authentication Code	哈希消息认证码
HSPA	High-Speed Packet Access	高速分组接入
HSS	Home Subscriber Server	归属签约用户服务器
HTTP	HyperText Transfer Protocol	超文本传输协议
HTTPS	HyperText Transfer Protocol over Secure Socket Layer	安全套接层上的超文本传输协议
IaaS	Infrastructure as a Service	基础设施即服务
IAM	Identity and Access Management	身份和接入管理
IATF	Information Assurance Technical Framework	信息保障技术框架
ICT	Information and Communication Technology	信息通信技术
IDC	Internet Data Center	互联网数据中心
IDR	Insert Subscriber Data Request	插入用户数据请求
IDRA	International DRA	国际 Diameter 路由代理
IDS	Intrusion Detection System	入侵检测系统
IE	Information Element	信元
IEC	International Electrotechnical Commission	国际电工委员会
IETF	The Internet Engineering Task Force	互联网工程任务组
IK	Integrity Key	完整性密钥
ILAC	International Laboratory Accreditation Cooperation	国际实验室认可合作组织
IM-MGW	IP Multimedia Media Gateway	IP 多媒体网关
IMEI	International Mobile Equipment Identity	国际移动设备识别码
IMS	IP Multimedia Subsystem	IP 多媒体子系统
IMSI	International Mobile Subscriber Identification	国际移动用户识别码
I/O	Input/Output	输入/输出
IoT	Internet of Things	物联网
IP	Internet Protocol	网际协议

（续表）

缩略语	英文全称	中文全称
IPC	Inter-Process Communication	进程间通信
IPS	Intrusion Prevention System	入侵防御系统
IPSec	IP Security	IP 安全（协议）
IPv6	Internet Protocol Version 6	互联网协议第 6 版
IPX	IP Packet Exchange	IP 数据分组交换
ISDN	Integrated Services Digital Network	综合业务数字网
ISO	International Organization for Standardization	国际标准化组织
IT	Information Technology	信息技术
ITSEC	Information Technology Security Evaluation Criteria	（欧洲）信息技术安全评估标准
ITU	International Telecommunication Union	国际电信联盟
JSON	JavaScript Object Notation	JavaScript 对象表示
JWE	JSON Web Encryption	JSON Web 加密
JWS	JSON Web Signature	JSON Web 签名
KDF	Key Derivation Function	密钥推演函数
KSI	Key Set Identifier	密钥集标识
KVM	Kernel Virtual Machine	内核虚拟机
LAC	Location Area Code	位置区码
LADN	Local Area Data Netwrok	本地数据网络
LINP	Logically Isolated Network Partition	逻辑隔离网络分区
LTE	Long Term Evolution	长期演进（即 4G）
MAC	Medium Access Control	介质接入控制
MAC	Message Authentication Code	消息认证码
MANO	Management and Orchestration	管理与编排
MAP	Mobile Application Part	移动应用部分
MBB	Mobile Broadband	移动宽带
MCC	Mobile Country Code	移动国家代码

（续表）

缩略语	英文全称	中文全称
ME	Mobile Equipment	移动设备
MEC	Multi-Access Edge Computing/Mobile Edge Computing	多接入边缘计算/移动边缘计算
MGCF	Media Gateway Control Function	媒体网关控制功能
MGW	Media Gateway	媒体网关
MIMO	Multiple-Input Multiple-Output	多输入多输出
MIN	Mobile Intelligent Network	移动智能网
MM	Mobility Management	移动性管理
MME	Mobility Management Entity	移动管理实体
MMS	Multimedia Message Service	多媒体消息业务
MMSC	Multimedia Message Service Center	多媒体消息业务中心
MMSG	Multimedia Message Service Gateway	多媒体消息业务网关
mMTC	massive Machine Type Communication	海量机器类通信
MNC	Mobile Network Code	移动网络码
MPLS	Multi-Protocol Label Switching	多协议标签交换
MS	Mobile Station	移动台
MSC	Mobile Switch Center	移动交换中心
MSISDN	Mobile Station International ISDN Number	移动台国际 ISDN 号码（即手机号）
N3IWF	Non-3GPP Interworking Function	非 3GPP 互操作功能
NaaS	Network as a Service	网络即服务
NAF	Network Application Function	网络应用功能
NAS	Non-Access Stratum	非接入层
NAT	Network Address Translation	网络地址转换
NB-IoT	Narrow Band Internet of Things	窄带物联网
NCC	Nexthop Chaining Counter	下一跳链计数
NDS/IP	Network Domain Security/Internet Protocol	网络域安全/互联网协议
NEF	Network Exposure Function	网络开放功能

（续表）

缩略语	英文全称	中文全称
NESAS	Network Equipment Security Assurance Scheme	网络设备安全保证体系
NF	Network Function	网络功能
NFC	Near Field Communication	近场通信
NFV	Network Function Virtualization	网络功能虚拟化
NFVI	NFV Infrastructure	NFV 基础设施
NFVO	NFV Orchestrator	NFV 编排器
ngKSI	Next Generation Key Set Identifier	下一代密钥集标识
NGC	Next Generation Core Network	下一代核心网
NGN	Next Generation Network	下一代网络
NG-RAN	Next Generation Radio Access Network	下一代无线接入网
NH	Next Hop	下一跳
NR	New Radio	新空口
NRF	Network Repository Function	网络仓库功能
NSA	National Security Agency	（美国）国家安全局
NSA	Non Standalone	非独立
NSaaS	Network Slice as a Service	网络切片即服务
NSMF	Network Slice Management Function	切片管理功能
NSSAAF	Network Slice-Specific Authentication and Authorization Function	针对网络切片的认证和授权功能
NSSAI	Network Slice Selection Assistance Information	切片选择辅助信息
NSSMF	Network Slice Subnet Management Function	网络切片子网管理功能
O2O	Online to Offline	线上到线下
OAM	Operation Administration and Maintenance	操作维护管理
OFDM	Orthogonal Frequency Division Multiplexing	正交频分复用
OMC	Operations Management Centre	运营管理中心
ONT	Optical Network Terminal	光网络终端
ONU	Optical Network Unit	光网络单元

（续表）

缩略语	英文全称	中文全称
OPEX	Operating Expense	管理支出
OS	Operating System	操作系统
OSI	Open System Interconnection	开放式系统互联
OSS/BSS	Operations Support Systems and Business Support System	运营支撑系统/业务支撑系统
P2DR	Policy, Protect, Detection, Reaction	策略、保护、检测、响应
PaaS	Platform as a Service	平台即服务
PCC	Policy and Charging Control	策略与计费控制
PCEF	Policy and Charging Execution Function	策略与计费执行功能
PCF	Policy Control Function	策略控制功能
PCM	Pulse Code Modulation	脉冲编码调制
PCRF	Policy and Charging Rules Function	策略与计费规则功能单元
PCU	Packet Control Unit	分组控制单元
PDA	Personal Digital Assistant	个人数字助理
PDCP	Packet Data Convergence Protocol	分组数据汇聚协议
PDP	Packet Data Protocol	分组数据协议
PDRR	Policy, Protect, Detection, Reaction, Recovery	策略、保护、检测、响应、恢复
PDU	Packet Data Unit	分组数据单元
PGW	PDN Gateway	PDN 网关
PHY	Physical Layer	物理层
PKI	Public Key Infrastructure	公钥基础设施
PLC	Programmable Logic Controller	可编程逻辑控制器
PLMN	Public Land Mobile Network	公众陆地移动网
PoC	Push to Talk over Cellular	基于蜂窝网的按键通话
POTS	Plain Ordinary Telephone Switching	老式电话交换（即模拟电话）
PP	Protection Profile	保护轮廓
PRN	Provide Roaming Number	提供漫游号码

（续表）

缩略语	英文全称	中文全称
PS	Packet Switch	分组交换
PSK	Pre-Shared Key	预共享密钥
PSI	Provide Subscriber Information	提供用户信息
PSTN	Public Switched Telephone Network	公众交换电话网
QCI	QoS Class Identifier	QoS 等级标识
QoS	Quality of Service	业务质量
RAM	Random Access Memory	随机存取存储器
RAN	Radio Access Network	无线接入网
RBAC	Role-Based Access Control	基于角色的访问控制
RCS	Rich Communication Suite	富通信套件
RFID	Radio Frequency Identification	射频识别
RNC	Radio Network Controller	无线网络控制器
ROM	Read Only Memory	只读存储器
RRC	Radio Resource Control	无线资源控制
RSRP	Reference Signal Receiving Power	参考信号接收功率
RTCP	RTP Control Protocol	RTP 控制协议
RTP	Real-Time Transport Protocol	实时传输协议
RTT	Round-Trip Time	往返时延
RU	Remote Unit	远端单元
RTOS	Real Time Operating System	实时操作系统
SA	Stand Alone	独立
SA3	Security Architecture 3	系统架构第三工作组
SaaS	Software as a Service	软件即服务
SBA	Service Based Architecture	基于服务的架构
SCAS	Security Assurance Specification	安全保障规范
SCC	Service Centralisation and Continuity	服务集中化和连续性

（续表）

缩略语	英文全称	中文全称
SCCP	Signaling Connection Control Part	信令连接控制部分
SCEF	Service Capability Exposure Function	服务能力开放功能
SCS/AS	Service Capability Server/Application Server	服务能力服务器/应用服务器
SD	Slice Differentiator	切片区分符号
SDN	Software Defined Networking	软件定义网络
SDP	Session Description Protocol	会话描述协议
SDSec	Software Defined Security	软件定义安全
SEAF	Security Anchor Function	安全锚点功能
SECaaS	Security as a Service	安全即服务
SEG	Security Gateway	安全网关
SEPP	Security Edge Protection Proxy	安全边界保护代理
SFC	Service Function Chaining	服务功能链
SGSN	Service GPRS Supported Node	服务型 GPRS 支持节点
SGW	Serving Gateway	服务网关
SIDF	Subscription Identifier De-Concealing Function	用户标识去隐藏功能
SIM	Subscriber Identification Module	用户身份模块
SIP	Session Initiation Protocol	会话发起协议
SLA	Service Level Agreement	服务等级协议
SM	Session Management	会话管理
SMC	Security Mode Control	安全模式控制
SMC	Security Mode Command	安全模式命令
SMF	Session Management Function	会话管理功能
SMS	Short Message Service	短消息业务
SMSC	Short Message Service Center	短消息业务中心
S-NSSAI	Single Network Slice Selection Assistance Information	单个网络切片选择辅助信息
SON	Self-Organizing Network	自组织网络

（续表）

缩略语	英文全称	中文全称
SPN	Slicing Packet Network	切片分组网络
SRI	Sending Routing Information	请求路由信息
SR-IOV	Single Root-IO Virtualization	单根 IO 虚拟化
SRVCC	Single Radio Voice Call Continuity	单一无线（接入）的语音呼叫连续性
SS7	Signal System 7	7 号信令
SSL	Secure Sockets Layer	安全套接层
SSN	Subsystem Number	子系统号
SST	Slice/Service Type	切片/业务类型
ST	Security Target	安全目标
SUCI	Subscription Concealed Identifier	加密的用户标识
SUPI	Subscriber Permanent Identifier	用户永久标识
TCSEC	Trusted Computer System Evaluation Criteria	（美国）可信计算机系统评价标准
TCP	Transmission Control Protocol	传输控制协议
TAU	Tracking Area Update	跟踪区域更新
TDD	Time Division Duplexing	时分复用
TD-LTE	Time-Division Long-Term Evolution	时分长期演进
TDM	Time-Division Multiplexing	时分多路复用
TDMA	Time Division Multiple Access	时分多址
TD-SCDMA	Time Division-Synchronous Code Division Multiple Access	时分同步码分多址
TLS	Transport Layer Security	传输层安全协议
TM	Transparent Mode	透明模式
TMSC	Tandem Mobile Switching Center	汇接移动交换中心
TMSI	Temporary Mobile Subscriber Identity	临时移动用户识别码
TOE	Target of Evaluation	评测对象
TPM	Trusted Platform Module	可信平台模块
TR	Technical Report	技术报告

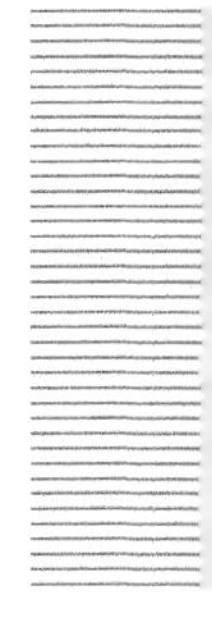

（续表）

缩略语	英文全称	中文全称
TS	Technical Specification	技术规范
TSDSI	Telecommunications Standards Development Society of India	印度电信标准化发展协会
TTA	Telecommunications Technology Association	（韩国）电信技术协会
TTC	Telecommunications Technology Committee	（日本）电信技术委员会
UDM	Unified Data Management	统一数据管理
UDP	User Datagram Protocol	用户数据报协议
UE	User Equipment	用户设备
UIA	UMTS Integrity Algorithm	UMTS 完整性算法
UL-CL	Uplink Classifier	上行链路分类器
UM	Unacknowledged Mode	非确认模式
UMTS	Universal Mobile Telecommunications System	通用移动通信系统（即 3G）
UPF	User Plane Function	用户面功能
uRLLC	Ultra-Reliable and Low Latency Communication	超可靠低时延通信
USB	Universal Serial Bus	通用串行总线
USIM	Universal Subscriber Identity Module	全球用户识别模块
USRP	Universal Software Radio Peripheral	通用软件无线电外设
USSD	Unstructured Supplementary Service Data	非结构化补充业务数据
UTRAN	UMTS Terrestrial Radio Access Network	UMTS 陆地无线接入网络
vFW	Virtualised Firewall	虚拟防火墙
ViLTE	Video over LTE	基于 LTE 的视频（通话）
VIM	Virtualised Infrastructure Manager	虚拟化基础设施管理器
VLAN	Virtual Local Area Network	虚拟局域网
VLR	Visit Location Register	拜访位置寄存器
VM	Virtual Machine	虚拟机
VNF	Virtualised Network Function	虚拟化网络功能
VNFM	VNF Manager	VNF 管理器

（续表）

缩略语	英文全称	中文全称
VoIP	Voice over Internet Protocol	基于 IP 的语音（通话）
VoLTE	Voice over LTE	基于 LTE 的语音（通话）
VPC	Virtual Private Cloud	虚拟私有云
VPMN	Virtual Private Mobile Network	虚拟专用移动网
VPN	Virtual Private Network	虚拟专用网络
VR	Virtual Reality	虚拟现实
VxLAN	Virtual Extensible Local Area Network	虚拟扩展局域网
W3C	World Wide Web Consortium	万维网联盟
WAF	Web Application Firewall	Web 应用防火墙
WAP	Wireless Application Protocol	无线应用协议
WCDMA	Wideband Code Division Multiple Access	宽带码分多址
WLAN	Wireless Local Area Network	无线局域网